影響力領導

5大原則
培養
乘數思維

×

讓部屬甘心跟隨，
締造乘數績效

Multipliers,
Revised and Updated:

How the Best Leaders
Make Everyone Smarter

Liz Wiseman

莉茲・懷斯曼 ———— 著　　蕭美惠 ———— 譯

國際讚譽

「正如林肯曾經提出的著名問題：領導者如何激發我們天性中更美好的一面？本書比我這些年來讀到的任何書都更能回答這個基本的領導力問題。」

——華倫・班尼斯（Warren Bennis），南加州大學特聘教授、
《驚喜的年代，華倫班尼斯回憶錄》（*Still Surprised*）作者

「本書對現今的領導者來說是很棒的啟示。作者提供了實用指南，為領導者示範該如何善用各層級人們的智慧，使整體組織變得更聰明。這是一本非常適合當下、充滿見解的書。」

——諾爾・提區（Noel Tichy），密西根大學管理與組織教授，
與華倫・班尼斯共同著有《判斷力》（*Judgment*）

「我們都認識乘數者——他們能讓身邊每一個人展現最好的一面，而不是最糟的一面。他們是一間公司裡最棒的資源。如果你想學習如何成為乘數者，或是如何讓別人變成真正的乘數者，就要讀這本書。若你想提升自己的事業、壯大你的公司，就讀這本書。」

——凱利・派特森（Kerry Patterson），暢銷作家，
著有《不可不知的關鍵對話》（*Crucial Conversations*）

「一本迷人的書，展示了心態如何影響人們的領導方式。這

本書將永遠改變我們對領導的看法。」

——卡蘿・杜維克（Carol Dweck），史丹佛大學心理學系
Lewis and Virginia Eaton 教授、《心態致勝》（*Mindset*）作者

「莉茲・懷斯曼的見解大有幫助、實用，也很有意義。任何
必須在同樣（或更少）資源之下完成更多成果的領導者，都會
認為這本書是一份饋贈，也是寶貴的資源。」

——戴夫・烏瑞奇（Dave Ulrich），密西根大學羅斯商學院教授

「當世界各地的管理者應對著複雜的經濟環境時，本書提供
了一份豐富的路線圖，用以挖掘組織內部人員的全部價值。對
於在創新市場經營業務的人而言，本書是一筆重大的投資。」

——傑夫・亨利（Jeff Henley），甲骨文公司董事會副主席

「本書讀來引人入勝。對每一位處於領導地位或渴望成為領
導者的人而言，這是必備的手冊。莉茲・懷斯曼顯然做足了功
課，閱讀本書的人將因此變得更好。」

——拜倫・皮茲（Byron Pitts），《ABC夜線》（*ABC Nightline*）主播

「這本具有吸引力與顛覆性的書，提出一個關鍵問題：『我
們該如何培養並善用人們的才能來解決現代的重大議題？』本
書讓我們重新思考許多舊有的假設。」

——加瑞斯・瓊斯（Gareth Jones），IE商學院客座教授

「本書提及關於領導的基礎事實──一個等著被提出、被探索、最終被解決的事實。莉茲‧懷斯曼創造了一種會長久跟隨我們並影響數百萬人的語言。」

──凡爾納‧哈尼什（Verne Harnish），創業家協會（Entrepreneurs' Organization）創辦人、《擴大規模》（*Scaling Up*）作者

「本書是一部卓越的作品，出現得正是時候！每一位領導人和領導學家的書架上都應該要有它。」

──羅德瑞克‧克瑞默（Roderick M. Kramer），
史丹佛大學商學院 William R. Kimball 組織行為學教授

「偶爾會有一本書迫使我們向自己提出重要但困難的問題，本書就是這樣一本書。懷斯曼讓我們想像我們的組織在未來可以實現更具戲劇性的生產力。」

──提姆‧布朗（Tim Brown），IDEO 公司執行長

「作者成功地探討了一個至關重要、但尚未被探索的現象，即領導者如何釋放他人的智慧和能力。對於那些渴望在知識經濟中領導大局的人來說，本書是必讀之作。」

──普哈拉（C.K. Prahalad），
密西根大學 Paul and Ruth McCracken 特聘教授、
《金字塔底層大商機》（*The Fortune at the Bottom of the Pyramid*）作者

獻給我的孩子們，

梅根（Megan）、亞曼達（Amanda）、

克里斯汀（Christian）、約書亞（Joshua），

你們教會我領導，

讓我明白為何成為乘數者是很重要的事。

目次

乘數型領導人是天才製造者。他們讓身邊的人更聰明、更能幹。乘數者激發每個人獨特的才智，營造天才的氛圍——創新、一分耕耘一分收穫，以及集體智慧。

人才磁鐵創造一種吸引的循環。他們的組織是就業的熱門選擇，人們爭相為其工作，明白人才磁鐵會讓他們延展、成長，加速他們的職涯進步。

解放者將人們從公司階級制度的壓迫中解放出來。他們讓人可以自由思考、發言與合理行動。他們營造環境讓最佳創意得以浮現，讓人們可以好好工作。

目次

們要多幫點忙，我們或許要少幫點忙。

249　*Chapter 8*　**應對減數者**

即使為減數者工作，你還是可以做個乘數者。只要有
正確心態與聰明戰術，便能將貶損效應降到最低。乘
數型領導是一門管理學，應對減數者則是一門藝術。

281　*Chapter 9*　**成為乘數者**

想要成為乘數者，你不需縮小自己。要讓身旁的人成
長，你需要用可以讓他們壯大自己的方式領導。當你
引導出別人最好的一面，你亦引導出自己最好的一面。

推薦序

——史蒂芬・柯維（Stephen R. Covey），
美國管理學大師，著有《與成功有約》及多本暢銷書

20歲出頭時，我有機會與一位乘數型領導人共事，那對我的一生產生重大影響，我決定休學去做長期志工服務。我受邀前往英格蘭，在我抵達僅四個半月後，那個組織的會長來找我說：「我有個新任務給你。我要你到全國出差，去訓練當地負責人。」我很驚訝。我憑什麼去訓練50、60歲的負責人？其中一些人帶領團隊的時間，比我的年齡還多一倍。感受到我的懷疑，他只是看著我的眼睛說：「我對你很有信心，你可以做到。我會給你教材，幫助你準備教導這些負責人。」這位會長對我的影響極為深遠。等到我回家的時候，我已開始意識到我想要畢生奉獻的工作。

他的獨特能力——啟發人們發揮更大潛能——令我著迷。我思考過這件事許多遍，好奇著：**他究竟是如何引出我那麼多的能力？**這個問題的答案就在本書裡。

莉茲・懷斯曼這本書在探討這個主題時，比起我在其他任

何地方看過的都更為深入，而且出書的時機再好不過了。

▶ 新增需求，資源卻不足

在許多組織沒有餘裕去增加或轉移資源以因應重大挑戰之際，他們必須在既有的員工行列之中發掘潛力。汲取與加乘組織裡的既有才智，已成為熱門的能力。在各種行業與組織中，領導人如今發現他們陷入大衛‧艾倫（David Allen）所說的「新增需求，資源卻不足」。

將近四十年來，我跟面臨「新增需求，資源卻不足」困境的組織合作。我因而相信我們這個時代領導人的最大考驗不是資源不足，而是我們無法取用可以支配的最寶貴資源。

當我在我的座談會上詢問：「有多少人同意，絕大多數的勞動力擁有遠遠超過他們目前工作允許甚或需要他們發揮的能力、創意、才華、主動精神及智謀？」幾乎有99％的人給出肯定的回應。

接著，我提出第二個問題：「在場的人之中，有誰感受到必須從更少資源產出更多成果的壓力？」同樣地，一堆人舉手。

當你將這兩個問題綜合起來，便能看出挑戰何在。確實，如同本書所說，人們時常「過度工作，卻未充分發揮」。有些公司的核心策略是雇用最聰明的人，理由是越聰明的人就能越快解決問題，以超前競爭。但是，唯有當組織能夠取用那種才智，這種策略才行得通。當組織想通如何更善用這些未充分利用的龐大資源，不僅會成為更愉快的工作場所；他們也將會凌

駕競爭對手，在全球環境下，這或許會讓「可以做到」與「無法做到」的公司拉開差距。如同眾多的商業挑戰，領導力顯然是發揮組織全部能力的關鍵力量。

▶ 全新的概念

本書講的是所有組織取得人們才智與潛能所必需的領導範例（leadership paradigm）。本書挖掘與解釋何以某些領導人能將身邊的人都培養成天才，而其他領導人則耗盡一個組織的智力與能力。彼得・杜拉克（Peter Drucker）談到了關鍵要點，他寫道：

20世紀企業管理最重要且獨一無二的貢獻是，製造業體力勞動者的生產力增加了五十倍。

21世紀企業管理需要做出的最重要貢獻，是增加知識工作與知識勞動者的生產力。

20世紀公司的最寶貴資產是生產設備。21世紀機構的最寶貴資產，無論是商業或非商業，將是知識勞動者與他們的生產力。[1]

本書十分詳盡地解說能夠滿足以及無法滿足杜拉克期許的領導人類型。

我在閱讀本書時理解到一件事，乘數者是硬漢型經理人。這些領導人毫不柔軟，對手下的人有很高的期許，並推動他們

達成非凡的成就。另一項我認同的看法是，人們在乘數型領導人身邊確實越來越聰明、越來越能幹。換言之，人們不是只感覺變聰明了，而是真的變聰明了。他們可以解決更困難的問題、更快速適應，並採取更多機智的行動。

理解這些概念的人，將大有可能做出本書作者說明的改變，由天才（他們原本或許想要成為公司裡絕頂聰明的人）成為天才製造者（他們運用自己的才智，汲取與加乘他人的天賦）。這種轉變的力量再強大不過了，猶如黑夜及白晝的差異。

▶ 我喜愛這本書的理由

我喜愛本書的研究與看法，理由有四。

第一，分析美洲、歐洲、亞洲與非洲各地逾150名高階主管，需要新聞工作者的正直與堅持不懈，因而我們讀到的這本書充滿由世界各國蒐羅而來的豐富且生動的案例。

第二，本書的重點是討論真正區隔才智乘數者（intelligence Multiplier）與才智減數者（intelligence Diminisher）的少數幾個要素。它不像一般的領導學書籍，一邊講述所有好的特質，另一邊則是所有壞特質。本書更為精準，指出並說明僅僅五項最能區隔的原則。

第三是本書的「活動範圍」（range of motion）。本書為一種現象提出命名（這似乎只有麥爾坎・葛拉威爾〔Malcolm Gladwell〕才做得到），但亦深入數個層面，針對如何成為一個乘數型領導人提出實際建議。

第四，無縫結合犀利的看法與永恆的原則。許多書籍只做到其中之一，鮮少兩者兼具。本書與你現在的生活息息相關，也將連結到你的良知。

▶ 適逢其會的觀念

本書適用於整個世界。企業高階主管一眼便能看出其重要性，但教育界、醫院、基金會、非營利機構、新創企業、醫療體系、中型企業，地方、州與聯邦層級政府的領導人也能看出。我相信這本書跟每個人都有關係，無論是初次當上主管的人或世界領袖。

本書出版時正逢世界迫切需要之際，「新增需求，資源卻不足」的時候，財務長與人資主管意外地一致認同，需要有一個更妥善運用既有資源的方法。本書提出的原則是互古不變的，在這種經濟環境中，將在觀念市集裡勝出。這些原則的重要性將使其得到應有的壽命及關注。這些是**當前**重要的觀念，如同雨果（Victor Hugo）曾說的：「沒有什麼比適逢其會的觀念更加強大的了。」

我有個願景，預見成千上萬名領導人發現他們無意間貶損了身邊的人，並採取行動成為乘數者。我有個願景，預見具有貶損文化的學校按照乘數原則徹底改造，以造福整個社群。我有個願景，預見世界領袖學習如何更善加汲取人民的才智與能力，以因應一些最艱困的全球挑戰。

因此，我邀請你們辨認手邊的機會。不要光是讀這本書，

而是要付出代價，成為真正的乘數型領導人。不要讓這淪為組織裡的流行語。運用原則，改造你的組織，邁向真正的乘數者文化，讓人們發揮不自知的能力。選擇成為你身邊人的乘數者，如同多年前我在英格蘭遇到的那位會長。我十分相信這種做法對你的團隊及整個組織所能帶來的好處。請想想，如果每一名領導人從減數者往乘數者跨出一步，我們的世界將會發生什麼改變。

我們做得到。

前言

　　本書以一個簡單的觀察作為開頭：**我們組織裡的智力多過我們所運用的。**這引導出一個概念，有一種類型的領導人，我稱為乘數者（Multiplier），他們看見、運用及培養他人的才智，而其他領導人，我稱為減數者（Diminisher），則是阻斷身邊人的才智。

　　本書於2010年首次出版時，這個觀念引起世界各地經理人的共鳴，或許是因為當時正逢全球經濟衰退，企業管理發生地殼構造改變，我們感覺天崩地裂。以前可預測與可管理的事情變得起伏震盪、不確定、複雜且模糊不清。舉例來說，資訊爆炸之下，科學與技術的資訊量每九個月便增加一倍。[1]由於資訊量太多了，一個人不可能全盤掌握，因此，領導人的角色也跟著改變──從經理人知道、指揮與命令的模式，變成領導人看見、激發、要求與釋放他人的能力。

　　以往被視為顛覆性的觀念已成為新常態。減數型老闆依然存在，但就像老舊的黑莓機一樣，遲早會落伍過時，人們會升級到新機型。企業經過一番計算便會明白，他們無法再容忍領導者浪費人才，壓抑重要創新，延遲企業成長。畢竟，公司如

果可以找到既能締造成果又能培養身邊人的領導者，為什麼要挑選貶損人們的結果導向型領導人？逐漸地，我們看到減數型領導人被要求轉變……不然就離開。

我們來看看約根的命運，他是一家大型跨國製藥公司的總經理。[2]約根是典型的減數型領導人，像獨裁者似地經營全國業務，讓他的部屬過著悲慘日子。多年來，他的行為受到容忍，因為他能締造成果。之後，公司進行大幅重整以因應市場變遷。公司不再是一個人高高在上指揮，而是改成以動態團隊為核心，可以跨越組織界限。習慣發號施令的約根難以適應這種非獨裁方法。數個月後，約根被叫到歐洲的公司總部，上級告知他的領導風格行不通。約根以動人的簡報，詳細報告他的單位的業績。高層團隊阻止他繼續說下去：「這純粹是領導風格問題，你無法再擔任領導人。」約根被解除總經理職位，降職到較低的職員崗位。他以前的部屬聽到消息時歡欣慶祝，尤其是一個差點辭職不幹的人。但是，約根並非因為部屬叛變而被排擠；他是環境的犧牲品。商業環境逼迫他的公司退出減數者陣營，而他卻跟不上隊伍。我們已看到越來越多資深領導人在類似情境下不知所措。

一些組織追求創新與敏捷，其他組織則吃力地想要用較少資源做到更多事情。維吉尼亞州阿爾伯馬爾郡（Albemarle County）公立學區助理督導馬修·哈斯（Matthew Haas）表示：「我們的引擎都快沒有汽油，只能燒空氣了。我不能想像你可以獨立作業卻不合作的世界。以前我們可以封閉自己，現在想要有效率就必須合作。當你思考什麼對組織才是最好的，放

下自我之後，乘數者是唯一可行之路。」

雖然方向明確，我們顯然尚未達標。民調機構蓋洛普的「全球職場狀態」（State of the Global Workplace）指出，在全世界142個國家中，只有13％的人全力投入工作。[3]美國人力資源管理協會（SHRM）的報告指出，2009年時，86％的美國人滿意自己的工作，此後這個比率一直緩慢而穩定地下降。

這種對工作的冷感並不完全是情緒問題，而是反映出今日大部分公司賴以維持的基本資源「智慧資本」遭到浪費的情況。2011年，在評估數百名企業高層主管之後，我們發現經理人平均只利用了66％的人員能力。換句話說，根據我們的分析，經理人花一美元在他們的資源上，卻只用到66％的產能──浪費了34％。若只評估經理人的直接部屬，這個數字上升到72％。近五年來我們追蹤這項指標，看到了緩慢而穩定的進步，從2011年的72％上升至2016年的76％。[4]儘管經理人已經更能估計自己對他人造成的貶損影響，大多數經理人依然高估自己的乘數特質。他們自認對團隊具有推動與啟發的效應，但團隊成員卻不這麼認為。我們已在進步了；然而，太多組織仍是過度管理、低度領導。

若要實現更為豐富的工作方式，許多重要問題仍有待解決：我們多快可以達到目標？什麼是最佳的影響途徑？誰能做出改變、誰不能？我們要如何處理那些做不到的人？我們如何採取行動及重塑整體文化？許多作家會坦承，他們往往在寫完書以後，才對一個主題有了最重要的省思。藉由思考這些問題、持續教導與研究先驅企業及其領導人，本書這個新版本加

入我和同僚所學到的東西。

以下是主導這個新版本的三項最重要省思：

1. 普世存在的需求。在研究領導力的時候，我們會學到許多有關服從的事。我學到各種文化、職業、產業的人，每天上班時都希望能好好發揮——不是被分配更多工作，而是被認同他們能夠做出重大貢獻，逐步進行更具挑戰性的工作。乘數型領導人的需求跨越產業與文化範疇；不是只在矽谷等創新中心，它與製造、教育和醫療等產業，以及上海、首爾與聖保羅等城市都是息息相關。在階級制度分明的文化中，我們仍能找到乘數型領導人的存在，但卻發現減數型領導人的影響更為強烈——乘數型與減數型領導人之間的差異由兩倍變成了三倍（減數型領導人平均運用員工能力的大約30％，全球平均則為48％）。

此外，這不僅限於千禧世代。當然，新員工與年輕員工期待、甚至要求自己的待遇不同於老員工。但是，我不相信千禧世代實際上需要或想要不同於其他企業公民的待遇。各種年齡與階段的人都希望自己發表的意見受重視，自己的聲音被聆聽，且職場讓他們可以成長。千禧世代只不過是沒有等待的耐心，又被科技賦予太多力量、無法不說話。對千禧世代好的，對主流也是好的。

2. 有時，好人才是壞人。我開始進行這項研究的時候，大多數減數型領導人看似是專橫、自戀的惡霸。但我逐漸了解，

發生在我們職場裡的貶損絕大多數是出於好意，我稱之為「意外的減數者」（Accidental Diminisher）──想要做個好主管的好人。後來，我比較無意關心誰是貶損者，反而更想知道是什麼激發出我們每個人內在潛伏的貶損傾向。第七章〈意外的減數者〉是新的一章，探究我們的最佳意圖何以誤入歧途，以及在自我意識與簡單變通方法之下，原本表現不錯的主管可以成為傑出領導人。我添加這一章，是因為我們在職場的最大收穫並不是改革那些死硬派減數者，而是協助意外的減數者變成更刻意行事的乘數者，以及增加職場上的乘數者時刻（或許是將員工才能利用率由現今的平均76％提升到100％的目標）。

3. 最大障礙是環境與文化。若想建立充分利用才能的組織，我們需要進擊與防守的計畫。大部分閱讀本書的領導人渴望成為乘數型領導人，找到「他們本性中的善良天使」，一如林肯所說的。然而，他們的努力都白費了，因為他們花了太多心力去對付身邊的惡魔。對其他人來說，貶損型同僚導致他們極為衰弱，以致他們想要卓越領導的意願也被削弱了。為了解如何化解短視、健忘的減數者，我調查了數百名專業人士，也另外訪談了數十人。我了解到，減數者的貶損效應並非無可避免的。雖然你無法改變別人，但你可以改變你的回應，磨鈍你的減數型老闆或同事的銳利邊緣。第八章〈應對減數者〉提出策略與方法以逆轉貶損循環，或者至少將影響降到最低。

解鎖個人潛力不只是個人意願及個人行為改變就行了；這是整個體系的機能，而重塑集體文化將是一場硬仗。為了協助

你們理解大規模改變的複雜性，我和懷斯曼集團的團隊研究了成功進行這項轉變的組織。第九章〈成為乘數者〉將說明協助整個組織克服惰性，由省思走向影響的途徑。

這個新版本亦含有一些新增資料，例如世界各地的新乘數者案例。附錄E是一套實驗，協助你培養乘數者心態和實務做法。此外，附錄B的問答集擴大了篇幅，新增我曾被數千讀者問過的犀利問題，包括：**危機時刻如何領導？性別有影響嗎？具有強烈貶抑紀錄的代表性領導人，例如史蒂夫・賈伯斯（Steve Jobs），該怎麼辦？**

我們的世界正在急速變遷。為了跟上腳步及創造使人們欣欣向榮的職場類型，我們需要真正的乘數型領導人以取代減數型領導人，大規模啟發集體才智與能力。這項展望與行動的規模十分龐大，所以我們開始吧。

莉茲・懷斯曼

2017年於加州門洛帕克市

THE MULTIPLIER EFFECT

乘數效應

　　據說見過英國首相威廉・格萊斯頓
（William Ewart Gladstone）之後，你會覺
得他是世界上最聰明的人，但見過他的政
敵班傑明・迪斯雷利（Benjamin Disraeli）
以後，你會認為自己是最聰明的人。[1]

——波諾（Bono）

1994年夏天，戴瑞克·瓊斯（Derek Jones）加入美國海軍，遠離密西根州底特律的破敗家鄉。18歲的戴瑞克充滿街頭智慧與信心，在海軍的性向測驗中取得高分，被列入電子電腦課程進階班名單。歷經伊利諾州的九週訓練營與八個月的飛彈發射系統密集訓練之後，戴瑞克晉升為下士，獲選接受進階訓練，準備成為神盾戰鬥系統（AEGIS）電腦網路技術士。他以班上第一名之姿畢業，作為獎勵，他可以選擇要去哪艘戰艦服役；他選擇了海軍最新的亞里伯克級（Arleigh Burke）導彈驅逐艦。不到幾個月，他便成為210名服役人員當中的優異表現者，並獲軍官稱讚是艦上最聰明、最辛勤的水手。眼看就要取得一項重要資格，戴瑞克覺得自己正處於人生巔峰——直到新任指揮官費德雷克艦長上任。[2]

費德雷克畢業自美國海軍學院，獲任命為這艘亞里伯克級驅逐艦的艦長，他因而躋身菁英軍官階級，將被栽培成為巡洋艦艦長。只要不出大錯，他將來會晉升為海軍上將。費德雷克向他的水手誇口，說他對船艦操作瞭若指掌，他甚至知道船艦操作、每種情況與每名水手的最微小細節。

在準備費德雷克上任後第一次導彈演習時，戴瑞克團隊的任務是確保船艦的武器系統百分之百完備。演習前數日，戴瑞克和同伴發現船艦缺少一個重要零件，於是水手們從一個非正式網絡取得那個零件，修復系統，使其正常運作。數日後，費德雷克從一艘姊妹艦的艦長那裡獲悉這個插曲，該艦長順口提到他的水手提供了那個零件。費德雷克艦長非但沒有對年輕水手的足智多謀感到欣喜，反而暴怒，顯然對他的船艦需要援助

而感到難堪。戴瑞克馬上成為費德雷克集中怒火及嚴密監視的目標。

在標準的導彈演習中,艦長與戰術行動官(TAO)會調查戰區,找到敵人,決定發射方案,瞄準,射擊,命中目標——全部一氣呵成,而且是在與敵人對峙的同時。一瞬間有數百件事需要處理、設定優先順序,然後決定行動。這需要高度專注與敏銳的心理素質才能成功。這些操作可能格外令人膽怯,因為指揮官就站在神盾戰鬥系統操作員的身旁,看著每個決定,不斷做筆記。

戴瑞克和他的團隊現今在費德雷克警戒的眼神下進行這些操作,當他們未能立即決定鎖定指定標靶的發射方案,便遭到他的公開嘲諷。最後,戴瑞克不僅只是在一次訓練中表現差勁,他幾乎在每項情境中都失敗了。他曾是課堂上與團隊訓練的明星學員,但是,當費德雷克在他身後緊盯與操控每個細節、挑出每項錯誤,使他緊張感滿溢。戴瑞克無法好好思考,沒能正常發揮。在持續監看之中,戴瑞克和他的團隊每況愈下。不到數週,戴瑞克和他的三等士官長便相信,沒有艦長的干預,他們就無法操作艦上的戰鬥系統。他們的失誤如此明顯,導致艦長取消戴瑞克操作神盾戰鬥系統的資格。在那之後,戴瑞克在艦上的表現一落千丈。

直到三個月後換了新艦長,才終止這種頹勢。指揮官亞伯也是美國海軍學院畢業,對他的水手與他自己的能力同樣充滿信心。[3]亞伯之前在一名高階國防官員手下做事,後者會指派他一些挑戰他能力極限的計畫。在聽取有關戴瑞克與前任艦長處

不好的報告後，亞伯很快便將戴瑞克找來，告知他們即將把戰艦駛向海上進行另一項導彈演習，之後就要展開長期部署。他說：「瓊斯，你要參加這項演習。你要確保我們在這項測試勝出。我就指望你了，你的艦上同志也是。」在一週的期間內，戴瑞克的團隊完美無瑕地在每種情境演練了神盾戰鬥系統。當他們在準備時，新艦長保持警惕、態度冷靜，並抱持好奇心。戴瑞克不再覺得他受到測試，而是覺得自己在學東西，以及與艦長合作進行一項挑戰。

演習那一天，新艦長站在身後，戴瑞克操作神盾戰鬥系統，一遍又一遍提出正確方案，毫無失誤，達到一年多來所有戰艦之中的最高分數。艦長亞伯用艦上廣播系統宣布：「士官瓊斯和船員今日為我們打贏了戰爭。」

戴瑞克繼續在船上晉升。他以破紀錄的時間升上中士，並獲得艦上當季水手的殊榮。亞伯將戴瑞克評為艦上人員的前5％，還提名他加入STA-21課程（Seaman to Admiral，上等兵到上將），他將取得大學學位，並被委任為海軍軍官。完成軍官訓練之際，戴瑞克每回被評鑑成績時都會獲得晉升。不到九年，他已獲遴選為執行官，負責訓練與培養其他軍官。今日，他官拜美國海軍少校，即將成功成為指揮官。

戴瑞克的海軍經驗說明，指揮風格的轉變往往會導致能力的轉變。他在一名領導者麾下因恐懼而不知所措，卻在另一位領導者麾下聰明而能幹。費德雷克說了什麼、做了什麼，以致嚴重貶抑戴瑞克的才智與能力？亞伯又做了什麼來重建與擴增戴瑞克理解及因應複雜情況的能力呢？

有些領導人讓我們變得更好、更明智，他們導引出我們的才智，本書談的正是這些領導人，他們會汲取與復甦身邊人的才智，我稱他們為「乘數者」。本書將展現他們何以把身邊的人打造成天才，讓每個人更聰明、更能幹。

質疑天才

有人賞鳥，有人賞鯨，我則是觀賞天才，我著迷於他人的才智。我注意、研究、學著分辨出數種才智類型。在市值1,740億美元的大型軟體公司甲骨文（Oracle）擔任高階管理人員的17年間，我有幸與許多聰明的高層一同工作，他們都是有系統地由頂尖公司與大學名校的佼佼者之中招募過來的。由於我身為副總裁，負責公司的全球人才發展策略以及經營公司大學，我和這些高層密切合作，貼身研究他們的領導能力。憑藉這項優勢，我開始看出他們運用自己才智的方式多麼與眾不同，我著迷於他們對公司員工產生的影響。

▶ 天才的問題

有些領導人似乎耗盡周遭人士的才智與能力，他們只專注在自己的才智，一心想要成為屋裡最聰明的人，這對其他人造成了貶損效果。為了讓他們看起來聰明，其他人必須看起來愚蠢。我們都曾跟這些黑洞共事，他們形成一種漩渦，吸光身邊

所有人與所有事物的能量。他們一走進屋裡，大家的智商下降，開會時間也延長一倍。在無數場合，這些領導人是創意扼殺者與能量摧毀者，別人的創意因他們在場而窒息死亡，才智流動到他們身邊便戛然而止。在這些領導人附近，才智只有單向流動：從他們流向別人。

其他領導人則是將自己的才智當成工具，而不是武器。他們發揮自身才智以擴增身邊人的智慧與能力。人們因他們存在而越來越聰明、越來越好。創意滋長，挑戰被克服，艱難問題迎刃而解。這些人一走進屋裡，人們頭上的燈泡便亮起，創意飛快流動，你必須慢速重播會議才能看清楚狀況，跟他們開會就像是創意混搭活動。這些領導人似乎使身邊的人變得越來越好、越來越能幹。這些領導人不僅本身聰明——他們是才智乘數者。

或許這些領導人明白，站在才智階級頂峰的人是天才製造者，而不是天才。

▶ 離開甲骨文公司之後的構思

本書的概念源自於我離開甲骨文公司以後的構思。離開甲骨文就像是從高速子彈列車下車，突然間覺得每件事都像是慢動作。這種突如其來的平靜給了我空間思考一個揮之不去的問題：為什麼有些領導人能打造人們的才智，其他領導人則減損才智？

我開始教授與指導企業主管之後，看到其他公司也有相似

的情況。有些領導人能增進集體智商，其他人則是讓他們的員工喪失心智活力。我跟十分聰明的主管合作過，他們的困擾是會習慣性公然或暗中打壓身邊的人。我也跟許多高階領導人合作過，他們的困擾是無法更妥善運用他們的資源。這些領導人大多是在景氣成長時期培養了他們的領導技能，然而，在較為嚴峻的景氣環境下，他們發現無法再簡單藉由投入資源來解決問題。他們必須設法提升既有人員的生產力。

我回想起某次與客戶丹尼斯·摩爾（Dennis Moore）的關鍵對話，他是一名具有天才級智商的高階主管。我們討論到領導人可能對組織裡的才智產生感染效應，引發連鎖性才智，他回應說：「這些領導人就像放大器。他們是才智放大器。」

沒錯，有些領導人能放大才智，我們稱之為乘數者，創造組織裡的集體、連鎖性才智。其他領導人則是減數者，刪減組織裡的重要才智及能力。但是，乘數者做了什麼？跟減數者所做的有何不同？

我們搜尋商學院期刊與網路，試圖找到這些問題的答案以及客戶可用的資源，結果徒勞無功。這些空白促使我研究這種現象，我決心為想要擴增組織才智的領導人找到答案。

▶ 研究

第一項重大發現是找到了我的研究合夥人葛瑞格·麥基昂（Greg McKeown），他當時就讀於史丹佛大學商學院研究所。葛瑞格擁有好奇與堅韌的心靈以及研究領導力的熱情，和

我有著相同決心想要找出答案。我們開始正式研究，首先設定未來兩年將投注心血的問題：什麼是才智乘數者與才智減數者之間的少數關鍵差異？他們對組織有何影響？我們730天醒來都在思考同樣的問題，猶如電影《今天暫時停止》（*Groundhog Day*）的男主角比爾·墨瑞，每天都在相同的鬧鐘時間醒來，注定要重複前一天的事情。在長期專注探索這個問題之時，我們對於乘數效應有了深刻理解。

我們一開始研究時，便挑選一組由個人及組織智慧提供競爭優勢的公司與產業。由於這些組織的興衰都是奠基於他們智慧資產的力量，我們假設乘數效應將會很顯著。我們訪談這些組織裡的資深專業人士，請他們各選出一位符合乘數者與減數者描述的領導人。我們研究了150名以上的領導人，針對他們的領導做法進行訪談和定量評估，接著再挑出其中許多領導人，對他們管理團隊的前任與現任成員展開密集的360度訪談程序。

我們在拓展研究時，又調查了其他公司與產業的更多領導人，想要找出橫跨企業與非營利部門以及地理區域的共同元素。我們的研究之旅穿越四大洲，接觸了豐富多元的領導人。我們後來相當熟悉其中一些領導人，深度研究他們及其組織。

我們研究的其中兩名領導人提供這兩種領導風格的鮮明對比，他們兩人在同一家公司擔任同一種職位，其中一人有著乘數者點石成金的奇蹟，另一人則有著減數者令人心寒的效應。

🏭 兩名經理人的故事

維克拉姆[4]在英特爾（Intel）公司裡兩位不同的部門經理人手下擔任工程主管，這兩個人都可視為天才，都對維克拉姆有著重大影響。第一位領導人是喬治・施尼爾（George Schneer），英特爾其中一項事業的部門經理人。

▶ 第一位經理人：天才製造者

喬治靠著成功經營英特爾事業而打響名號，他所管理的每項事業均獲利，而且在他領導之下有所成長。不過，讓喬治最為突出的是他對周遭人等的影響。

維克拉姆說：「我在喬治身邊像個搖滾明星，他造就了我。拜他所賜，我從個別貢獻者變成大牌經理人。在他身旁，我感覺像個聰明的混蛋——每個人都有那種感受。他讓我發揮到百分之百——令人極為興奮。」喬治的團隊也分享相同心情：「我們不確定喬治究竟做了什麼，但是，我們知道我們很聰明、我們是勝利組。能夠參與這個團隊是我們職業生涯的輝煌時刻。」

喬治經由參與而開拓了人們的才智。他不是人們注意的中心，也不在意自己看起來有多聰明。喬治在意的是讓團隊每個成員發揮才智與最大努力。在典型的會議上，他的發言只占10％的時間，大多僅是為了「梳理」問題的陳述，然後他便退出，給團隊空間去想出答案。他的團隊提出的構想往往價值數百萬美元。喬治的團隊推進業務，創造可觀的營收成長，搭建

獲利的橋梁，讓英特爾得以進入微處理器事業。

▶ 第二位經理人：天才

數年後，維克拉姆離開喬治的團隊，為另一名部門經理人
效力，後者是早期微處理器的建構者之一。這個經理人是天才
洋溢的科學家，被拔擢為管理層去經營晶片廠。他聰明絕頂，
對身邊所有人事物都留下影響。

問題是這名領導人一手包辦所有的思考。維克拉姆說：「他
非常、非常聰明，可是人們在他身邊感到窒息。他扼殺我們的
創意。在典型的團隊會議上，他獨占大約30％的發言，沒給其
他人留下什麼空間。他還給出許多回饋——大多是我們的構想
有多麼差勁。」

這名經理人會獨自或跟一名親信做出所有決策，然後對組
織宣布那些決策。維克拉姆說：「你明白他對所有事情都會有答
案。他的意見很強烈，也會將自己的想法強力推銷給別人，說
服他們去執行細節。其他人的意見都不重要。」

這個經理人會雇用聰明的人，但被雇用的人很快便了解他
們不能有自己的想法。最後，他們會辭職或揚言辭職。後來，
英特爾聘請一位副手跟這個經理人一起工作，以阻止組織裡的
才智流失。但即便如此，維克拉姆說：「我的工作比較像勞作，
而不是創作。他只讓我發揮50％的實力，我絕對不要再為他工
作了！」

▶ 減數者或乘數者？

第二位領導人自視過高，以致壓抑了他人，耗竭組織的關鍵智力與能力。喬治激發他人的智慧，為組織創造集體、連鎖性智力。第二位領導者是天才，另一位則是天才製造者。

你的知識有多麼豐富並不重要；重要的是你有多少管道可以獲取他人的知識。重點不是你的團隊成員有多少智慧，而是你可以汲取與運用多少他們的智慧。

我們都曾經歷過這兩種領導人。你現在是哪一種領導人？你是天才，還是天才製造者？

乘數者效應

乘數型領導人是天才製造者。我們的意思是指，他們讓身邊的人更聰明、更能幹。乘數者激發每個人獨特的才智，營造天才的氛圍——創新、一分耕耘一分收穫，以及集體智慧。

在研究減數者與乘數者的時候，我們發現，在最基本的層面上，他們從人們身上得到非常不同的結果，他們對於人們的才智抱持著不一樣的邏輯與假設，他們在一些事情上的做法有很大差異。我們首先檢視乘數者效應的影響。為什麼人們在乘數者身邊變得更聰明、更有能力？他們是如何從資源裡得到比減數者多出一倍的成果？

乘數型領導者從人們身上得到更多成果，因為他們不會只

是專注在自己的才華，而是努力萃取及拓展他人的才華。他們不是只獲得一丁點回報，而是很多很多。

▶ 兩倍的乘數者效應

乘數者的影響可從兩方面觀察：第一，從與他們共事的人來看；第二，從他們塑造及創造的組織來看。我們首先檢視乘數者如何影響與他們一起工作的人。

◎ 萃取才智

乘數者萃取出人們全部的能力。在我們的訪談中，人們表示乘數者讓他們發揮更多實力，遠超過減數者。我們請每個人說明減數者得到他們多少的能力，通常介於20至50％之間。我們又請他們說明乘數者得到他們多少的能力，通常介於70至100％之間。[5]比較這兩組數據，我們驚訝地發現乘數者得到1.97倍的能力，這將近兩倍，也就是兩倍效應。從正式研究得出結論後，我們持續在研討會上以及對管理團隊提出這個問題，請人們回想過去的乘數型與減數型老闆。在不同產業中，公家機關、私人企業及非營利機構，我們不斷發現乘數者從人們身上得到至少兩倍的價值。

如果你能夠從人們身上得到兩倍價值，那將會有多少成就呢？

這項差異的原因是人們與乘數者共事時，便毫不保留。他們提出自己最佳的想法、創意與點子。他們超出工作的要求，

自願奉獻額外的努力、精力與資源。他們主動尋找更有價值的方法以做出貢獻。他們用最高標準來要求自己。他們將百分之百的能力投入到工作之中——而且還會繼續投入。

🎯 拓展才智

乘數型領導者不僅萃取人們的能力與智慧，還能拓展與增長其才智。在訪談中，人們時常提到乘數者取得「超出」他們100％的能力。起初，我不能接受他們說：「喔，他們得到我120％的能力。」我指出，超過100％在數學上是不可能的。但是，我們不斷聽到人們宣稱乘數者得到他們100％以上的能力，於是我們開始問：為什麼人們堅持才智乘數者得到比他們實際具備還要更多的能力？

我們的研究證實，乘數者不僅汲取人們既有的才能，還加以拓展。他們讓人們發揮不自知的能力，人們表示在乘數者身邊確實變聰明了。

我們研究的涵義是，才智本身是可以增長的。近來有關智力延展特性的其他研究證實了這項觀點，例如下列數項研究：

- 史丹佛大學的卡蘿·杜維克（Carol Dweck）進行的突破性研究顯示，拿到一連串越來越難的拼圖、並被稱讚其**才智**的孩童們，會因為害怕觸及他們才智的極限而停滯不前。拿到相同的拼圖系列、但被稱讚他們**很努力**的孩子，實際上增強了他們理解與解題的能力。當這些孩童的思考能力得到讚許，他們便相信智力可以增長，然後將這種想法變成現實。[6]

- 維吉尼亞大學的艾瑞克・特克海默（Eric Turkheimer）發現，惡劣環境會壓抑孩子們的智商。貧窮兒童被中上階級家庭收養之後，他們的智商增加12至18點。[7]
- 密西根大學的李查・尼茲比（Richard Nisbett）的研究發現：[1]學生們的智商水準在放暑假的時候下降，[2]整個社會的智商水準隨著時間而穩定增加。1917年人們的平均智商在今日的智力測驗大概只有73。[8]

讀完這些研究後，我使用人們宣稱乘數者從他們身上得到的能力百分率，重新計算我們訪談的數據。將這種超額能力（高於100%的部分）加入我們的計算之後，我們發現乘數者得出的能力是減數者的2.1倍。如果你不僅得到團隊的兩倍能力，還得到5至10%的成長紅利，因為他們在替你工作時變得更聰明、更能幹，那會怎麼樣呢？

這種兩倍效應是乘數者深入運用資源的成果。當你將乘數者兩倍效應套用在組織裡，便會看出策略相關性。簡單來說，善用資源創造了競爭優勢。

▶ 資源善用

以蘋果（Apple）公司現任執行長提姆・庫克（Tim Cook）為例。提姆擔任營運長時，對一個銷售部門展開預算檢討，他提醒管理團隊，策略使命是營收成長。大家都預想到這點，但是，當他要求在凍結人事之下實現成長，大家都呆住了。參加

會議的銷售主管表示，他認為營收目標是可以達成的，但惟有在增加人手之後。他提議維持逐步增加人員的既定線性模式，堅稱每個人都知道，想要增加營收就必須增加人員。這兩名高階主管持續對話數月，始終未能讓彼此的邏輯搭上線。銷售主管用的是加法的語言（亦即增加更多資源才能提高成長），提姆則是用乘法的語言（亦即更善加利用既有資源便能提高成長）。

加法的邏輯

這是企業的主流規劃邏輯：有新的需求提出時，就會增加資源。高階主管要求更多產出，下一層級的營運領導者便要求更多人手。來來回回磋商，直到大家同意某種情境：在增加5％資源之下提升20％產出。但高階主管與營運領導人都不滿意。

營運領導人深陷在資源分配與加法的邏輯，因而主張：

1. 我們的人員工作量太大。
2. 尤其是我們的王牌最為勞累。
3. 因此，想要完成更高的目標，便需要增加更多資源。

這是加法的邏輯，看似有說服力，但重要的是，它忽略了更為深入利用既有資源的機會。加法的邏輯造成人員既過勞又未充分發揮的情境。不注意運用資源卻要求分配資源，是一種成本高昂的企業常規。

商學院教授暨策略大師蓋瑞・哈默爾（Gary Hamel）與普哈拉（C. K. Prahalad）寫道：「相較於資源利用的任務，管理

高層的資源分配任務獲得太多注意……如果高層花更多努力去評估計畫中資源分配的策略可行性，卻不評估那些倍增資源效率的任務，其增值效果將非常有限。」[9]

想像孩童們在吃自助餐。他們裝滿食物，卻留下許多沒吃完的食物在餐盤上。食物被挑挑揀揀，撥來撥去，最後被剩下來浪費掉。跟這些孩子一樣，減數者急於裝滿資源，甚至得償所願，但是許多人力被放任不用，以致浪費他們的產能。以一家科技公司的一名暢銷產品開發主管所造成的成本為例。

高成本減數者賈士伯‧華利斯[10]話說得很漂亮。他很聰明，能清楚陳述出產品的動人願景，及其對客戶的轉型效益。賈士伯亦具政治手腕，懂得操弄政治。問題是賈士伯的組織無法執行與實現他的願景，因為員工們永遠圍繞著他轉個不停。

賈士伯是個策略家和創意人士，然而，他動腦子與提創意的速度快過他的組織所能執行的。他大約每週都會發起新焦點或新企劃，他底下的營運主管回想：「他會在星期一告訴我們，我們必須趕上『對手X』，而且必須在這週做到。」他的組織會開始狂奔，使出一記萬福瑪麗亞長傳＊，暫時取得幾天的成效，但在下週又收到要達成的新目標之後，便後繼無力。

這名領導者深度介入細節，以致形成組織裡的瓶頸。他非常努力工作，可是他的組織行動緩慢。他的微管理限制了組織裡其他人所能做的貢獻，他鉅細靡遺、親力親為，不僅浪費資

＊ 譯注：Hail Mary pass，美式足球術語，意指在絕望之中進行低成功率的舉動。

源，亦表示他的1,000人部門只做到500人的工作。

賈士伯的一貫手法是跟公司裡另一個生產類似科技的較大部門爭搶資源，他的優先目標是擴大規模到大於其他部門，於是他飛快地聘雇人手，建立自己的內部基礎設施和人員——全部都跟其他部門的既有基礎設施重疊。他甚至說服公司為他的部門興建專用辦公大樓。

賈士伯終於惹上麻煩。他的產品顯然是一時風潮，公司很快便流失市占率。等到計算實質投資報酬率（ROI）時，他被趕出公司，他的部門被併入其他產品事業群。他建立的重複基礎設施最終被拆除，卻已經浪費了數百、數千萬美元，並損失了市場機會。

減數者造成了高昂的成本。

◎ 乘數的邏輯

我們檢視了加法邏輯及其衍生的資源無效率。想要更善加利用組織層級的資源，需要採取新的企業邏輯：乘法邏輯。具有乘法邏輯的領導人認為，可以更有效率地汲取人員的能力，並不是藉由增加新資源以達成線性成長，而是讓你擁有的資源力量**倍增**，然後便能看到成長飆升。

以下是乘法邏輯：

1. 組織裡的大多數人均未充分發揮能力。
2. 在合適的領導之下，可以善用所有的能力。
3. 因此，可以在不需要更多投資之下，倍增才智與能力。

舉例來說，蘋果公司需要在一個部門不增加資源之下實現急速成長，但他們並未擴大銷售人力。相反地，他們召集不同職能的關鍵人員，花一週的時間研究問題，共同研發解決方案。他們改變銷售模式以利用能力中心，更善加運用他們的最佳銷售人員，以及銷售周期裡的產業專家。他們在資源幾乎持平之下，達成二位數的年增率。

　　軟體服務先驅Salesforce是規模70億美元的軟體公司，已經由加法邏輯轉變為乘法邏輯。他們使用「遇到問題時猛砸資源」的舊觀念，享受了十年的快速成長。他們因應新客戶與新需求的方法是雇用最好的科技與商業人才，藉以解決挑戰。然而，緊繃的市場環境為公司領導階層帶來新的緊急任務：從既有資源得到更多生產力。他們無法再憑過時的資源利用觀念以維持營運，於是，他們開始培養可以增加人員才智與能力、提升組織腦力以因應成長需求的領導人。

　　資源善用是一個遠比「用更少達成更多」還要豐富的觀念。乘數型領導人不是用更少得到更多，而是用更多達成更多。更多的人才智慧與能力、熱忱與信任。如同一名執行長所說：「80個人可以用50個人的生產力工作，或者是500個人。」由於這些乘數型領導人達到更好的資源效率，他們比採取加法邏輯的公司有著更強的競爭地位。

　　我們想要根除過時加法邏輯的根源。我們接著來看乘數者如何汲取才智及獲得人們更多的貢獻，答案在於乘數者的心態與五項原則。

乘數者的心態

我們在研究乘數者與減數者的時候不斷發現，他們對於共事者的才智有著非常不同的假設。這些假設似乎解釋了乘數者與減數者在做法上的許多差異。

減數者的心態。減數者對於才智的看法是基於菁英主義與稀有性。減數者似乎認為**真正聰明的人是稀有物種**，而他們就是**那個稀有物種**。出於這種假設，他們認定自己十分特殊，**沒有他們，別人永遠搞不懂事情**。

我還記得我曾經共事過的一名領導人，我只能形容他是「才智至上主義者」。這位高階主管經營一家科技公司，雇用4,000多位受過高等教育的知識工作者，人多畢業自全球各地的名門大學。我參加過一次他的管理會議，有20名高階主管正要解決某項產品的一個重要上市問題。

我們走出會議室時，回想著對話與達成的決定。他停下腳步，轉身看著我，平靜地說：「在會議上，我通常只聽一兩個人發言。其他人都言之無物。」我想他看到了我臉上的警戒表情，因為他說完話，又補上令人難堪的一句：「喔，當然，妳是其中之一。」我才不信他的話。在這個4,000人企業的20名高階主管之中，他認為只有一兩個人言之有物。我們穿越走廊，經過一排又一排他的部屬的辦公隔間與辦公室。我透過全新的眼光看待這個廣闊區域，現在突然間像是一個巨大的腦力廢棄場。我想要大聲宣布，告訴他們可以回家了，因為他們的高階

主管不相信他們可以做出什麼貢獻。

　　除了將才智視為稀有商品，我們的研究顯示，減數者將才智視為人們無法改變的基本特質；他們認為那是靜態的，無法隨著時間或環境而改變。這種態度符合知名心理學家暨作家卡蘿‧杜維克所說的「定型心態」（fixed mindset），亦即認定一個人的才智與特質是無法改變的。[11]減數者的兩步驟邏輯似乎是：**現在「不懂」的人永遠都不會懂**；因此，**我必須不斷為大家設想**。在減數者的世界，聰明人永遠閒不下來！

　　你或許可以預測上述主管的日常實際上是如何運作的。不妨問問自己，假如你內心深處也有這些想法，你將如何運作。你或許會命令人們該做什麼事，獨自進行所有重要決策，當有人似乎失敗時便立即跳進去接手。到頭來，你幾乎永遠都是對的，因為你的假設會導致你的管理造成人們的服從與依賴。

　　乘數者的心態。乘數者的假設非常不同。如果減數者用黑白兩色來看待才智，乘數者則是五彩繽紛。乘數者對身邊人的才智有著豐富的看法，他們不認為只有少數人值得負責思考的工作。此外，乘數者認為才智不斷在發展，這項觀察符合杜維克所說的「成長心態」（growth mindset），亦即認為智力與能力等基本特質可以經由努力來培養。[12]他們假設**人們是聰明的，可以想通問題**。在他們眼中，他們的組織充滿有才華的人，可以做出更高的貢獻。他們的思維就像我們訪問過的一名經理人所說，她在了解團隊成員時會問自己：「這個人在哪方面很聰明？」回答這個問題時，她發現表面之下往往潛藏各色才藝。

她不會漠視一個人，說對方不值得她浪費時間，而是會問：「要如何開發與拓展這些能力？」然後她會找出一項既能延展個人能力、又可促進組織利益的任務。

乘數者檢視他們身邊的複雜機會與挑戰，想著：**各處都有聰明人可以解決這件事，並在過程當中變得更加聰明。**他們認為自己的工作是集合聰明人才，營造一個解放大家最佳想法的環境——然後退居幕後，讓他們放手去做！

如果你有這些假設，你會怎麼做呢？在最艱難的時刻，你會信任自己的部屬；你會將困難的挑戰交給他們，給他們空間去履行責任。你會用讓他們變得更聰明的方法，去運用他們的才智。

以下圖表列出這些截然不同的假設，是如何對減數者與乘數者的領導風格產生強烈影響：

你會怎麼做：	減數者： 「沒有我，他們永遠搞不定這件事。」	乘數者： 「人們是聰明的，可以解決這件事。」
管理人才？	利用	培養
面對錯誤？	責怪	探索
設定方向？	告知	挑戰
做出決策？	決定	諮詢
如何做好事情？	控制	支持

這些核心假設是挖掘與了解的關鍵，因為顯而易見的是，行為跟隨假設而來。若想成為乘數型領導人，我們不能只是模仿乘數者的做法。想要成為乘數者，首先要像乘數者般地思

考。在觀察與指導高階主管的20年間，我發現領導人的假設會影響其管理方式。當人們開始檢視與更新自己的核心假設，就更有可能採取乘數者的五項原則，以創造真實性與影響力。

乘數者的五項原則

乘數者有什麼獨特的做法呢？在分析150名以上領導人的資料時，我們發現在一些領域中，乘數者與減數者所做之事相同。他們都是以客戶為導向，均展現敏銳的商業頭腦與市場看法。他們身邊都有聰明的人，並且認為自己是思考領導者。然而，我們在搜尋乘數者獨特的活性成分之後，發現乘數者不同於減數者的五項原則。

1. 吸引與優化人才。乘數者是**人才磁鐵**；他們吸引人才，讓人才充分發揮，不管是誰擁有資源，人們爭相替他們做事，因為人們知道自己將成長及成功。相反地，減數者像個**帝國創建者**，堅持自己必須持有與控制所有資源，俾以提高生產力。他們往往將資源劃分為自己持有的與未持有的，然後放任這些人為的隔閡阻礙所有資源的有效運用及限制成長。人們一開始或許會受吸引而為減數者工作，但往往走入職涯死亡之地。

減數者像個帝國創建者，取得資源之後卻浪費資源。乘數者是人才磁鐵，運用及增加每個人的天賦。

2. 營造需要最佳想法的環境。乘數者會營造獨特、動機十足的工作環境，每個人都獲准思考，以及大展身手的空間。乘數者像是**解放者**，製造一種既舒適又強烈的氛圍。他們能消除恐懼，創造安全感，邀請人們進行最佳思考。與此同時，他們亦營造一個強烈的環境，要求人們做出最佳努力。相反地，減數者像是**暴君**，提出批判，讓人們害怕批評，對人們的想法與工作澆一盆冷水。減數者試圖要求人們的最佳想法，卻得不到。

減數者像是暴君，建立有壓力的環境。乘數者是解放者，建立安全的環境，增進大膽的思考。

3. 延展各種挑戰。乘數者像是**挑戰者**，不斷挑戰自我及他人以超越已知的範圍。他們是怎麼做的？他們播種機會，設下可以延展組織的挑戰，進而激發可以做到的信念，以及對於挑戰過程的熱忱。相反地，減數者像個**萬事通**，為了炫耀學識而下指令。減數者設定方向，乘數者則是確保人們有設定方向。

減數者像個萬事通，發號施令。乘數者像是挑戰者，定義機會。

4. 辯論各式決策。乘數者像是**辯論製造者**，透過縝密辯論來推動健全的決策。他們促成的決策過程，包含組織執行那些決策所需要的所有資訊。乘數者讓人們辯論眼前的議題，做出人們理解、可以有效執行的決定。相反地，減數者像個**決策製造者**，在內部小圈子看似有效率地做出決策，但整個組織卻不

明所以，只能辯論領導人的決策是否正確，卻完全得不到微調與執行決策的成就感。

　　減數者是決策製造者，試圖對別人推銷自己的決定。乘數者是辯論製造者，促成人們真心接受。

　　5. 灌輸主導權與責任感。藉由灌輸對於整個組織的高度預期，乘數者能締造並維持優越績效。他們扮演**投資者**的角色，提供成功所必需的資源。久而久之，乘數者的高度預期變成堅定的存在，驅使人們要求自己與別人盡責，達成高標準，而且是在沒有乘數者的直接干預之下。相反地，減數者是**微管理者**，藉由把持所有權、插手細枝末節與直接管理，以達成績效。

　　減數者是微管理者，什麼都要管。乘數者是投資者，給予他人主導權與完全責任。

　　下頁表格說明了區分減數者與乘數者的五項重要原則。

	減數者	乘數者
看法	假設： 「沒有我，人們便搞不定問題。」	假設： 「人們是聰明的，可以解決問題。」
做法	原則： 1. 帝國創建者 　囤積資源，低度利用人才 2. 暴君 　營造緊張的環境，壓抑人們的想法與能力 3. 萬事通 　下指令以炫耀自己的知識 4. 決策製造者 　中央集權式，突然做出決策，讓整個組織搞不清楚 5. 微管理者 　經由個人介入來驅動績效	原則： 1. 人才磁鐵 　吸引有才幹的人，讓他們做出最高貢獻 2. 解放者 　創造強烈的環境，需要人們的最佳想法與工作成果 3. 挑戰者 　定義機會，讓人們得以延展能力 4. 辯論製造者 　透過縝密辯論來推動健全的決策 5. 投資者 　讓他人得到績效的所有權，並在他們的成功上進行投資
得到	結果　　＜50%	結果　　2倍

意外的發現

　　我們在研究世界各地的乘數型領導人時，發現大量的相同之處與數個模式，證實了我們初期的觀察。以下是我們想要分享的四個驚人且有趣的發現。

▶ 乘數型領導人性格鮮明

我們的乘數者研究中最關鍵的一項發現是，這些經理人性格極為鮮明。他們預期部屬會做出大事，並督促部屬達成非凡成果。他們不只是結果導向；他們強悍又嚴格。確實，乘數者讓人們覺得聰明且能幹，但他們並不是當個「感覺良好」的經理人就能做到這些。他們觀察人們，找出其能力，希望獲取全部的能力，讓人們充分發揮。他們看到許多能力，因此期望得到許多成果。

在我們的研究訪談之中，人們對曾經共事過的乘數型領導人大為稱讚，這種感激來自於與他們共事所獲得的滿足感，而不是客套話。某人描述跟一家大公司的稅務部資深副總裁黛柏‧蘭吉（Deb Lange）共事的感覺：「跟她一起工作像是從事高強度運動，很累人，但很帶勁。」另一人形容他的主管：「他讓我做到我不知道自己可以做到的事。我願意做任何事，只為了不讓他失望。」甲骨文公司亞太地區執行副總裁德瑞克‧威廉斯（Derek Williams）的一名部屬是這麼說的：「你離開他的辦公室時，會覺得自己滿懷信心。」

乘數型領導人的管理風格不僅僅是開明派，這種管理方式可創造高績效，因為他們取得人們更多的價值，回報給人們極為滿意的體驗。本書的一名早期讀者指出，這些領導人並不是「給人小甜頭」。

▶ 乘數型領導人嶄露鋒芒

　　人們往往假設乘數型領導人必須退開，才能將聚光燈投射在他人身上，或者是他們必須退一步，好讓別人有更大的舞台。然而，我發現這些領導人不僅善用身邊人所有的智慧與能力，亦發揮自己的全部才能。我最欣賞的一名乘數型領導人是魔術強森（Magic Johnson）。早在中學，當他還只是小厄文‧強森（Earvin Johnson Jr.）的時候，便已是天才洋溢的籃球員。他的中學教練告訴他：「厄文，我要你每次一拿到球就投籃。」他遵照囑咐──他得到許多分，而且每場比賽都獲勝。當球隊得到54分，其中52分都是厄文拿下的。教練愛死了，球員也愛死了，畢竟有誰不想加入所向無敵的隊伍？但在某一場比賽之後，球員們離開體育館要走向車了時，厄文注意到那些原本想來看自己兒子打球、結果只看到這名超級球星的父母臉龐。他說：「在當時很小的年紀，我便下定決心，要利用上天賜予的才能去幫助隊上每個人變成更好的球員。」這項決定最終為他博得「魔術」的名號──因為他有能力讓他所加入的每支球隊與隊上每個人都更上一層樓。這不是指乘數型領導人縮小自己，好讓別人閃耀發光，而是他們的行事讓別人也跟著嶄露鋒芒。

▶ 乘數型領導人幽默感十足

我們一時興起，在領導力調查裡加入「幽默感十足」的選項，結果我們的猜測是正確的，這不但是乘數型領導人的一項明顯特質，也是與減數者心態相關係數最低的一項特質。乘數者未必是諧星，不過他們不會過於嚴肅地看待自己或情況。或許是因為他們不需要捍衛自己的利益；乘數者能夠自我嘲諷，在錯誤及人生小缺失當中看到喜劇效果，他們的幽默感對別人有一種解放感。多項職場研究結論指出，幽默可以增強關係，降低壓力，增加同理心。在有趣環境工作的人更有生產力與人際效率，更少請病假。[13]具有幽默感的領導者創造的環境會讓人們做出最大貢獻。

我們在討論乘數者的幽默時，不妨看看喬治·克隆尼（George Clooney）——他擁有一種自我嘲諷的智慧，讓別人感覺自在、放鬆的能力。一名新聞記者寫到克隆尼時說：「相處15分鐘後，我竟然因為他而在我自己家裡放鬆下來。」[14]一名與克隆尼共事的明星說：「他有一種跟你比膽量的手法……令人無法抗拒。」乘數者利用幽默來製造舒適感，激發別人的能量與才智。

▶ 意外的減數者

最令我們意外的發現之一或許是，明白自己對別人產生限制性影響的減數者寥寥無幾。他們大多在成長時因個人聰慧而

備受稱讚，基於個人——往往是智慧方面——的績效而平步青雲。等到他們當上「老闆」，便以為自己的工作是要當個智者，管理一群「部屬」。有的人曾經嚮往做個乘數者，但卻與減數者工作太久了，感染到他們的許多習慣，吸納他們的世界觀。如同一名主管所說：「當我讀到妳的研究，才了解到我住在減數國太久，都被同化了。」許多人為減數者做事，或許能夠安然脫身，卻在自己領導時殘留一些影響。關於意外的減數者，好消息是有條可行的道路能夠成為乘數者。第七章〈意外的減數者〉是寫給用意良好的正直經理人，儘管他們有著最好的意圖，卻未充分運用他們的人才。

本書的承諾

我們在研究乘數者與減數者時，不斷聽聞聰明人被領導者冷落的案例。當他們訴說無論他們多麼辛勤工作、多麼想要付出更多，某些領導人仍不重用他們時，我們聽出他們的挫折感。我們了解到，確實有可能過勞工作，卻依然不受重用。潛藏的才智無所不在，組織裡充滿著未得到充分挑戰的資源。

乘數者無處不在，他們知道如何找到這種休眠的才智，挑戰它，使其充分發揮潛力。優秀的乘數型領導人存在於企業、教育界、非營利機構及政府。以下是我們稍後將討論的一些例子。

1. 史里德爾（K. R. Sridhar），成功的綠能企業家與執行長。他

招募A+人才，給予他們充滿挑戰但沒有壓力的環境，讓他們實驗、冒險，直到提出合適的技術與解決方案。

2. 艾莉莎·蓋拉格賀（Alyssa Gallagher），助理督導，透過賦予教師主導權，讓他們成為革命家，領導了整個學區的學習革命。

3. 魯茲·錫伯（Lutz Ziob），微軟學習（Microsoft Learning）的總經理，他的團隊對他的評價是：「他會營造讓好事發生的環境。他招募優秀人才，允許他們犯錯，激烈地辯論重要決策。他要求我們使出全力，但在之後會跟整個團隊分享成功。」

4. 蘇·賽格爾（Sue Siegel），生技公司前總裁，後來轉行成為創投資本家。她的事業夥伴表示她會創造一種「蘇效應。她周遭的一切都會越來越好，公司在她的指導下成長。我總是好奇如果沒有蘇，我們會是什麼樣子」。

5. 賴瑞·傑爾威克斯（Larry Gelwix），高地高中（Highland High School）英式橄欖球隊總教練，該校校隊在34年間締造392勝、僅9敗的紀錄。他將這項非凡紀錄歸功於此領導理念：讓球員在場上與場下都充分發揮才智。

　　這些領導人提供了可效法的重點給希望成為乘數者的人。

　　本書的承諾很簡單：你可以成為乘數型領導人。你可以將身邊的人變成天才，得到他們更高的貢獻。你可以選擇像乘數者一樣思考與行動，本書將指導你如何做到，並告訴你為何這很重要。

　　本書是寫給每個想在景氣艱難時代度過資源緊絀的經理

人。本書傳達一項訊息給領導人，即他們必須讓人們做出更多貢獻，才能取得更多成就。隨著公司減少過剩資源，能夠使人們才智與能力倍增的領導人將越來越搶手。本書也是寫給希望能更加了解自己天生擅長的事、熱血的乘數者，以及希望得到人們全部才能、懷有抱負的乘數者。本書當然也是給減數者看的，好讓他們更能理解以自我才智為核心的領導所造成的負面效果。本書也是寫給尋求乘數者承諾的每位經理人：增進所有地方、所有人的才智。

你在閱讀本書時，將看到一些核心訊息：

1. 減數者未充分利用人才，閒置了人才的能力。
2. 乘數者提升人們與組織的才智。在他們身邊，人們實際上變得更聰明、更能幹。
3. 乘數者善用其資源。只要將才華洋溢的人才交給聰明的乘數者，公司便能由他們的資源得到兩倍以上的價值。

在討論乘數者的習慣做法之前，我們先來釐清本書不打算做的事。本書不是要談爛好人的領導模式；相反地，本書是要討論性格鮮明的管理方式，讓人們可以貢獻更多的能力。雖然會有許多關於乘數者與減數者的討論，但本書不是要歌頌他們本人的成就，而是要談這些領導者對他人的影響。本書是有關乘數者帶來的影響與希望。最後，本書提出的概念並不是為了給你的減數型老闆與同僚貼標籤；相反地，我想提出一個框架，以協助你培養乘數者的實務做法。

本書的宗旨是想提供頭尾連貫的學習體驗，提供機會以了解與實行乘數者的觀念。這一章已初步簡介乘數者效應，並大致介紹乘數者所做之事。接下來的篇章將說明乘數者與減數者之間的差異，提出乘數者的五項原則，以及如何盡量減少你的意外減數者傾向。你也會得到一套策略，以面對身邊無可避免的減數者。你將讀到真正乘數者與減數者的故事，不過，我們已換掉減數者的名字及其公司名稱，理由不言而喻。本書結尾有一份道路地圖，有助你成為乘數型領導人，並建立整家公司的乘數文化。

給你的挑戰書

儘管乘數者／減數者框架或許看似兩極化，但我希望強調乘數者與減數者之間有一個區間帶，且兩個極端都只有少數人。我們的研究顯示，大多數人位在這個區間帶之中，也有能力往乘數者的那一端移動。若具有正確意圖，便能培養乘數型領導人的能力。好消息是：（1）乘數者無所不在，（2）我們已研究過他們，以揭露其祕密，（3）你可以藉由學習來成為乘數者。你自己不僅可以成為乘數者，還能發掘及創造其他乘數者，你因而將成為乘數者的乘數者。

本著這種精神，我向你下的挑戰書是從數個層面閱讀本書。在最基本的層面，本書將闡明你無疑必然經歷過的——某些領導者創造天才，其他人則摧毀天才。或者，你可以更進一

步思考職業生活及人生經驗之中的典型乘數者與減數者。不過，閱讀本書的最佳角度，或許是放下你或同事是乘數者的念頭，藉此看出自己什麼時候已披上了減數者的外衣。這些省思的最大力量是讓你明白，你擁有乘數者的心胸，卻一直住在減數國而迷失了自我。你也許是個意外的減數者。

我在乘數者與減數者的國度旅行時，時常瞥見自己——可能是現今或過往的自己——並且設法在我教導世界各地的領導人時，更努力以身作則，具體呈現乘數者的做法。我這才了解到，我們大多數人都有減數者的一面，或者至少有一些弱點，且大多是出於善意；我就是如此。我們也許無法完全消除自身的減數者傾向，但可以努力盡量串聯起許多乘數者時刻。

本書是一本道路指南，讓你跟上想要追隨的乘數者，像是英國首相班傑明·迪斯雷利，讓那些跟你見面的人覺得他們自己是世上最聰明的人，而不是你。本書是寫給那些希望在組織裡培養更多乘數者、將每個人與每件事都變得更好的主管。

現在，我將向大家介紹形形色色又令人著迷的乘數型領導人，他們來自各行各業，從公司董事會、學校課堂、高階主管到非洲野外。我們挑選的領導者代表不同的意識形態。我鼓勵你們向每個人學習，即便是你不認同的政治看法。這些領導者都不完美，但當我們凝望他們那些表現最好的乘數者時刻，便能看見新的可能性。我希望你能像我們一樣，在走進他們的世界時，發現他們的故事、做法和影響是激勵人心的。

第一章 **總結**

乘數者 vs 減數者

乘數者：這些領導者是天才創造者，導引出他人的才智，培養組織裡集體且具感染性的智慧。

減數者：這些領導者沉浸在自己的才智之中，壓抑他人，耗盡組織的關鍵智慧及能力。

乘數者的五項原則：

1. 人才磁鐵：吸引及優化才能
2. 解放者：要求人們的最佳想法
3. 挑戰者：延展挑戰
4. 辯論製造者：辯論決策
5. 投資者：激發人們盡責

意外的減數者：真正的減數者很容易看出來，但是，出現在職場中的減數者大多是用意良好的領導人，他們的本意是領導或幫忙，卻於無意間扼殺別人的創意，導致人們退卻。

結果：藉由汲取人們全部的能力，乘數型領導人獲得的能力是減數型領導人的兩倍。

THE TALENT MAGNET
人才磁鐵

我不僅使用我所有的腦力，還借用我
所能借到的全部。

——伍德羅・威爾遜（Woodrow Wilson）

一走上她位於加州門洛帕克市住家的門廊，你便能感受到eBay公司執行長梅格‧惠特曼（Meg Whitman）曾在美東待過。鹽盒式造型及白色木頭，讓人覺得這棟房屋看起來應該座落在新英格蘭，或許它讓梅格回憶起她在麻州劍橋市讀商學院的日子。

那是2007年9月，2008年總統大選的初期，許多有趣的候選人想爭取兩黨的提名。那一天是我們本地人了解其中一位候選人的機會，對我而言，那是延續我們的研究、觀察兩位有趣的領導人的機會。

賓客們紛紛聚集在她家後院草坪，梅格‧惠特曼接過麥克風，開始介紹密特‧羅姆尼（Mitt Romney）這位美國總統候選人，她的介紹很簡單。

我還是貝恩策略顧問公司（Bain & Company）的年輕顧問時，有幸在職涯初期與密特‧羅姆尼共事。我們受雇後，所有新手顧問都搶著加入密特的專案團隊。為什麼？傳聞他是最佳主管，因為他知道如何領導一支團隊，而且他會栽培他的人。每個人跟著密特都會成長。

你可以想像梅格，一位剛畢業的哈佛MBA學生，想在企業界大展身手。跟許多MBA畢業生一樣，她選擇在貝恩這家菁英企業顧問公司展開職涯。她明白進入對的地方將決定她學習的速度，以推進她的職業生涯與她在市場上的價值。她聽到一名老前輩說：「如果你夠聰明，你會設法加入羅姆尼的團隊。」她

並不清楚為什麼密特是如此出色的主管，但她很精明地找到機會，加入了他的團隊。開始與他共事後，她便明白了個中原因。

在密特的團隊，人們很投入。他會花時間認識每個人，了解他們帶給團隊的才能。這不只是檢視他們的履歷而已，密特會判斷人們天生擅長的事情，設法將那些才能運用在與客戶往來的時候。指派人們任務時，密特會問：「你的下一項挑戰是什麼？什麼會是你的延展型任務（stretch assignment）？」假如密特團隊成員的技能可以挽救陷入困境的專案，外借到其他團隊也是常有的事。在一對一會談時，密特不僅詢問專案交付的狀態，他還會問有什麼阻力，他最常提出的問題是：「是什麼阻撓了你的成功之路？」

另一方面，梅格的許多同事並未得到相同指導，他們發現頂頭上司似乎更在意推動自己的職涯，而不是栽培團隊成員。團隊會議的開頭通常是專案負責人的漫長簡報，接著是每個顧問尋常的專案進度報告，每個人都死守著自己在團隊中的單一角色。有人工作不順利時，通常會默默忍受，通宵數晚，卻不尋求同事的幫助。工作是做好了，但他們的個人努力卻沒有獲得認同。唯一明顯的表彰是專案負責人的名聲提升，以及他們的組織規模擴增。至於專案成員的命運，他們幾乎必然會在下一個專案得到跟上個專案很相似的任務。

任何組織都有人才磁鐵，也就是吸引最佳人才、加以充分利用、培養人才進入下個階段的人。這些領導者不只以創造實績出名，還以營造有才華的年輕人可以成長的地方而聞名，他們是別人職業生涯的加速器。

密特‧羅姆尼是個人才磁鐵，他加速梅格‧惠特曼的職涯，直到梅格擔任eBay執行長，領導營收達到88倍。不只是梅格，密特也是數百名有著相同故事的人的磁鐵與職涯加速器。

　　或許你是個人才磁鐵。你的部屬會說你是認得千里馬的伯樂、吸收他們、讓他們充分發揮的人嗎？比起以前其他主管，他們會說他們在你身邊得到更多成長？抑或他們會說，你將他們招進你的組織，卻不是當成可栽培的人才，而是可以部署的資源，然後任由他們枯萎？他們會不會說，他們被大力招募進來，卻得不到有意義的任務，只有顯眼的任務——被當成組織的擺設或引擎蓋裝飾品？

　　有些領導人就像是吸引人才、充分開發人才的磁鐵，其他領導人則是取得資源以建立自己的帝國。本章將探討這兩種管理人才方式之間的差異，以及這兩種類型的領導人對其身邊人員的影響。

帝國創建者 vs 人才磁鐵

　　乘數型領導人是人才磁鐵，吸引有才華的人，並運用其全部的能力，也就是發揮人才的最大貢獻。乘數者之所以能取得最佳人才，未必因為他們是優秀的招聘者，而是因為人們爭相替他們做事。就像惠特曼找到羅姆尼，人們會尋找人才磁鐵，明白自己的能力將獲得欣賞，自己的價值在市場上將會升值。

　　相反地，減數者是帝國創建者，囤積資源，低度使用人

才。他們引進高級人才，許下美好承諾，之後卻未充分運用，導致其希望幻滅。為何會如此？因為他們往往聚集資源以謀求自己的晉升與利益。帝國創建者會囤積、而不是倍增才能；他們收集人才，像是古董櫃裡的小擺設——展示出來讓大家看，但卻沒有好好運用。

這兩種方法產生一個自我延續的循環。人才磁鐵發展出吸引人才的良性循環，帝國創建者則是每況愈下的惡性循環。

▶ 吸引人才的循環

1914年，受人景仰的英國探險家厄尼斯頓‧沙克爾頓（Ernest Shackleton）決定展開一趟南極探險之旅，他在倫敦《泰晤士報》刊登一則徵人啟事，寫道：

> **徵人：**旅途艱苦。薪水微薄，酷寒，漫長數月的完全黑暗，經常面臨危險，能否安全回來仍不可知。成功的話可獲得榮耀及讚揚。

出乎意料的是，數百人前來應徵。沙克爾頓憑著老練船長的智慧，招募不同傾向的人作為船員——他們嚮往冒險與出名，但同時也能實際地準備即將面對的艱苦環境。沙克爾頓吸引合適團隊的能力，無疑是全體探險成員生還的一個重要因素。

吸引人才的循環始於領導人有信心與磁力處在頂尖人才或「A級人才」之中——因應挑戰所必需的能力與合適的才智組

合。在人才磁鐵的領導下，人們的天分被發掘與充分運用，受到延展之後，這些人才變得更聰明、能幹。他們成為A+人才，受到矚目，因自己的工作而獲得名聲與認同。他們受到注意，在才能市場提升了自己的價值（無論內部或外部）。A+人才得到更大的機會，並在人才磁鐵的全力支持下把握住那些機會。

此時，這種循環進入超級加速階段。隨著這種運用、成長與機會的模式持續進行，組織內部與外部的其他人都注意到了，因此領導人和組織被稱讚是「成長之地」。隨著名聲擴散，越來越多A級人才搶著要為人才磁鐵的組織做事，因此人

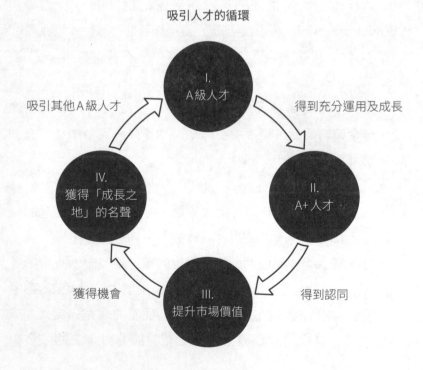

吸引人才的循環

I.
A級人才

吸引其他A級人才

得到充分運用及成長

IV.
獲得「成長之地」的名聲

II.
A+人才

獲得機會

III.
提升市場價值

得到認同

才持續流入，取代往外成長的人才。

這種吸引人才的循環，如上頁圖所示，正是羅姆尼在貝恩公司的情況，以及惠特曼之所以知道自己得加入他的組織的原因。

人才磁鐵形成一股吸引人才的強大力量，並加速他人（與自己）的才智和能力成長。這些領導人就像電磁力，透過原子之間的互動，推動宇宙萬物的運作。

▶ 每況愈下的循環

多年來，我有幸與布萊恩‧貝克漢[1]密切合作，他是個聰明和藹的加拿大人。布萊恩是個聰明、樂觀、合作性高的人，可以解決幾乎任何丟給他的複雜問題。這種名聲為他爭取到一個迅速成長部門的營運副總裁職位，問題是該部門被一名失控的減數者兼頑固的帝國創建者所把持。

布萊恩著手解決這個崛起中部門的複雜問題，沒多久便發現負責該部門的資深副總裁其實不想解決潛在的問題。這名資深副總裁只想開拓一個帝國！他不惜代價地爭取成長。布萊恩的角色很快淪為櫥窗裝飾，他和他的團隊只是做些表面功夫，好讓執行委員會可以持續撥款為組織增添人手。

好幾個月以來，當布萊恩不斷全力推進工作之際，部門核心的深層問題正在潰爛。由於主管持續漠視，布萊恩變得麻木，開始不聞不問。他流失自己團隊的好手。及至公司其他領導人看見該部門問題的嚴重性，布萊恩金手指的名聲早已蒙

塵。經過數年無所進展、期望事情可以好轉，布萊恩發現自己困在一個垂死的組織裡，眼睜睜看著自己的機會流逝。

　　沒多久，布萊恩變成活死人，遊走在眾多組織的大廳裡。從外表看來，這些殭屍有在活動，但在內心深處，他們早已放棄，這稱為「躺平」（quit and stay）。看到布萊恩發生這種事很令人痛心，因為我知道他是不折不扣的超級巨星。你必定看過這種事發生在其他組織的同僚身上，或者自己親身經歷過。你自己的組織是否有可能正在發生這種情況？

　　帝國創建者會造成每況愈下的惡性循環。當人才被招募進他們的組織，很快便不再投入，開始腐爛。這種循環一開始很像是吸引人才的循環（所以人才很容易被減數者欺騙），帝國創建者會設法蒐集A級人才，可是，與人才磁鐵不同，他們蒐集人才是為了讓自己看起來更聰明、更強大。領導者利用人們的才華讓自己沾光，卻將人們放進組織圖的框架裡。A級人才無法發揮影響力，逐漸變得像是A−或B+。他們無法因為自己的工作而得到注意，因而失去對自己才智的信心。他們開始退縮到帝國創建者的陰影下。他們在就業市場的價值下跌，機會逐漸蒸發。於是，他們保持觀望，希望事情能有轉機。這種退化的循環不只影響一個人，亦感染到整個組織。組織變成大象墳場，被冠上「人們死亡之地」。如同一名科技巨星形容他虛有其名的副總工作：「我在這裡早已過了銷售期限。」他聲音中的無奈清楚地透露：如果他是牛奶，早就酸掉了。

　　帝國創建者因為被稱為職涯殺手，總是很難招募真正頂尖高手到他們組織，或許這也是他們辛苦囤積資源的原因。帝國

創建者一開始也許能吸引頂尖人才，但因為他們專注於壯大自己與組織，未能充分運用組織裡的真正才能，造成他們呆滯與惰化。

他們產生一個向下沉淪的衰頹循環，可由下列圖表看出來。

帝國創建者囤積資源，低度利用人才。人才磁鐵則是吸引有才華的人，讓他們發揮最高貢獻。接下來，我們將探討人才磁鐵的世界，這些乘數者形成一個拓展身邊人才智的吸引循環。

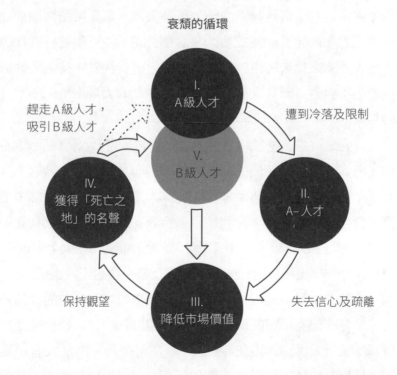

衰頹的循環

趕走A級人才，吸引B級人才

I.
A級人才

V.
B級人才

遭到冷落及限制

IV.
獲得「死亡之地」的名聲

II.
A-人才

保持觀望

III.
降低市場價值

失去信心及疏離

人才磁鐵

人才磁鐵會製造一個吸引人才的循環，提升績效與拓展才華。不過，這是否僅適用於頂尖人才與市場上的A咖？抑或真正的人才磁鐵在各處都能找到人才，並拓展每個人的才華？

學名藥廠赫素（Hexal AG）位於德國慕尼黑附近的一個小村莊。赫素成立於1986年，創辦人是白手起家的創業家雙胞胎兄弟、姓史特容曼的湯瑪士及安德里亞斯（Thomas and Andreas Strüengmann）。安德里亞斯是醫師，也是藥廠的醫學權威，湯瑪士則是赫素的國際行銷天才。兩兄弟結合他們的專業能力，創建了一家成功的學名藥公司，主要仰賴村莊裡的本地人才庫來擴大規模。該公司獨特之處在於其對待人才的方法絲毫不普通，而且這個方法從非常平凡的人身上得出不平凡的結果。

首先是這些領導者為公司招募人才的方式。他們說明：「我們在考慮一個人的時候，會問一兩個問題。如果他不合適，我們便不再繼續對話。如果那個人是個人主義的，我們便知道他不適合我們的文化。當我們找到適合公司的人之後，就會花很多時間在這個人身上，確保我們了解他的能力，能為我們公司貢獻什麼。」史特容曼兄弟深諳發掘及吸引合適人才之道。

人們進入赫素之後，會發現另一項史特容曼兄弟的非傳統方式。赫素沒有所謂的職位，也沒有組織架構圖。他們並不是選擇不公布組織架構圖以避免其他公司挖角，赫素沒有組織圖，是因為史特容曼兄弟不相信這玩意兒。他們是按照人們的

興趣與獨特才華，粗略地設立職位。他們稱自己的方法是「阿米巴模式」（ameba model），以下是其運作方法。

烏蘇拉的工作是協助客服主管。在她的職位上，她看到許多人重複要求同一項行動，而她必須不斷向人們更新這些請求的狀態。她有個想法，想在線上設立一個工作流追蹤系統。她寫了一個小提案，用電郵詢問同事們對這個想法有什麼意見。有的人以信件回覆，另外一些人則到她的座位親自討論，大家都同意那是一個好主意，樂觀其成。她找齊需要的人手，取得一些預算，透過這個臨時團隊設立了系統。接下來，團隊將這項系統呈報給史特容曼兄弟，他們讚揚團隊的努力、烏蘇拉的領導與計畫。兩兄弟相信，如果一個主意獲得許多人的支持，那就是個好主意。在赫素，你可以做任何有能量推動的事情。

藉由鼓勵員工使用這種追蹤熱源（heat-seeking）的方法，他們得以讓人們做出最高貢獻。他們沒有把人們綁死在職位上或限制他們的貢獻。他們讓人們去做自己有想法與精力、可以做出最佳貢獻的事情；他們讓才能流動，就像阿米巴變形蟲，流向合適的機會。

他們的成功顯然有多重理由，值得一提的是，史特容曼兄弟在2005年用76億美元的價格將赫素（和另一家公司的股權）賣給諾華（Novartis）；在55歲的年紀，他們兩人各自擁有38億美元資產。在領導赫素的時候，史特容曼兄弟從平凡人身上得到不平凡的結果。為什麼？因為這兩名人才磁鐵知道如何將人們的天分釋放到組織裡。

人才磁鐵是如何找尋及釋放天分？在他們的四項實務做法

當中，我們找到一些答案。

人才磁鐵的四項實踐方法

在我們研究的乘數者之中，我們發現四項慣常做法，觸發與維持著這個吸引人才的循環。這些人才磁鐵：（1）四處尋找人才；（2）挖掘人們天生的才能；（3）充分利用人們的能力；（4）去除路障。我們將逐一檢視這四點，徹底了解人才磁鐵究竟是如何打造他人的才華。

▶ 1. 四處尋找人才

人才磁鐵總是在找尋新人才，且不會侷限在自家後院。乘數者布下天羅地網，用許多形式在許多地方找尋人才，因為他們明白才能有許多面向。

欣賞各種才華

1904年，法國的研究者阿爾弗雷德・比奈（Alfred Binet）開發出一項智力測驗，日後成為智商測驗，作為評估法國學童學習進展的工具。他的假設是，較低的智力並不是指學童學習能力差，而是需要更多、更不同的教學。[2] 這項工具迅速普及，成為智力的單方面決定因素。過去20年來，全球各地的認知心理學家提出更多方法，以辨認與開發智力。無論是哈佛大學

教授霍華德・加德納（Howard Gardner）的多元智能理論、丹尼爾・高曼（Daniel Goleman）的情商研究，或是史丹佛教授卡蘿・杜維克的心態影響能力效應（effect of mindsets on capability）研究，其訊息很簡明：對於我們族群的真正智能，智商是一項實用但有限的評估措施。我們在許多方面其實比智力測驗所評估的更加聰明。

人才磁鐵知道天分具有許多形式。有些人擅長量化分析或文字推理——智商、大學入學測驗及其他傳統認知智力測驗所評量的能力。其他人擁有創造力，透過新穎思考與大膽構想來創新。有的人很挑剔，看得出一項計畫潛伏的每個問題或地雷；其他人的天分則是設法迴避這些地雷。舉例來說，東京一名成功的執行長轉職成為創投資本家，在聽取新創公司管理團隊尋求融資的推銷時，採用一項規則：如果三個人都是工程師，他就不考慮他們的事業計畫。他希望多元化，深知需混合不同的才智，才能創立一家公司，即便是技術類的。

比爾・坎貝爾（Bill Campbell）是 Intuit 公司前任執行長（於 2016 年過世），他便是這種類型的領導人，認為建立一家成功企業需要多樣化才能。這位經濟學學士暨哥倫比亞大學美式足球教練，以領導與指導矽谷菁英科技專家的能力而聞名。比爾回憶：「他們的腦袋可以做到一些我做不到的事，他們有我所沒有的天分。」他透過行動來傳達他對別人才智的尊重。他坦然承認他無法像他們那樣思考，並重視他們所提出的意見。他專注傾聽那些見解獨到之人的看法與意見。他請人們教導他所不知道的事。尊重他人天分是這名前美式足球教練何以成為蘋

果、Google及許多其他公司執行長私人顧問的原因。

忽視界限

在追求最佳人才時，人才磁鐵會忽視組織界限。他們放眼望去，處處皆是不同形式的才智。人才磁鐵活在一個沒有圍牆、沒有階級或橫向限制的世界，相反地，他們看到的是才能網絡。

你往往可以看出組織裡的人才磁鐵，因為他們是忽略組織圖的人。這種組織圖方便你找出誰替誰做事，如果事情出錯了，誰該負責。但是，當你在搜尋人才時，這些問題其實微不足道。就人才磁鐵來看，組織圖無關緊要。為什麼？因為每個人都為他們做事——至少是每一個他們能夠發掘其天分的人。乘數者的想法是這樣的：**如果我可以找到一個人的天分，我便能加以運用。**

這種概念很簡單，乘數者了解人們想要貢獻自己的天分。如果他們努力理解別人的天分，就能開啟通路讓那個人有所貢獻，而他們可以加以運用。乘數者並不會因為別人在組織圖上不直接隸屬於他們而退卻，每個人都可以為乘數者做事。

基於這個理由，主持跨職能專案與公司間合資企業的乘數者，或許是重要員工，也有可能是組織圖的頂層，共同點是他們越過界限去尋找人才。北京一家高科技公司執行長總是在尋覓來自大學與競賽的最佳人才，在下班時間，他會開著Uber到競爭對手辦公室外頭，等著員工搭乘。上了車以後，他會跟他們聊天，刻意尋找人才。雖然在競爭對手辦公室外頭蹲守到深

夜有些過分，但這是人才磁鐵四處找尋和研究人才，以挖掘與釋放其內在天分的好例子。

▶ 2. 挖掘人們天生的才能

身為跨國公司的全球職能主管，我花許多時間在跨職能會議及專案小組上。在這些會議上，當狀況變得混沌不明時，幾乎總是會有人遞給我一支白板筆，指著會議室前方說：「莉茲，帶領我們處理這個情況吧。」我會立刻起身主持會議，過一會兒再交還白板筆。好一陣子之後，我開始懷疑為什麼我總是沒辦法當個普通的與會者，坐在會議室後面查看電子郵件。我心想，**為什麼我老是被要求主持這些困難的會議？這甚至不是我的工作，為什麼也要叫我負責？**

多年來目睹這種模式在職場與其他團體環境中重複發生，我明白我不只是被要求負責——而是一種獨特形式的「負責」。我發現當我負責主導時，這個團隊需要的是一名更能輔助的領導人，而不是一個老闆。我鮮明地記得一位同事努力向我解釋為什麼我總是被要求主持這種會議。班恩說明：「因為妳可以非常簡單地列出問題，融會貫通別人說的話，提出行動方針。」什麼？我茫然地看著他，試圖解讀他說的話。這聽起來彷彿是他在告訴我，我擅長呼吸。我不覺得那有什麼了不起的，或是人們會覺得這很困難。那就像呼吸一樣簡單，至少對我而言。我的同事是在告訴我，我具有一種天賦——這是我得心應手的事。

尋找天生好手

人才磁鐵知道如何發掘及取用人們的天賦，我所謂的「天賦」指的是在360度領導力評估中可能受到好評的能力或更加明確的技能。天賦或才能是人們自然而然便能做得很棒的事，他們做得很輕鬆（毫不費力）且自在（不附加條件）。

當人們可以輕鬆完成一件事，便不會感覺是刻意努力。這些事他們做得比其他事更好，而且不必特別辛苦地做。他們取得的成果遠遠勝過他人，卻不必流一滴汗，便能做好。

當人們能夠自在地做一件事，便會毫無條件地做。他們不需要收取報酬，通常也不需要吩咐，便會去做。那些事情令他們感受到內在滿足，自願提供自身能力，甚至是熱切地去做。那毫不費力，而他們隨時準備好並願意貢獻，無論是不是正式的工作要求。

找到他人的天賦是讓人們自願努力的關鍵，這可以促使人們去做要求以外的事，發揮自己全部的才智。若要找到他人的天賦，首先要仔細觀察他們的行動，尋找天生熱忱與投注能量的蛛絲馬跡。當你在觀察別人的行動時，不妨思考這些問題：

- 他們做什麼事情會比他們做其他事情更好？
- 他們做什麼事情會比他們身邊的人做得更好？
- 他們做什麼事情是毫不費力的？
- 他們做什麼事情是不用吩咐的？
- 他們做什麼事情是沒有酬勞也願意做的？

◎ 標示才能

天生才華對人們來說或許是十分直覺式的，他們甚至可能不知道自己的能力。也許你聽過「魚不識水」（fish discover water last）這句話，但是，人們如果不明白自己的天賦，就無法刻意加以運用。藉由告知人們你所觀察到的，你便能提高他們的意識與信心，讓他們更加充分地提供自己的能力。

所向無敵的高地高中英式橄欖球隊教練賴瑞‧傑爾威克斯，現已退休。他的球員時常表示，他促使他們發揮的能力遠遠超過其他教練。在遇到賴瑞教練之前，約翰自認是個好運動員，但並不傑出。然而，賴瑞指出一件事，改變了他對自己的看法。約翰回憶：「賴瑞公開談論我的速度。」約翰很訝異教練開始在別人面前談到他的速度有多麼快，他接著說：「我想我的速度不錯，但不是很快的速度。然而，由於賴瑞挑出這點，便啟發我培養出一種明確的自我概念：**我很快速**。每當我發現自己處在需要速度的狀況，我會記起這點，催促自己超越極限。」約翰不僅變快了，而且是變得真的很快。

藉由替約翰標示出天賦，賴瑞釋出了約翰的這項能力。和約翰一樣，人們聽到別人說出他們的一種天賦時，第一反應往往是感到困惑。當他們說「真的嗎？不是每個人都能這樣做嗎？」或「可是，這沒什麼大不了的！」，你便知道自己按下了天賦開關。找出人們的天生才華並標示出來，是從他們身上汲取更多才智的直接方法。

▶ 3. 充分利用人才

　　一旦人才磁鐵發掘了他人的天賦，便會找尋需要那種能力的機會。有的機會顯而易見，有的則需要重新審視業務或組織。只要他們運用了一個人的真正才華，就像在對方身上投射聚光燈，其他人也會看見那人發揮的才華。

連結人才與機會

　　柯特妮‧卡德威爾（Courtney Cadwell）在洛斯艾托斯學區（Los Altos School District）的伊根國中（Egan Junior High School）任教的第一年是擔任七年級數學老師。她熱愛數學與科學，喜愛創新，具有實驗新觀念的動力。一般的校長會如何對待柯特妮？確保她很開心？將她調到更高年級或讓她去教資優班？這些行動必然會彰顯她對學校的價值，激發她作為教師的活力。

　　柯特妮對於教室實驗與創新的熱情吸引了校長的注意，後者被要求推薦一名教師去測試一項整合可汗學院（Khan Academy）的綜合學習方案。原來這個學區設定了一項大膽願景，想要革新對所有學生的教學，而助理督導艾莉莎‧蓋拉格賀正在籌組一支前導測試團隊。

　　有四名對於重新思考數學教學均有熱忱的教師踴躍加入。他們在設計新教學方案，將科技、線上教學與課程深入整合時，遭遇許多阻礙與一些混亂的灰色地帶。柯特妮站出來，提出問題，探討選項，協助他人了解其複雜性。艾莉莎注意到這

些混亂地帶似乎引出柯特妮的天生領導能力。這是什麼緣故呢？艾莉莎密切觀察她，注意到柯特妮有一種排解疑難雜症的天分。不知為何，問題越是混亂，柯特妮更是拿手。

　　完成十分成功的先導測試之後，艾莉莎爭取資金，推動新整合的教學指導策略，將這些教學方法推廣到逾50名教師的高年級數學課程中。她找來柯特妮擔任學區數學教練，半數時間花在她自己的課堂，另一半時間則指導其他教師在教室裡運用科技。當這些老師遇到障礙時，柯特妮也會協助他們排除。一名教師不知道如何在某些學生沒有電腦的情況下實施教案，柯特妮詢問只用五部電腦可以做到什麼。沒多久，他們便找到讓學生輪流使用的方法。在柯特妮的指導下，教師們的問題也不斷推進，直到新整合的教學策略在整個學區的教室裡立竿見影。

　　等到第二年，創新的熱情感染了整所學校。父母圈注意到了，急切地提供更多資金給三名專任教練，包括科技整合教練、創新策略教練及STEM（科學、科技、工程、數學）教練。柯特妮轉任全職STEM教練，現在，她可以影響所有教師重新思考教學方法，不僅是數學，還有科學。這支團隊激發了廣大的創新意願，艾莉莎籌辦開放參觀日活動，讓其他學校負責人前往觀摩如何創造整合學習環境，革新學生的學習。他們來參觀的時候，柯特妮會協助他們理解灰色地帶。

　　當領導者將人們的天生熱忱與天分連結到大型機會，這些人便做出他們的最高貢獻。以艾莉莎來說，這不是幸運的發現，而是一項刻意的管理手法。她研究柯特妮以及其他每一位團隊成員，注意他們自然而然、自在地完成的事項，然後她讓

他們全力發揮，散發學區革新教學的熱忱。

　　如果得到適當機會，你的團隊裡有沒有人可以帶領革新？你的團隊裡有沒有人尚未發揮全部能力？

◎ 投射聚光燈

　　每年夏季，在加州內華達山脈，大約會有75名青少女熱切地參加一個年度女子營隊——為期一週的玩樂、冒險和友誼，這往往成為她們年少時期具有重大意義的活動。這個營隊完全由60名志工領導人負責，過去六年來，瑪格麗特‧漢考克（Marguerite Hancock）在這群青少女與領導者團隊之中擔任營隊主管（亦為志工性質）。

　　瑪格麗特是電腦歷史博物館（Computer History Museum）的執行董事，先前是史丹佛大學研究董事。她很聰明，有修養，相當能幹，是強大的領導人，有著自己的強烈信念。她的一名助理主任表示：「瑪格麗特能力極強，她一個人幾乎可以包辦女子營隊的各種層面。」有趣的並不是瑪格麗特可以做到什麼——而是她不去做的事。她是個乘數型領導人，激發其他59名領導者的才華與奉獻精神來實現這個營隊。

　　瑪格麗特首先建立一支「夢幻隊伍」，精心招募各具天賦的人。一名助理主任向我們表示：「瑪格麗特研究人們。她觀察人們，直到搞清楚他們擅長的事項。她挑選助理領隊時，不僅看重其強項，同時也是因為我們擅長的事情是她做不來的。」然後，她會找到每個人的天分得以發揮的地方。對某些人來說是一對一面對營隊學員；其他人則是管理運動計畫；有些人是主

持營火晚會。不過，每項職務都是精心派任，汲取團隊每個人的獨特才能。

瑪格麗特會清楚告訴每個人，為什麼她派給他們那項工作。她不僅注意到他們的才能，亦為他們標示出來。一名營隊負責人說：「她告訴我，她在我身上看到的才能，以及它為什麼重要的原因。她告訴我，為什麼女子營隊會因為我及我的工作而變得更好。」但瑪格麗特不僅僅做到如此；她會讓其他所有人都知道。她在介紹某人給團隊時，通常會說：「這位是珍妮佛，她是一位創意天才，我們有幸請到她來主持我們的藝術課程。」

聚集完多才多藝的人員後，瑪格麗特便退居幕後，掌控聚光燈，將燈光照射在其他人身上。她時常讚美別人，但不會空洞、言之無物。她對別人工作的讚美是詳盡且公開的，營隊中其他領隊能夠明白他們的工作與營隊成功之間的直接關聯。一名營隊領隊表示：「她不但告訴你，你做得很好，也會告訴你為什麼這對營隊學員很重要。我知道我的工作受到欣賞。」

瑪格麗特找出他人的天賦，投射聚光燈，好讓大家看到他們發揮長才。其結果如何？那75名女孩經歷了建立性格、改變人生的體驗，對於與瑪格麗特共事的59名領隊而言，亦是一次深具報酬性的成長體驗。

▶ 4. 去除路障

人才磁鐵是才智的吸引者與拓展者，乘數型領導人提供空間與資源以輔助這種成長。但人才磁鐵做的不只是給予人們資

源；他們去除障礙，這通常代表移開阻撓與妨礙他人成長的人。幾乎所有組織裡都有人會輾壓別人，消耗必需的資源以滋養自己人的成長。就像花床上的雜草，他們會扼殺別人的才智發展。

請當家花旦下台

位於矽谷中心的博隆能源（Bloom Energy）開發出了一種燃料電池系統，可生產潔淨、可靠且價格合理的能源。他們是創投公司凱鵬華盈（Kleiner Perkins Caufield & Byers）投資的第一家綠能公司，現已成為業界龍頭。博隆能源的領導人是史里德爾，知名的航太與環境科學家，亦是一位能源思想家。

史里德爾創立博隆能源的時候，進行了所謂的「基因池工程」（gene pool engineering）。他說明：「A咖會吸引其他A咖，他們的才智與熱情讓其他聰明、有熱情的人也想在這裡工作。所以，最初的50名員工是最重要的，也是最難找的。」當博隆能源想要招募前50名員工的時候，綠能產業尚不成氣候。因此，史里德爾列出他們需要用以打造能源設備的每項科技，以及那項科技的龍頭公司。接著，他研究並找出每家公司裡他絕對不想錯過的人。他接觸那些人，說明博隆能源要進行的大膽挑戰，邀請他們跳槽。透過這個方式，他打造了一個優秀科技人才「基因池」，這些菁英在各自領域都是最頂尖的。他建立了一條規定：沒有當家花旦——放下身段，加入團隊。現在他有了需要的人才，接著要展開工作，組建一支能夠研發整合能源科技的團隊。

在這支菁英團隊中，有一位技術專家尤其不可或缺。斯特芬是傑出的科學家，在他們公司想要提供的能源解決方案的關鍵技術領域是世界級專家，但在團隊運作時，斯特芬顯然無法合作，他固守於他覺得公司應該追求的技術方向。團隊之間變得劍拔弩張，因為公司甫承諾將在18個月之內公布一項重要的測試版本。史里德爾將斯特芬叫進他的辦公室，說明情況，但斯特芬不肯退讓，他知道自己對這家新創科技公司的存亡來說有多麼重要，因此他坦白告訴史里德爾：要麼是他，要麼是團隊，二擇一。史里德爾解釋了選項，但斯特芬的自尊心不允許他在這個議題上讓步。

　　史里德爾思考了這個狀況與牽涉的風險，不到一小時，他便做出決定。他選擇了團隊，開除斯特芬，然後向團隊其餘成員說明他的行動。「我讓大家面臨巨大風險，但我知道我們能夠克服。我相信我們可以度過難關，只是會面臨嚴重延宕。」他解釋道。起初，團隊沉默不語，對於史里德爾願意捨棄他們的頂尖技術專家而震驚不已。一名團隊成員打破沉默說：「不會有延宕。我們會用前所未有的行動來完成這件事。」滿血復活之後，該支團隊在週末加班，還超時工作。他們引進顧問以補足他們缺乏的關鍵專業知識。他們在18個月的期間內始終維持該有的進度，人們成長以彌補斯特芬離職所留下的空缺。他們成功提交產品，僅比他們原先的最後期限延誤兩天！

　　這起事件成為該公司運作的基礎：擁有業界最佳人才，但沒有當家花旦。史里德爾藉由去除妨礙整個組織才智的虛榮角色，進而加速了該公司智慧資產的研發。時至今日，博隆能源

欣欣向榮，時常被歸功為創投公司凱鵬華盈持續擴大綠能投資的理由。

個人天賦有時會騙人，乍看之下，除掉天才員工或許代價高昂，即便他們對團隊造成減分效果。但我們做一下算數，便能看出這種破壞性天才的高昂代價。我們的研究不斷證實，減數者導致人們只發揮50％的才智與能力。去掉一名聰明絕頂的員工或領導人也許很困難，但將獲得巨大報酬。在一支11人的工作團隊，去除1名減數者，相當於增加5個正職人員，因為其餘10人可發揮100％的能力。你或許失去1個人，卻換回5個人，這是數字法則。

領導人大多會知道誰是路障，他們最常犯下的錯誤是等太久才去掉他們。你最聰明的員工有沒有可能妨礙了你的組織的才智？你有沒有可能等太久才去除路障？如果你希望釋放組織裡的潛在才能，找出雜草，拔掉它們。不要悄悄地做；要像史里德爾一樣，立即召集團隊，讓他們知道你去掉了某個人，因為他阻礙了團隊。要給予人們再度充分發揮的空間。

◎ 不要擋路

有時，人才磁鐵必須去除那些阻撓他人才智的自大狂。但是有時，領導者本人正是路障。已故的管理大師普哈拉（2010年4月過世）是我的導師之一，他曾經跟我分享一句印度諺語：「榕樹下長不出東西。」樹蔭很舒服，但成長必需的陽光卻照不進來。許多領導者就是榕樹；他們保護自己人，但人們在他們身邊卻無法成長。

有一名企業副總裁很喜歡一句話，時常引述並寫在她的門上：「為了做好你的工作，必要時請忽略我。」這句簡單的座右銘點出她對別人的判斷與能力的重要信任。她的員工明白，運用自己的判斷力及快速做好工作，比討好老闆更加重要。她跟新來的員工說：「是的，有時候我會不高興，因為我會用不同方法去做，但我會釋懷的。我寧願你信任自己的判斷，繼續前進，做好工作。」

　　人才磁鐵會去除阻撓人們才智成長的障礙。

　　人才磁鐵的世界是動態的，人才會被人才磁鐵的強大吸力給吸引，他們的才能充分發揮、延展，總是準備好面對新挑戰。為帝國創建者做事的生活沒有這種刺激興奮，那是政治、主導與限制的世界。

▲ 減數者的人才管理方法

　　乘數者認為到處都有人才，如果可以找出人們的天分，就能讓他們發揮最高才華。減數者則認為**人們必須向我報告，他們才能做事情**。一名減數型高階主管表示，那個表現不佳的IT部門的唯一問題是他們的主管不適任，他認為由他來掌握資源才是主要的解決方案。減數者是人才擁有者，而不是才能開發者。由於他們不積極開發才能，因此他們組織裡的人凋萎，甚至退化。

以下是減數者的世界觀與運作方式，以及這些行為如何影響人們和組織：

　　取得資源。帝國創建者專注於取得資源，並分配至顯然由他們控制的組織架構。有些領導人可能形成蒐集人才的癖好。

　　還記得第一章提到的高成本減數者賈士伯‧華利斯嗎？他執著於擴大自己部門的規模，直到大過執行團隊的其他同僚。多年來，他一手擴建部門，另一手掩蓋潛在問題。賈士伯成功創建帝國，不僅有單獨的辦公大樓、客服中心，還有他的部門專用的訓練園區。然而，他的部門經歷這種高速的無節制成長之後開始走樣，並產生新的整合協調問題。黑洞越來越深，直到該部門被迅速縮減規模，併入另一個團隊。如同羅馬帝國，他的帝國終究擴張無度，因為自己的重量而崩塌。

　　冷落人才。分化與征服是帝國創建者的一貫手法，他們引進優秀人才，為人們劃分領地，但不鼓勵人們跨出這些高牆。帝國創建者並不是給管理團隊廣闊的空間，而是確保自己就是整合點。你往往可以認出帝國創建者，因為他們完全是透過一對一開會來營運，或者將員工會議當成每個領地的正式報告會議。

　　有位經理人的習慣是在一對一會議做出重大決策，而不是與團隊共同決定。這造成幹部之間偷偷摸摸、高風險的遊戲，他們每個人都想爭奪眾人垂涎的一對一會議時間——星期五下午的最後一場會議。為什麼？因為大家都知道他會在週末獨自做出決策，然後在星期一的員工會議上宣布。人們很快便明

白，星期五下午跟他見面的人會有最大影響力。他的分化與征服手段不僅將人們限制在狹隘的職位，也是一種危險且代價高昂的決策方式。

任憑才能凋萎。 帝國創建者獨占聚光燈，因而壓抑了人才。他們往往是虛榮的人，堅持他們上台時間要最長，劇本要以他們為主來撰寫。人才磁鐵會給予人們讚美，帝國創建者則獨享讚美。

獨占聚光燈是帝國創建者牽制別人的一種方法，但是，更為深層的問題實際上是他們沒有做的事——這些經理人積極取得才能，對於培養才能卻很消極。他們大多時候對於別人的發展並不在意。事實上，在我們的量化研究中，我們發現「開發團隊才能」是減數者最低分的三項技能之一。

他們扼殺人才的另一個原因是不去清理朽木。我們研究的一名減數者以不行動導致他的組織衰竭而惡名昭彰。人們說：「他和他的管理團隊從不做決定。他們不興風作浪，只是不斷分析。」他不開除有害或無效率的領導者，而是慢慢地架空他們。一名觀察者指出：「看著他的員工被打入冷宮真的像是酷刑。就像孩童一隻一隻拔掉蜘蛛的腿，然後看著牠蹣跚走開。」

當領導人扮演帝國創建者的角色時，他們會引進優秀人才，卻未能充分運用，因為他們從根本上低估了人才的價值。他們一直用「一腦多手」的模式在經營組織，扼殺了人們的才智成長。減數者所建立的組織讓人們走向死亡，這正是減數者對組織造成高昂代價的原因，他們資產組合裡的資產不會增值。

成為人才磁鐵

乘數者可望得到兩倍的能力，外加成長紅利，因為在乘數者的領導下，人才能夠拓展天賦。我們現在來看看成為人才磁鐵的一些起步點。

你要如何在組織裡創造成長與加速的循環？想要啟動這個循環，首先要學習當個天分觀察者，發掘身邊每個人的天生才華。不妨想像有個主管職位叫做「觀察天分」，留心團隊裡的每個成員、注意他們天生且隨意就會做的事情。這並不是盤點人們做事的成績，而是問：「我如何利用他們的天生才能來做好我們最重要的工作？」或者，想像一名新任高中校長在觀察他的團隊兩星期以後，發現他四處都能找到富有天賦的人才。在參加一項規定要參加的學區會議時，他注意到另一所競爭對手高中的課程教練艾倫，她指出學校採用新計畫時可能遇到的多重陷阱。她擅長發現潛在問題，這在之前的會議似乎惹人討厭，如今卻顯得很有幫助。他思考了自己的團隊有誰具備這種「發現陷阱」的才華，以及他該如何加以運用。

如果你想要更善於看出、說出及利用身邊每個人的天賦，不妨進行下列三項實驗——每一項均是成為人才磁鐵所必備的關鍵技能。附錄E有完整的學習單，可以進行本書提到的許多乘數者實驗。

1. 挖掘天分——想要開啟這項循環，你首先要汲取人們的天賦，並釋出他們自主努力的潛藏能力。你可以找出團隊每個

人的天生才能（他們毫不費力且輕鬆自在就能做到的事）。或者，你可以挑選與聚焦在你很難共事或想要了解如何善用的某個人身上。你之前可能很想把那個人踢出團隊。不要問：「這傢伙聰明嗎？」而是要問：「這個人在什麼方面很聰明？」你或許會發現能打破成見循環的事情。一旦你練習過找出天賦（你自己與他人的），便能將這項練習套用在整個管理團隊，好讓每個團隊成員了解彼此的天賦。

2. 放大規模——用你給小孩買鞋的方式去評估一個人的工作。明智的父母是如何決定要購買的鞋碼？他們首先為小孩量腳的尺寸，然後挑了大一號的鞋碼。當小孩試穿鞋子，笨拙地走在鞋店走道上，抱怨鞋子太大、不合腳、腳在鞋子裡滑動，父母是如何回應的？父母跟他保證：「別擔心，等你長大一點就會剛剛好了。」

試著放大一個人的工作，評估他們現今的能力，然後給他們大一號的挑戰。給普通員工一個領導角色；給一線經理人更多決策權。如果他們似乎嚇了一跳，便跟他們老實說，一開始職責或許感覺不自在，接著便後退，看著他們成長到適應為止。

3. 放飛超級巨星——比起看著A+員工離開團隊，更令人難過的或許是知道你正是導致他們離開的人。雖然大部分經理人試圖挽留頂尖員工，但最佳領袖明白什麼時候該讓他們走。他們知道自己的池塘已容不下這條大魚。就像父母看著孩子離家去上大學，心中五味雜陳，但也明白年輕人需要更大的天地與

新考驗。你的團隊有沒有人需要更大的挑戰，如果你不放他們走，他們就無法繼續成長？

直上雲霄

Affymetrix公司前任總裁蘇·賽格爾是位非凡的乘數者，回想起擔任領導人時那些提供她支持力量的體驗，她表示：「我最美好的時刻是團隊成員完成一項艱難目標或克服一項重大阻礙之後打電話給我。他們通常累了，卻散發熱情的光芒，從挑戰當中得到成長。這些時刻對他們和我而言都是令人振奮的。」蘇的下屬實際上也表示那是他們職涯中的精采時刻。

人才磁鐵會鼓勵人們成長，然後離開。他們寫推薦信，協助人們找尋下一個表演舞台。當人們離開他們的團體，他們會慶祝，跟大家宣揚他們的成功。這種慶祝也成為他們的招募利器。

威爾許夫婦傑克與蘇西（Jack and Suzy Welch）寫道：「成為受歡迎雇主最棒的一點是你會得到好人才，這可以啟動一個良性循環。最佳團隊吸引最佳團隊，勝利往往帶來更大的勝利。這是你和員工永遠不想下車的列車。」[3]人才磁鐵創造一種吸引人才的循環，讓雇主與員工同感興奮。他們的組織是就業的熱門選擇，人們爭相為其工作，明白人才磁鐵會讓他們延展、成長，加速他們的職涯進步。這是一趟刺激列車，有著雲霄飛車的速度與熱情，也像每位財務長夢想的營收線圖一樣，總是「直上雲霄」。

第二章　**總結**

帝國創建者 vs 人才磁鐵

帝國創建者招募優秀人才，卻未充分運用，因為他們習慣囤積資源，完全為了私利而利用人才。

人才磁鐵能取得最佳人才，因為人們搶著替他們做事，明白自己將獲得充分發揮與發展，為下個階段做好準備。

人才磁鐵的四項實踐方法：

1. 四處尋找人才
   - 欣賞各種才華
   - 忽視界限
2. 挖掘人們天生的才能
   - 尋找天生好手
   - 標示才能
3. 充分利用人才
   - 連結人才與機會
   - 投射聚光燈
4. 去除路障
   - 請當家花旦下台
   - 不要擋路

成為人才磁鐵：

1. 挖掘天分
2. 放大規模
3. 放飛超級巨星

資源善用：

	帝國創建者	人才磁鐵
所做之事	囤積資源，卻未充分運用才能	吸引及配置人才，使其做出最高貢獻
得到的結果	・讓A級人才避之唯恐不及的名聲（「步向死亡之地」）	・讓A級人才搶著為他們工作的名聲（「邁向成長之地」）
	・人們未受重用，才能凋萎	・人們受到重用，天分不斷擴展
	・希望幻滅的A級人才不會去接觸其他A級人才	・得到啟發的A級人才吸引其他A級人才進入組織
	・希望幻滅的A級人才死心、觀望，呈現才智停滯	・A級人才流動會吸引其他A級人才，然後他們成長、離開組織

意外的發現：

1. 人才磁鐵與帝國創建者都會招募頂尖人才，他們之間的差別是將人才招募進來之後，運用人才的態度。
2. 人才磁鐵不會因為讓人們接受更大、更好的機會而耗盡人才，反而會因此讓想要進入其組織的人才源源不絕。

The Liberator
解放者

唯一具有持久重要性的自由是智慧的
自由，也就是觀察與判斷的自由。

——約翰・杜威（John Dewey）

麥可‧張[1]在一家小型顧問公司展開職涯。作為一名年輕的主管，他強烈表達自己的意見，直言不諱。久而久之，他看出了破壞效果，他表示：「那絕對不會讓人們繁榮成長。」

麥可逐漸明白，當你成為領導人，重心不再是你自己。他的恩師教導他，領導人的工作是讓別人登上舞台。當他開始將焦點轉移到別人身上，他的控制欲減弱，也學會給人們空間。以前他會跳出來包辦一切，如今他學會後退。他發現，人們不僅會挺身而出，而且時常做得比他更好，令他驚豔不已。隨著他在領導者的位置上成長，他學著保持直率但不造成破壞。他已學會如何營造他可以講真話、讓他人也能成長的環境。

如今，麥可已是一家興盛的新創公司的執行長。他建立了數項實務做法，給予別人好好工作的空間。他刻意營造學習環境，方法是錄用學習欲強烈的人，以及時常承認自己的失誤，這讓別人有犯錯與亡羊補牢的餘地。提出自己的意見時，他會分為「強烈意見」與「溫和意見」。溫和意見是暗示他的團隊：**這裡有些主意，你們不妨考慮一下**。強烈意見則保留到他對事情十分堅持的時候才提出。

這個例子說明一個領導人在展開職涯之初走上管理暴君的道路，之後轉變為乘數者與解放者。當你考慮到對於最聰明、最奮進的領導人而言，阻力最小的道路是成為暴君，就會明白這是一項了不起的成就，甚至連麥可都說：「做個暴君其實是很誘人的。」

我們老實說吧，企業環境與現代組織是減數型領導的完美溫床，內建了一定程度的暴政。組織架構圖、職等階級、職

稱、複雜的審核流程，使得權力天秤傾向高層，形成人們閉嘴服從的誘因。在任何有劃分階級的組織裡，職場極少是平等的。高階領導人高高在上，輕易往下灌輸想法及政策。用以建立秩序的政策，往往在無意間讓人們停止思考。在最不嚴重的情況下，這些政策頂多抑制一些提案的智慧程度，因為它們箝制了跟隨者的思維，但在最嚴重的情況下，這些系統會完全封鎖人們的思考。

這種階級架構方便暴君的統治，在他們的統治下，這些主管可以輕易壓迫及限制周遭人士的思考。

來看看凱特的命運吧，這位企業經理人初展開職涯時是一名聰穎、充滿幹勁與創意的合作者。她晉升為管理職，由前線經理人迅速升到副總裁，負責管理一家大型組織。她仍自認是個想法開明、創新的領導人，但在最近一項360度意見回饋報告中，她驚訝地發現她的員工似乎不這麼認為。她在閱讀報告時，可以看出她的強烈意見妨礙了人們的創意及能力，而她拚命追求成果讓人們很難說真話及承擔風險。一條評語寫道：「乾脆什麼都不做，讓凱特去想就好了。」凱特感到很震驚。

她在公司職位階梯每往上登一階，就更容易在無意間扼殺他人的創意。階級制度的本質便是權力傾斜，讓凱特與屬下的每次談話都不對等，因為她占據有利的一方。不假思索的一句話可能被詮釋為強烈的意見，化為她的部門的政策。如果她在某人發言後翻了白眼或大聲嘆氣，房間裡的每個人都會注意到，並小心翼翼地不要說出他們認為可能引發相同反應的話。她的權力之大，超出她的理解。她成了意外的減數者。

我曾懷疑自己在大學時看了太多軍事片，因為這些電影看起來大同小異，片中必然會有一幕是一名與某起事故有關的陸軍士兵立正站好，緊張地向指揮官報告：「請求允許自由發言，長官？」我一直不懂這個奇怪的習俗，為什麼人們需要許可才能自由發言？畢竟，我還在念大學，自由思考與發言是常規。然而，工作幾年之後，我終於明白了。正式的階級制度會壓抑底層的發言，往往還包括他們的想法。

相反地，乘數型領導者將人們從公司階級制度的壓迫中解放出來。他們讓人可以自由思考、發言與合理行動。他們營造環境讓最佳創意得以浮現，讓人們可以好好工作。他們允許人們思考。

暴君 vs 解放者

乘數型領導人打造一個強烈的環境，讓卓越的想法與工作得以茁壯。暴君則是營造一個緊張的環境，壓迫人們的想法與能力。

▶ 壓迫的領導人

珍娜‧希利是一家大型電信公司負責戶外作業的資深副總，即便身高僅161公分，她有一種俯視部屬的姿態。珍娜是嚴肅的領導人，也是經驗老練的聰明經理人，但她是一名不折

不扣的暴君。

　　她的同僚告訴我們：「她製造一種歇斯底里的環境。她在四周製造恐懼，恫嚇與霸凌別人，直到得償所願。她的主要領導方式是：『你還能再為我做些什麼？』」她底下的一名主管表示：「她有點像是電影《穿著Prada的惡魔》裡那位無情的米蘭達。」我秒懂。

　　珍娜不但是惡霸，還是隨機發作型，根本無從預測什麼會導致她發作，誰會是下一個受害者。有個人回想道：「你覺得自己會是下個倒楣蛋。在她身邊，我倍感壓力，惴惴不安，如履薄冰。」她的同事開玩笑說：「應該要設立一個珍娜的風暴預警系統，大家想要知道何時該抱頭鼠竄、尋找掩護。」

　　珍娜在丹佛舉行的季度管理會議正是這種時刻。珍娜召集跨職能團隊，檢討美國市場的業務狀態。這是典型的業務檢討，每個職能小組輪流簡報其「業務狀態」。前面幾場簡報之後，資訊科技團隊的主管丹尼爾開始他的簡報，向其他主管展示戶外服務人員是如何使用他的團隊為他們打造的IT工具。他接著問道：「就這些數據來看，我不確定服務團隊是否善用了現有的工具？」根據珍娜接下來的反應，你會以為他說的是她的團隊又笨又懶。她突然發飆：「你在胡說八道些什麼？」然後當著大家的面訓斥他，爭吵越來越激烈，令人不安地持續了十分鐘。等到有人終於開口說中場休息時間已經到了，大家立刻奪門而出，但丹尼爾留了下來，試圖對抗珍娜，堅持他的立場。大家都離開以後，他們吵到不可開交，大吼大叫。

　　會議室裡火氣沖天，外頭走廊則是冷若冰霜。每個人都暗

自為丹尼爾挺身力抗霸凌加油，但接著要進行簡報的人則害怕到僵硬，你可以感受到那股緊繃感。早已做完簡報的幸運兒祝倒楣的同事好運；還沒做簡報的人開始慌亂地修改，刪除任何可能進一步惹惱暴怒領導人的爭議性內容。他們撐過了會議，但實際上沒什麼實質內容，也沒有達到任何成果。

珍娜的組織雖有小小的進展，但一直未能達成營收與服務品質的目標。最後，她不知分寸，霸凌他們的一家協力廠商，結果立刻被逐出組織。珍娜到了另一家公司擔任營運長，撐了兩週就遭到貶職，六個月後，她便被掃地出門了。

人們對珍娜這種領導人退避三舍，這類暴君封鎖了才智的流動，極少得到人們的最大努力。他們所到之處，都發現人們沒有發揮自己真正的實力。難怪他們訴諸恫嚇，心想這可以讓他們得到想要的——卓越的想法與工作成果。可是，恫嚇與恐懼鮮少產生卓越的成果。

我們來看另一名高階銷售與服務領導人。

▶ 強力的領導人

羅伯・英斯林（Robert Enslin）是全球軟體巨擘思愛普（SAP）的全球客戶營運總裁。來自南非的他，說話帶著平靜的自信。羅伯備受推崇，被讚許為一名公正且穩定的銷售領導人，他能壯大組織、締造成果。

羅伯與工作上的所有人都像是同輩般打成一片，他底下的領導者如此形容他：「他很擅長讓你解除武裝。他是個普通人，

和我們一樣。即使你的職等比他低了三級，他仍會想要知道你的想法。」因此，人們在他身邊更為透明，他們不覺得一定要跟他講他想聽的話。平易近人的態度令羅伯四周的人感到安心，那種安全感讓他得以一帆風順地經營這個大型的銷售組織。

數年前，羅伯受命接管思愛普的日本分公司，以解決一些特定的銷售業績問題。當他與新的日本領導團隊舉行第一次預測會議，他看出預測流程一塌糊塗。羅伯沒有扮演獨裁者、批評他們的失敗、指示他的解決方案，而是自我克制、開始學習。他協助他們理解現有流程的限制與新流程的優點，然後他借取他們對日本商業的知識，詢問他們：「我們如何更上一層樓？」他創造空間讓團隊嘗試新方法，自行解決問題。他陪著他們研究問題數月之久，直到他們可以執行正確預測業績的預測流程。

羅伯以平易近人與鎮定自若而聞名，但這些特質在他於二〇〇八年接掌北美的業務時受到考驗，因為全球經濟正在崩潰之中。由於支出遭到凍結，大型資本採購被擱置，各地的高階主管逐漸變得恐慌。當你走過思愛普鄰近費城的新鎮廣場（Newtown Square）辦公室大廳，你能夠感受到那股緊繃感。推開玻璃門走進高階主管會議室，氣氛甚至更加緊張。

在會議室裡，羅伯召集了他的新管理團隊，擘畫這種新經濟環境下的銷售策略。團隊的每個人都知道羅伯一直在約見高階主管，因此壓力沉重。他們來開會時已準備面對他們必須承擔的痛苦——畢竟，這是銷售部門。然而，即便是在這種混亂之中，羅伯仍然平靜穩定。他的團隊不禁猜想他是不是沒看到

新聞，還是沒參加高層會議。會議一開始，他便道出經濟問題的嚴重性，但建議他們先不管這個。他要求團隊專注於他們可以控制的問題，接著他問說：「我們現在可以做些什麼來做出市場區隔？」他們以自己的專業及可控制的領域為主，著手提出價值主張，以幫助他們在動盪氛圍當中定位他們的解決方案。經過討論後，他問道：「我們如何協助人們使用我們的產品，好讓他們獲得最高的經濟價值？」團隊再度共同面對這個問題，並擬定了一項計畫。

他的團隊表示：「我們知道他必定承受來自更高層的壓力，可是他沒有製造焦慮給我們。他保持平靜，從不驚慌失措。他不會拿馬鞭驅策他的部屬。」另一位思愛普的高層表示：「在危機時刻，他提出更多問題──迫使你認真思索局勢的那種問題。你感受到他有看不見的手在導引決策。」

羅伯的冷靜不代表軟弱，他就像其他成功的銷售主管那樣強力且專注。差別在於他的焦點。他的高層同僚接著說：「他對問題強硬，但對人溫和。你相信他會挺你，因此當你不可避免地犯錯，他會先幫你解決，而不是鞭笞你。我們感受到同舟共濟，意思是壓力施加在整個大部門，而不是某個人承擔龐大壓力。」他的領導團隊成員表示：「羅伯不是將焦點放在他自己，而是你，以及讓你把工作做到最好。」

羅伯的穩重，加上開放式環境，為極可能陷入危機的組織提供了理智與安定。

▶ 緊張 vs 強烈

暴君製造緊張的環境，充滿壓力與焦慮。反過來說，像羅伯那樣的解放者會製造強烈的環境，需要專心、勤勉與能量。在這種環境中，人們被鼓勵自主思考，並認為達成最佳工作成果是他們義不容辭的責任。

減數者製造充滿壓力的環境，因為他們不讓人們控制自己的表現。他們像個暴君，將他們的意願強加在組織之上，導致人們萎縮退卻。在暴君的陰影下，人們會避免自己太過突出。你可以想像在政治獨裁者的統治下，人們是如何生活的。暴君得到人們的縮減版想法，因為人們只會提出最安全的想法與平庸的工作成果。

暴君製造壓力導致人們退縮，解放者則創造空間讓人們挺身而出。暴君在立場之間搖擺，造成組織的動盪；解放者則建立穩定性，產生向前的動能。

解放者

解放者會營造讓好事發生的環境。他們製造條件，讓人們投入才智、成長，轉變為具體的成功。這種學習與成功循環的條件是什麼？包括：

・輕易產生創意。

- 人們迅速學習，適應新環境。
- 人們合作工作。
- 複雜的問題得以解決。
- 困難的任務得以完成。

我們來看看三名產業各異的解放者，他們創造了這些條件，讓組織可以自由思考與表現。

▶ 第一位解放者：私募公司

來自阿根廷的厄尼斯特・巴克拉克（Ernest Bachrach）是全球私募基金公司安宏國際（Advent International）的理事與特別合夥人。頂著27年的國際私募基金經驗與哈佛大學MBA的光環，厄尼斯特絕對是一位專家，但他的天賦源頭是來自他創造的環境，使他的組織釋放天賦。

他的一名分析師說明他的方法：「厄尼斯特很努力在營造環境，他設立論壇讓人們發表想法，但他設定的標準超高，而你必須達標才能發表意見。你必須有數據，他不喜歡沒有數據的意見。」

厄尼斯特在他的組織設立了學習機器。當他發現績效上的問題，他會很快給出回饋。他的回饋直接、有時嚴厲，但他給出的劑量很少，人們可以吸收、從中學習及調整。他教導他的部屬，錯誤正是投資業的一種生活方式。那麼他是如何因應錯誤？首先，他不會恐慌或亂發脾氣。一名團隊成員說：「他讓我

們知道決策是集體做出的，所以錯誤也是集體的，沒有一個人應該挨罵。」然後團隊進行事後檢討，學習如何避免重蹈覆轍。

▶ 第二位解放者：第三類接觸

世人都知曉史蒂芬‧史匹柏（Steven Spielberg）是金獎大導演，你的十大電影名單裡很可能就有他的電影。為什麼他的電影如此賣座，每部電影平均票房1.56億美元？有些人猜想那是因為他的創意天才與講故事的能力，其他人則認為是他很敬業，但真正的「活性成分」或許是他比其他導演更能引出劇組更多的能力。曾參與史匹柏電影的人表示：「在他身旁，你會使出渾身解數。」

他用來引導出人們最佳想法的方式是，他知道人們真正有能力創造的東西是什麼。雖然他很清楚每個人的工作，但不會越俎代庖。他告訴他們，他之所以雇用他們，是因為他仰慕他們的作品。他運用自己對工作與個人能力的了解，設定出需要他們全力發揮的標準。

他很有主見，但也明確表示差勁的主意也是可以接受的起點。他說：「所有的好主意一開始都是不好的主意，所以才需要那麼久的時間。」他設立一個開放式、具創意的環境，但仍要求團隊交出傑作。他的一名劇組人員表示：「他期望人們做到最好。若是你自己沒有做到最好，你會知道的。」

為什麼史匹柏能製作出那麼多賣座電影？因為他的劇組人員生產力是我們研究的暴君導演的劇組的兩倍。因為史匹柏創

造一個環境讓人們可以做到最好，這些明星與工作人員一再跟他合作。事實上，史匹柏通常同時管理兩部製片計畫，分別處在不同的製作階段，因為他的劇組一直跟著他，無縫接軌到下一部片子。他得到他們的最佳努力與兩倍生產力！而他們得以與他一同製作得獎影片。

▶ 第三位解放者：優良教師

請回想你所遇過的最棒老師。思考一下，再說出一位或兩位。他們創造出什麼樣的學習環境？你獲得多少思想的空間與自由？他們對你的學業成績有何期望？你如何延展及發揮你的能力？你實際的成績如何？我對凱利老師的12名八年級學生提出這些問題。

派屈克‧凱利（Patrick Kelly）在一所加州公立名校教導八年級的美國史與社會研究。他之所以引起我的注意，是因為我得知每年在中學畢業典禮上，他不僅比其他老師得到更多畢業生的「歡呼與感謝」，甚至比所有其他老師加起來都還要多。比起學校的其他老師，他受到更多的談論、討厭與愛戴。為什麼呢？

我在拉恩特拉達中學（La Entrada Middle School）的秋季家長日第一次了解到其中緣由。家裡不只一個小孩的家長最怕這種活動，像我有四名子女，就必須到17位老師的教室，但許多時段都重疊，我根本分身乏術。八年級女兒跟我說：「這是我的課表，妳能觀摩多少課堂就去吧，不過一定要去凱利老

師的社會研究課，而且絕對不能遲到。在他簡報時不要講話，不要接手機。而且絕對不能遲到。媽，妳有聽到我說不能遲到嗎？」我懷著恐懼與好奇走進他的教室。與凱利老師會晤12分鐘之後，我迷上了八年級的社會研究，打算辭職回到中學重新學習美國史。

他是如何用這麼強力的方式影響了學生與家長？

首先是他的課堂環境，他明確表示你來這裡是要用功、思考與學習。一名學生表示：「在他的課堂上，他無法容忍懶惰。你一直在用功、思考，看出自己的錯誤，然後從中學習。」那是一個專業且認真的環境，在學生更加用功後變得較為輕鬆、有趣。在這個環境下，學生被鼓勵發言，說出自己的意見。提出一個好問題與回答凱利老師的問題，都會得到相同分數。

凱利老師對學生們學習的期望既明確且標準超高。一名學生表示：「他認為高期望會創造高成就，他要求我們拚盡全力。他明白表示，只要我們使出全力就會成功。」另一名學生說：「他對我們毫無隱瞞，他讓我們知道需要改進之處，他要求我們使出全力。」不多不少──就是全力以赴。他的課堂沒有家庭作業──沒有指定，沒有專橫。相反地，學生被鼓勵進行「獨立研究」，幫助他們了解概念及考取好成績。自己做出選擇的學生，都會熱切地進行獨立研究。

倒不是所有學生都喜歡凱利老師，有些人覺得他過於嚴格、苛求，相較於其他教師，他的期望不合理。想要打混摸魚的學生覺得他的課堂是不舒服的環境。不過，大部分學生被他的才智與奉獻所感動，在他的帶領下成長茁壯。他們感染到他

的熱情，因此對民權、美國憲法和自己在政治進程中的角色產生熱情。

凱利老師是一名乘數型領導人，解放學生的思想與學習。他創造了環境，允許學生發言，但他們也被要求好好思考與表現。不令人意外地，他的學生有98％在標準化州立測驗（standardized state test）拿到「精通」（proficient）或「高級」（advanced），比三年前的82％高出許多。[2]

▶ 混合氛圍

凱利老師的課堂環境（以及巴克拉克的公司與史匹柏的片場）的幕後祕密在於二元性，我們持續發現解放者擁護這一點。他們似乎同等熱切地支持兩種表面上矛盾的立場，他們在環境裡製造舒適與壓力。在解放者眼中，這不過是一種交易：**我給你空間，你用最好的努力來回報我。**

解放者也給了人們犯錯的空間，他們營造一個學習環境，但期望人們由錯誤中學習。另一項公平貿易是：**我允許你犯錯，你則有義務由錯誤中學習，而且不要重蹈覆轍。**

解放者的力量來自於這種二元性，不只能釋放人們的想法，同時營造一個強烈的環境，要求人們進行最好的思考與努力。他們製造正向壓力，而不是負向壓力。

解放者操作這種二元系統，就像是油電混合車，電力與汽油引擎無縫切換。低速時，油電車以電力模式運行；高速時，則用汽油運行以滿足引擎的額外需求。這種領導者製造開放、

舒適的環境，讓人可以自由思考與貢獻，若是需要更大馬力，他們便提出要求，人們務必要達成最佳表現。

解放者是如何創造安全、開放的環境，同時堅持周遭人等交出最佳想法與努力？他們是如何獲得組織的完整腦力？為了得到這些問題的答案，我們接著來看解放者的實務做法。

解放者的三項實踐方法

在我們研究的乘數者身上，我們找出三項共同實務做法。解放者：（1）製造空間；（2）要求人們做出最佳努力；（3）創造快速的學習循環。我們將逐一檢視這三點。

▶ 1. 製造空間

大家都需要空間，我們需要空間才能投入貢獻與工作。解放者不會理所當然地以為人們已有需要的空間；他們精心設計空間，好讓人們可以投入。我們來看一些例子是如何做到的。

自我克制以釋放他人

創造空間讓別人投入，是一種小勝利；維持那個空間，抗拒誘惑，自己不跳進去占據空間，才是大勝利。在人們習慣服從領導者的正式階級制度組織中，尤其如此。

雷·蘭恩（Ray Lane）是甲骨文公司前任總裁與矽谷知名創投家，他是一名克制大師。他所投資的一家公司的執行長指出：「雷明白領導階層自我克制的重要性，他知道少即是多，從來不講廢話。」

當雷進行銷售拜訪，跟潛在客戶的公司主管晤談時，有兩件事是肯定的：（1）客戶希望聽聽雷的高見；（2）雷已做好萬全準備。儘管有這些拉力，他還是挺住了。他說了幾句開場白之後，便讓銷售團隊接手。他對於會談中出現的問題有意見，但還是忍住了。銷售團隊十分明白雷或許做得比他們更好，但仍繼續他們的工作，等他們說完以後，雷才加入談話。不過他沒有高談闊論或侃侃而談，他一直細心傾聽，完全清楚自己要補充些什麼，並給出少量但強烈的意見。

雷的一名多年同僚表示：「他時常在重要會議上安靜很長一段時間。他聆聽別人的發言。等他開口時，大家都會注意聽。」

雷是個出名的高明策略家，或許也是他這一行口才最好的溝通者，但他不會高調張揚，而是為別人創造空間，並利用他的在場為團隊發揮最大影響力。

◎ 調整聽與說的比例

解放者不僅僅是優秀的傾聽者，更是熱切的傾聽者。他們聆聽以滿足求知的渴望，了解別人的所知，再融入自己的知識寶庫。如同已故的管理大師普哈拉曾對我說的：「你有多聰明，取決於你能否看出別人的智慧。」他們專心聆聽，因為他們努力學習與了解別人的知識。

約翰・布蘭登（John Brandon）是蘋果公司的高階銷售主管，其所主持的部門每年在世界三大地區創造數百億美元的營收。約翰是一位精力十足的銷售領導人，出差與開會的行程排得滿檔，因此，想要擠進他的行事曆很困難。但是當他的部屬與他一對一開會時，他們得到他全身心的投入。約翰會專注聽他們講話，熱切想要了解他們的情況——客戶與交易的真實情況。他詢問一針見血的問題。他的一名部屬表示：「約翰的不同之處並不是他會聆聽，而是他聆聽到極致。」在一般的會談中，他有八成時間都在傾聽與提問。藉由聆聽、詢問及調查，約翰建立起對業務實際狀況與團隊所面臨的機會及問題的了解。這種對於市場的綜合觀察，助使約翰的部門在過去五年締造驚人的375%成長。辯才無礙的約翰，知道何時該傾聽。

　　解放者不只花許多時間聆聽，而是大部分時間都用於傾聽，大幅調整聽與說的比例，製造空間讓別人分享他們的資訊。

設定探索的空間

　　約翰・霍克（John Hoke）是Nike公司的全球設計長，召集他的高階主管進行為期一週的異地會議，探索設計的新想法，以及領導人如何使其部門的才能倍增，而我協助主持會議。他並未預料到人們會說他身為領導人的樂觀構成了問題，但他隨即明白他滿懷期望的領導風格可能導致一些焦慮。他的團隊訴說他們承受超大壓力，覺得必須交出完美無瑕的設計，每次都是。隨著奧運逼近以及必須維持品牌承諾，他們覺得沒有失敗的空間。

在約翰的鼓勵下，他的團隊和我決定設定一個實驗的空間，我們迅速將他們不同的工作情境分為兩類：第一，失敗是可以接受的；第二，務必確保成功。他們就這兩類進行辯論，直到對兩種情境達成一致意見。在一小時內，他們便設立一個遊樂場──在這個安全空間裡，團隊可以努力嘗試，可能會失敗，但不致損及利害關係人或事業。有了明確的界限，約翰的團隊不需要來自高層的樂觀，而是由內部散發正能量。

這種想法在Nike的設計社群引起漣漪，促使全球設計營運資深總監凱西·勒納（Casey Lehner）等領導人實施「承擔風險與反覆嘗試」（risk and iterate）的績效目標，鼓勵每位設計業務總監找出他們可以承受風險的事情，然後在那一年就解決方案反覆嘗試。凱西說：「對我而言，重點不在於失敗，而在於設計原型。如果我的團隊有想要進行的構想，我會叫他們放手去做──如果他們需要，我會提供支援。假如行不通，我們仍能從中學習及進步。」

這種「承擔風險與反覆嘗試」的計畫讓失敗機率得到正當性，讓設計師沒有後顧之憂地解決棘手問題。她的20人團隊當中有人表示：「她授權我們投入緊繃狀況之中，承擔風險。」另一名成員表示：「她讓我們自由嘗試，總是在我們需要時給予支持，她在這兩者間達到驚人的平衡。」2012年，凱西的團隊祕密提名她角逐「年度乘數者」獎項，並在她得獎之後為她慶祝。[3]

🎯 創造公平的競技場

在所有正規組織中，運作環境不是完全公平的，某些聲音天生占上風，這通常包括高階主管、影響力強的思想領袖、產品研發或銷售等關鍵部門，以及握有深厚傳承知識的人。除非好好管理這種局面，否則最貼近真正問題的其他聲音可能遭到淹沒。解放者知道如何擴大這些聲音以汲取最大的才能，並支持位居下風的想法及聲音。

馬克·丹克伯（Mark Dankberg）是美國衛星通訊公司 ViaSat 的董事長暨執行長，該公司是他在 1986 年與人共同創立的。在他的領導下，ViaSat 一直是美國成長最為快速的科技公司之一，三度入選《Inc.》成長最迅速的 500 大私營企業名單。馬克的公司每年營收達 14 億美元，員工逾 4,000 人，但他確保固有的階級制度不會阻撓最好的想法被聽見及浮現。

馬克的想法是，如果你雇用了真正好手，就不必受到組織圖的限制。若工程部門有人認為其他領域的事情不對，那就讓他們放心說出來，確保公司將事情做對。在 ViaSat，副總或執行長可能被大學剛畢業的菜鳥挑戰。假如確屬事實，資淺員工亦可發言，而他們的發言也會被聽見。馬克表示：「智慧並不僅僅來自於高層，而是來自組織的四面八方。身為領導人，除了不壓抑發言，你必須做得更多，你必須積極鼓勵人們。領導者必須提出問題，邀請最資淺的人表達想法。」

凱文是 ViaSat 的總顧問，在他還是個法律事務所年輕律師的時期便和馬克共事。凱文表示：「有趣的是，無論我是什麼

層級，馬克對我的態度都沒有改變。和馬克在一起，你只會想要提出好的想法、深思熟慮的觀點。職稱不會為你帶來更多尊敬；重點是你做出了多少貢獻。我年輕的時候，馬克也會傾聽我的想法。」凱文回憶說，他剛接觸ViaSat公司之時，有一天他在假日加班工作，他陪同老闆去馬克的辦公室談公事，對話持續了三小時。凱文對於這位執行長重視資淺律師的意見極為感動，之後多年都因為這次的經驗而深受鼓舞。

ViaSat於自家的商業行動事業高速成長之際，組建了一支包含資深領導人與資淺主管的團隊，以制定成長計畫。該團隊開始決定指派職務的時候，一名資深主管隨口說了一句：「我會跟詹姆士商量一下，看他有什麼想法。」一名新進主管感到詫異，高階主管竟然要跟資淺員工商量：「跟他談談？我們不是直接決定他要做什麼就好了嗎？這又不是民主政治。」馬克聽說這件事之後表示：「ViaSat就像是民主政治。我們不會指示人們該做些什麼；我們讓人們選擇想做的事，只要他們的表現達到同事們的預期水準。」

解放者首先創造空間，但他們不只是開拓別人可以做出貢獻的空間，他們亦期待卓越成果作為回報。

▶ 2. 要求人們做出最佳努力

尼克森總統政府的國務卿亨利・季辛吉（Henry Kissinger）是一名要求嚴格的外交官，但他同時具備一些巧妙的乘數者特質。根據一個故事，他的幕僚長有一次遞交一份他自己撰寫有

關外交政策的報告，季辛吉收下報告後只是問道：「這是你所能做到最好的嗎？」幕僚長想了一下，擔心上司會認為報告不夠好，便回答：「季辛吉先生，我認為我可以做得更好。」於是季辛吉退回那份報告。兩星期之後，幕僚長提交一份修正後的報告，季辛吉收下報告後放了一星期，退回報告並附了一張紙條說：「你確定這是你所能做到最好的嗎？」幕僚長領會到報告裡必然缺漏了些什麼，又重寫了報告。這回在提交報告時，他跟上司說：「這是我做到最好的。」聽到這句話，季辛吉回答：「那麼，這次我會看你的報告。」[4]以下是解放者要求人們做出最佳表現的數種方法。

◎ 捍衛標準

　　高地高中英式橄欖球隊總教練賴瑞・傑爾威克斯，站在場邊一群球員的中央，與球隊進行球季第一場比賽匯報。賴瑞問了一個問題：「你們做到最好了嗎？」

　　一名球員興奮地回答：「嗯，我們贏了，不是嗎？」賴瑞和顏悅色地問道：「那不是我問的問題。」另一名球員接話：「我們擊垮了那一隊，我們以64分比20分大勝。你還能要求些什麼？」賴瑞說：「你來參加選拔的時候，我說過我期望你的最佳表現，這代表著你的最佳思維及最佳體能。你今天做到了嗎？」

　　一名球員談起在東加島舉行的一場比賽，那是他可以對賴瑞這個問題做出肯定答覆的比賽。他說：「我被對手擒抱並摔倒，造成肩膀嚴重挫傷。我打算下場，想要拋下我的隊伍。我無法抬起手臂，疼到無法忍受。我記得我開始在腦中哼唱哈卡

〔毛利人傳統戰歌〕。我記得隔著棕櫚樹看著夕陽。在比賽似乎就要結束的時刻，我做出了選擇。一個聲音告訴我，我必須繼續並做到最好，不但是為了我自己，更是為了我的身分，最重要的是為了球隊──為了我的弟兄。那個聲音正是傑爾威克斯教練在無數次練習與比賽時問的：『這是你的最佳表現嗎？』比賽結束時，我做到兩次達陣，成為第一位在東加得分的美國高中生。」

身為主管，你會知道人們表現未達平常水準，但比較難知道他們是否發揮最佳能力。詢問人們是否已做到最好，是給他們機會以超越自己先前的極限。人們之所以表示乘數者可讓他們發揮100％以上的能力，這是關鍵原因之一。

最佳努力不等於最佳結果

要求人們的最佳努力不同於堅持想要得到某種結果。當人們被預期達成超出可控範圍的結果時，便會產生不好的壓力。但是，當他們被要求最佳努力時，則是感受到正向壓力。

史里德爾是綠能發電機創新公司博隆能源的執行長，他本人也是知名科學家，便在他的公司將這項實踐方法發揮到極致。「如果你想要自己的組織承擔風險，就必須把實驗及結果分開對待。我無法容忍人們不做實驗，但我不會讓他們為實驗結果負責，我只會請他們為執行實驗負責。」這是博隆能源能夠創新複雜的複合科技的訣竅之一。

史里德爾了解正向壓力與負向壓力之間的差異，他引述威廉·泰爾（William Tell）用箭射放在兒子頭上的蘋果：「在這

個場景中，泰爾感受到正向壓力，他的兒子則感受到負向壓力。」史里德爾持續對團隊施加必須採取行動的正向壓力，但不會施加負向壓力，即要求他們對無法控制的結果負責。

▶ 3. 創造快速的學習循環

在研究乘數型領導人的時候，我時常好奇：**要多聰明才能成為一名乘數者？** Intuit 公司前任董事長與執行長坎貝爾說出完美的答案：「你必須聰明到懂得學習。」

最重要的或許是，解放者允許人們犯錯，但必須從錯誤中學習。

承認與分享錯誤

魯茲．錫伯於 2003 年接任微軟公司教育事業總經理的時候，這個部門達不到營運和觸及率的目標。魯茲必須盡快達成進度，這很容易造成充滿壓力的環境。不過，如果想要在市場迎頭趕上，他亦需要他的部門保持創意與承受風險。這是經典的管理兩難困境，假如你採取顯而易見的途徑，氣氛就會變得緊張，你的屬下可能會迴避風險；但是，若你為了減輕壓力而放低目標，那麼你的組織便會安逸自滿。魯茲這兩條路都不走。

相反地，他創造一個壓力與學習並重的環境。魯茲從不規避公司要求業績的自然壓力，但他允許人們承擔風險及犯錯。透過處理自身錯誤與他人的錯誤，他實現了這一點。

魯茲並不隱瞞他自己的錯誤，也不推卸給屬下，他坦然招

認。他喜歡講故事，尤其愛講他的錯誤。在推出不成功的產品之後，他公開談論失敗與他學到的教訓。他的一名管理團隊成員表示：「他引出人們對於為何事情不成功的好奇心。」藉由公開討論他的錯誤，人們能放心地冒險及失敗。

堅持自錯誤中學習

魯茲創造空間讓別人可以犯錯。負責銷售與行銷的總經理克里斯‧皮里（Chris Pirie），新近晉升為主導微軟學習事業的銷售，他嘗試了一項冒險的促銷活動，不幸的是沒有成功。他並沒有將錯誤合理化，而是去找魯茲承認失誤、分析錯誤，然後嘗試不同的做法。克里斯表示：「跟魯茲共事，你可以犯錯，但你必須迅速學習。魯茲接受失敗，但你不能犯下兩次相同的錯誤。」

魯茲喜愛回饋，他不僅接受回饋，還很堅持要得到回饋。他的一名部屬回想起，有一次他必須對魯茲特別熱中的一項重要計畫潑冷水。由於魯茲格外熱切，他獨占了討論時間。魯茲的部屬到他的辦公室跟他一對一談話，提供回饋：「魯茲，你吸光了所有氧氣，大家都無法呼吸，你必須後退才行。」你猜魯茲怎麼回應？假如你的員工認為你盛氣凌人，你會做何反應？魯茲的好奇心被觸發了，他的回應很簡單。他問：「那是什麼狀況？影響到什麼人？我如何避免重蹈覆轍？」在花時間了解自己的錯誤後，他問那名部屬：「我下次又這麼做的時候，你會跟我講嗎？」他最後跟那名部屬說的話是：「我希望你早點跟我講就好了。」他是真心的。

藉由創造迅速的學習循環，魯茲達到他想要的氛圍，即便是在壓力龐大的外部環境當中。如同皮里所說：「魯茲創造的環境讓好事發生。」即便是在巨大的外部壓力下，魯茲亦創造一種氛圍，引出人們的最佳思考與努力，並維持一種具創造力的緊湊性。

暴君與解放者都預期錯誤會發生。暴君隨時準備懲罰犯錯的人，解放者則準備盡可能由錯誤中學習。沒有學習的話，便無法產生最高品質的思考。沒有錯誤的話，便無法學到教訓。為了產生最佳創意與建立敏捷的組織，解放者創造一個思考、學習、犯錯與修復的快速循環，進而得到人們的最佳想法。史里德爾說明：「我們快速地反覆嘗試，便能縮短循環時間。這種快速反覆嘗試的關鍵在於製造一個環境，讓人們能更快接受風險及因應錯誤。」寶僑公司（Procter & Gamble）前執行長雷富禮（A. G. Lafley）說過：「你希望你的下屬早點、快速失敗，代價不要太大——然後從中學習。」

減數者不會創造這些循環。他們或許會要求——甚至是命令——人們的最佳想法，卻未能打造環境讓人們輕鬆表達想法，無法使點子發展至完全成熟與功效齊全。

減數者創造環境的方法

減數者並不具備這種安心與壓力的二元性，相反地，他們在兩種模式之間搖擺而晃動整個組織：（1）好鬥地堅持己見，

（2）對別人的想法與努力漠不關心。

提摩西・威爾森是一名得獎的好萊塢布景大師。他和他的團隊會布置場景，並設計一部電影的環境。他曾參與一些最大型的製作與最成功的電影，他是一位創意天才，但代價不菲。為什麼呢？因為很少人願意跟他合作第二次。

他的一名工作人員表示：「我寧願做任何工作，也不想跟他共事。」答應與提摩西合作，代表在恐懼及壓力之中工作，很少有樂趣。那些曾為他工作的人說：「你第二天就不會想回來工作。」提摩西踏進片場的那一刻，氣氛會於剎那間轉變，人們等著被他罵。傑諾米看到提摩西走向他這兩天準備的道具時，不禁猜想他又要挨哪句常被罵的話。抑或他會罕見地讚美？提摩西檢視了道具，發表了他的經典批評，大聲向所有人說：「這看起來像Ｂ級片的道具。」隨便什麼事情都可能讓他爆發。如果道具推車沒有整理妥當，他就會發飆。有一天，他情緒極為緊繃，與攝影指導爭吵，甚至把對講機扔向他。眼看片場即將失控，大家四處逃竄，尋找掩護。

某些領導人創造「緊湊」的環境，要求人們的最佳想法與努力。提摩西則是創造「緊張」的環境，霸占空間、令人焦慮，並用扼殺人們想法及產出的方式批評別人。

霸占空間。暴君就像占據所有空間的氣體。他們霸占會議，壟斷所有發言時間。他們不給人留下空間，往往令別人的才智窒息。他們發表強烈意見，極力強調自己的想法，企圖維持掌控權。加斯・山本是一家消費品公司的行銷長，他占滿整

個空間，隨意打斷別人的簡報，表達極為強烈且極端的意見，他可能什麼小事都要管，也可能完全不見人影。人們會警告他的部門新人：「在這裡生存的不二法門就是搞懂加斯。」他的一名部門成員說：「我覺得我在這裡萎縮了，我可能只有為他貢獻50％的能力。」那個人之後便離開那個部門，現在在別家公司過得很好。

製造焦慮。暴君的標誌是他們喜怒無常、無法預期的行為。人們無從得知什麼會讓他們爆發，但也知道只要他們在場，氣氛就很糟。暴君所到之處都在徵收「焦慮稅」，因為人們將一定程度的心力花在避免觸怒暴君。想想提摩西在片場浪費了多少生產力，提摩西的團隊沒有將全部心力用於製作「A級片」道具，而是擔心提摩西接下來會說些什麼、做些什麼，或是扔些什麼東西。

批評別人。暴君採集權制，扮演法官、陪審團兼劊子手。相對於解放者的迅速學習循環，暴君創造批評、審判與退縮的循環。如同簡報者慌亂地調整要向珍娜‧希利（宛如電影《穿著Prada的惡魔》米蘭達翻版的電信公司銷售負責人）報告的內容，人們退縮到安全位置，才不會遭到批評或曝露自己的想法。這好比日本俗諺所說：「突出來的木椿會被打下去。」

當領導人扮演暴君角色，會壓迫人們的思想與能力。人們克制自己，如履薄冰，只提出領導人有望贊同的安全主意，這便是減數者造成組織高昂成本的原因。在減數者的影響下，組

織為資源付出完全的費用，卻只獲得大約50%的價值。

減數者相信**壓力可以提升績效**。他們要求人們的最佳想法，卻得不到。他們未能創造使人們安心表達自己真實想法的環境，而不安心的環境孕育出最安全的想法。另一方面，乘數者明白人們有智慧，能自行解決問題。他們鼓勵人們的天生才智，人們便回報以全部的腦力。因為有安全與安心作為基礎，人們得以自由發表最大膽的點子，而不只是讓他們可以迴避暴君怒火的安全想法。強調學習的環境讓他們願意冒險，並且在不造成高昂代價之下，迅速由錯誤中恢復。

解放者的實踐方法有一個潛在的假設：**人們的最佳想法必須是自願付出，不能強求。**經理人或許可以堅持一定程度的生產力和產出，但人們的完全努力，包括真心的額外努力，必須是主動付出的。這大幅改變了領導者的角色，他們並不是直接要求最佳努力，而是營造一種環境，讓人們不但能付出最佳努力，而且是迫切需要付出努力。由於環境的自然要求，人們將自願提供最佳想法與成果。

成為解放者

記住，減數者往往選擇阻力最少的途徑。如同麥可說過：「做個暴君其實是很誘人的。」想成為解放者，需要長期的決心，以下是數個起點。

▶ 起跑架

1. 減少籌碼。如果你想要創造更多空間，好讓人們做出貢獻，尤其是如果你有主導討論的傾向，不妨想像用撲克籌碼打一場精彩牌局。

馬修是一位聰敏、口齒伶俐的領導者，然而，他時常發現自己很挫折地跑在組織前頭，難以帶領跨職能團隊實現他的構想。他亦難以讓人們接受自己的想法，他有很好的點子，但總是滔滔不絕，獨占會議室。我和他一起準備他部門的一場重要領導論壇，他急切地等待這個機會，以分享他對推動事業策略的看法。我沒有鼓勵他，而是給他一項挑戰。

我給他五枚撲克籌碼，每枚值一定秒數的說話時間，其中一枚值120秒，另外三枚值90秒，剩下那枚僅30秒。我建議他限制自己只能在會議上發言五次，每次代表一枚籌碼。他可以隨時使用籌碼，但只能有五次。在起初的震驚與錯愕之後（不明白他如何在五次發言內表達他所有的想法），他接受了這項挑戰。我看著他謹慎地克制自己，篩選想法，留下最重要的，並瞄準時機發言。他靈敏地使用籌碼，達成兩項重要結果：（1）他為別人創造充足空間。那次會議不是馬修的策略發表會，而是不同團體陳述想法、共同制定策略的座談會。（2）馬修提升了自己作為領導人的信譽及存在感。藉由自制，每個人都聽到更多想法，包括馬修這位領導人的想法。

試著為自己設定一場會議的籌碼預算，或許是五枚，或許僅一枚或兩枚。明智地打出籌碼，將其餘空間留給別人發言。

2. 標示你的意見。你已知道，正式的組織可能讓領導人的意見與想法得到高度重視。一名高階主管談起他上任某大型公司總裁的第一個星期，來自四面八方的人問他累積已久的問題，他初來乍到，想要幫忙，於是隨便提了個意見。數星期後，他發現他的意見變成了一套雜亂無章的政策，這是他始料未及的。他忙著解決這團混亂，學會要謹慎標示他是隨口說說、提出意見或決定政策。

試著練習麥可在轉變為解放者時所用的方法，將你的看法分成「強烈意見」與「溫和意見」：

- **溫和意見**：你提出供人們考慮的觀點和想法。
- **強烈意見**：你有想要強調的明確意見。

這麼做的話，你便能創造空間，讓別人可以安心反對你的「溫和意見」，建立他們自己的看法。你得將「強烈意見」保留到真正重要的時候。

3. 公開談論你的錯誤。鼓勵實驗與學習的最簡單方法，莫過於分享你自己犯錯的故事。身為領導人，你坦承自己的錯誤，就等於允許別人經歷失敗、從中學習，然後帶著尊嚴及新增的能力回歸。

優秀的父母就是這麼帶小孩的。他們明白，當小孩知道父母是凡人、也會犯錯，小孩便得到解放。得知父母也是由錯誤中學習及復原，孩子們尤其感激。當我們協助人們找到復原的

途徑，我們便展開一個學習循環。

若想分享你的錯誤，可以嘗試這兩種方法：

(1) 個人角度：讓人們知道你犯下的錯誤，以及你學到的教訓。讓他們知道，你如何將學到的教訓整合到你的決定與現今的領導作風。身為顧問集團的經理人，你可以跟團隊分享你負責的案子失敗了，以及你如何面對惱火的顧客。不妨將重點放在那次經驗教會了你什麼，以及它如何塑造你現在進行專案管理的方法。

(2) 開誠布公：不要在私底下或一對一談論錯誤，而是要公開討論，讓出錯的人消除隔閡，讓每個人都可以學習。試著將之變成你的管理實務做法。

身為公司經理人，我時常將這項實務做法運用到極致。我的幕僚會議的一項例行公事是「本週烏龍」，如果我的管理團隊有任何人，包括我自己，犯了什麼尷尬的失誤，就在這個時候公開，讓大家開心笑笑，然後繼續開會。這個簡單動作對團隊傳達了一個訊息：錯誤是進步的必要環節。

4. 預留犯錯空間。設定你的團隊工作的實驗空間，清楚說明他們失敗也沒關係的領域，以及絕對不能失敗的時刻。這種區分就像一艘船的吃水線（如同管理大師詹姆‧柯林斯〔Jim Collins〕所說）：在吃水線上方，人們可以實驗及冒險，但仍然安全；然而，吃水線下方的錯誤如同砲彈，將造成災難性失敗與「沉船」。為你的團隊劃分清楚的「吃水線」，會讓他們有信心去做實驗及採取大膽行動，同時告知他們在高風險的地方必

須格外謹慎。這種差別亦可提醒你自己何時該退後、何時該出手力挽狂瀾。

以上列出的每一步都是簡單的起點，但若持之以恆，這些方法可以幫助領導人成為解放組織才智的一股強大力量。

思考的自由

人們處於壓力之下會封閉自我，若壓力強大，他們最終會反叛，往往推翻專制領袖。若要建立人們可以思考與使出全力的組織，我們不只必須消除組織裡的暴君與壓迫的獨裁者，我們也需要領袖擔任解放者，給予人們思考及學習的空間，同時施加足夠壓力以要求他們好好努力。

乘數者將人們從組織階級制度的恫嚇以及獨裁領導人的專橫中解放出來。乘數型領導人不會叫人們該想些什麼，而是告訴他們可以思索的方法。他們設定一項挑戰，邀約大家提供最佳想法與形成集體意志。他們營造一個環境，充分利用所有腦力，聽見所有聲音。他們掀起一場運動，而不是反叛。

第三章　**總結**

暴君vs解放者

暴君製造緊張的環境，壓迫人們的想法與能力。因此，人們克制自己，如履薄冰，只提出領導人有望贊同的安全主意。

解放者營造強烈的環境，要求人們做最好的思考與努力。因此，人們竭盡全力提供最棒、最大膽的想法。

解放者的三項實踐方法：

1. 製造空間

- 自我克制以釋放他人
- 調整聽與說的比例
- 設定探索的空間
- 創造公平的競技場

2. 要求人們做出最佳努力

- 捍衛標準
- 最佳努力不等於最佳結果

3. 創造快速的學習循環

- 承認與分享錯誤
- 堅持自錯誤中學習

成為解放者：

1. 減少籌碼

2. 標示你自己的意見

3. 公開談論你的錯誤

4. 預留犯錯空間

	暴君	解放者
所做之事	製造緊張的環境，壓迫人們的想法與能力	營造強烈的環境，要求人們做最好的思考與努力
得到的結果	• 人們表面上很投入，實則是退縮的 • 領導人原已贊同的想法 • 人們如履薄冰，避免冒險，為自己犯下的任何錯誤找藉口	• 人們提出自己最好的想法，真正投入全部的腦力 • 最棒、最大膽的想法 • 人們全力投入，願意冒險，由所有錯誤中迅速學習

意外的發現：

1. 最沒有阻力的道路往往是暴君的道路。由於眾多組織權力傾斜，領導人可能高高在上，展現暴君作風。

2. 解放者保持二元性，既給予人們思考的空間，同時讓他們明白必須做出最好的努力。

3. 乘數者施加正向壓力。有能力辨別及製造正向與負向壓力之間差異的領導人，便能獲得組織裡更多的腦力。

THE CHALLENGER
挑戰者

諾貝爾獎得主與別人的首要差異不在
於智商或工作倫理，而是他們提出更宏觀
的問題。

——彼得・杜拉克

麥特‧麥考利（Matt McCauley）歷經企劃與庫存管理等職務，年僅33歲便成為健寶園（Gymboree）的負責人，這家總部位於舊金山的孩童用品零售商市值為7.9億美元。這使得麥特不僅成為健寶園創建30年來最年輕的執行長，亦為華爾街羅素2000指數（Russell 2000 index）公司中最年輕的執行長。

麥特很年輕，對他人的意見亦抱持開放態度。「我喜愛與人交流，無論他們的職務是什麼，〔健寶園的員工〕都是才華洋溢的聰明人。」麥特表示。他大學時是撐竿跳選手，他會在17呎6吋（5.334公尺）放一根橫桿，那是他知道自己可以跳過的，不過他總是在20呎（6.096公尺）的高度——當時的世界紀錄——再放第二根橫桿，提醒自己可能達到的目標。麥特對於工作也是這麼做。

提高標準。麥特接任總裁時，正逢一條產品線捲土重來，但也有一些業務不振的挑戰。他不僅看到增加銷售的機會，亦看到大幅提升淨利的機會，當時每股0.69美元。憑藉他對業務及庫存優化的深厚瞭解，他估算上檔空間，然後向董事會表示，他認為公司可以達到每股1.00美元。董事會哈哈大笑，但麥特仍然堅信這是可以做到的。

麥特與他的管理團隊開會，解釋他認為銷售與每股淨利可以成長的理由。他將過去五年他研究的銷售與費用優化計算給他們看，詢問這些目標是否確實可能達成。他接著提出「不可能的任務」——每股淨利1.00美元。他問管理團隊每一名成員這個問題：「你的不可能任務會是什麼？」管理團隊感染到這

種高標準策略的熱情，也開始對底下的部門提出相同問題。沒多久，這家公司的9,500名員工，每個人都有了一個不可能任務的目標——一個瘋狂的理想。當他們被問及自己的不可能任務，顯然點燃了他們實現任務的動力。

達到標準。麥特向董事會、華爾街與健寶園的員工宣布，他們不僅達成每股1.00美元的「不可能任務」目標，還達到每股1.19美元，較前一會計年度增加72％。

在這項成就的激勵下，麥特接下來做了什麼？他設定更高的標準，向董事會表示他們可以達到每股2.00美元，這次董事會覺得太誇張了。然而，麥特向整家公司尋求協助，分享他的不可能任務，再度要求每個人設定自己的不可能任務，以達成每股2.00美元。在2007年會計年度，他們實現每股2.15美元，增加了80％。

麥特又去找董事會表示可以達到每股3.00美元。一年後，他宣布達成每股2.67美元，兩年後也就是2008年，達到不可思議的每股3.21美元，這相當於每股淨利年增率超過50％，四年翻了近五倍。

不可能的任務。這名年輕的挑戰者執行長憑著他對事業的深入了解，看到機會與達成空前績效的路徑。他計算這個機會，為公司設定挑戰。他接著要求每個人和他一起挑戰不可能的任務，並分析他們要如何達成。藉由設定高標準，他讓人們重新思考這項事業。藉由要求他們設定個人的不可能任務，他

讓人們進行挑戰。然後，藉由坦言這項任務的不可能性質，他允許人們無須害怕失敗，放手一搏。

麥特得到更多人們不知道自己可以付出的能力——並不是因為他說服他們目標是可達成的，而是因為他邀請他們去探索不可能，也就是一個不確定且不舒適的地方，讓我們可以延伸想像力與能力。

來看看另一名主管設定方向的方法。

▶ 專家

理查·帕瑪於1990年代中期在英國成立SMT系統，研發企業流程再造（BPR）的系統及工具。作為理查的心血結晶，這家公司的智慧基礎，是建立在他擔任企業流程分析師以及對專家系統的專業知識之上。流程再造的工作正適合他年輕時多年下西洋棋所鍛鍊出來的高明謀略。

理查是英格蘭最年輕的棋王之一（擁有大師頭銜），公司上下眾人皆知，這通常也是人們提到理查的第一件事。身為棋王、畢業於牛津大學，他顯然是個天才，而且是公司裡的首席天才。他不但會分享他的想法，而且是強力推銷。他自認是在啟發別人，卻更像是強行灌輸、迫使他人屈服。雖然他將執行長的頭銜讓給了別人，但大家都明白擔任董事長的理查才是對預算、定價、產品、薪酬與公司策略發號施令的人。

棋子大軍。理查一走進房間，氣氛立刻變得不一樣。就像

校長走進學校集會現場似的，人們開始畏畏縮縮。就像是微積分老師突然抽問，大家縮起身子，希望老師不會叫到自己、發現他們答不出來。儘管大家害怕被注意到，但理查通常才是焦點人物，他設法確保自己是屋子裡的專家和最聰明的人。

在一次高層管理會議上，理查突襲詢問公司總顧問一條有關公司治理法規的技術性細節，令總顧問處境尷尬。理查擔心他的總顧問沒有充分了解必須向市政府報告的那條法規細節，所以連珠砲似地發問。總顧問逐一回答，直到問題越來越精細、鑽牛角尖，他一臉茫然，但仍竭力回答問題。理查並不滿意，他急忙下班，趕在WHSmith書店打烊前去買書。他並不是隨便買本治理書籍，而是買下最新公布的公司治理法規的600頁手冊。他不只是查閱他詢問的問題的答案，還徹夜讀完整本手冊。翌日，他召集高層團隊開會，這次緊急會議的主旨當然是那一條法規，理查公開宣揚他新增的知識，甚至明白告訴大家總顧問搞錯的每個地方。

壞主教。理查是「逮到你了」大師：他只問他知道答案的問題。他問問題是為了測試別人知不知道，以及確定別人了解他的重點。他的一名副總表示：「我想不起有哪一次他問的問題是他不知道答案的。」

他也是拖延大師，他不知道答案的時候就用這招。大家都知道他會在視訊會議問些無足輕重的問題以拖延對話，然後搜尋答案以主導談話。他與會計團隊開會討論英國電信（British Telecom）的銷售提案時，便使出這種拖延戰術。銷售團隊正

在檢視合約草案，理查顯然不太確定合約文字該怎麼撰寫，便插話問道：「你們有多少人讀了英國電信的現場作業手冊？」那份手冊厚達500頁，並不是銷售人員的典型讀物。儘管不確定這是不是陷阱題，團隊猶豫地招認他們沒有讀過。理查回答：「如果沒有讀過現場作業手冊，你們怎麼能夠了解這份合約，並對英國電信進行銷售？」銷售流程完全中斷，整個會計團隊，還有理查這位創辦人暨董事長，都在讀現場作業手冊。一名團隊成員表示：「他不是那種會說『我有個主意，我們何不看看現場作業手冊，以便多加了解業務與合約條款？』的領導人。相反地，他嘲諷我們沒有讀手冊。」

愚者自將。 難怪真正聰明、有才華的人不會在這家公司久留。有些人是因為這名創辦人發現他們不如他想要的聰明而被開除，其他人躺平，放棄做出有意義的貢獻。最聰明的人則拂袖而去，因為他們明白自己是在浪費時間和力氣，也明白公司無法擺脫這個創辦人。雖然公司在理查的領導下得以拓展銷售，但大多數人認為這家公司有其先天限制，他們指出：「我們公司永遠成不了氣候。」

以上兩名高階主管，其中一人是挑戰者，另一人則是扮演萬事通，本章便是要討論他們之間的差異。

萬事通 vs 挑戰者

這兩位高階主管的風格，捕捉到了萬事通與挑戰者對於提出公司方向及追求機會之間的基本差異。

減數者像個萬事通，認為自己的工作就是要什麼都懂，指揮公司該做什麼。公司往往繞著他們知道的東西在轉圈圈，人們一圈又一圈地推論老闆的想法，以及如何至少看起來有在按照想法執行。最終，減數者對他們公司的成就設置了人為限制。由於他們過度專注於自己所知的東西，他們將公司的成就限制在他們自己知道怎麼做的事情。

對於設定公司方向，乘數者則採取根本上不同的做法。他們不是什麼答案都知道，而是扮演挑戰者的角色。他們運用自己的才智，為公司找出合適的機會，挑戰與延展組織去達成目標。他們並未侷限在自己知道的東西，而是催促團隊超越他們自己與組織的知識。因此，他們的組織深入地了解挑戰，並集中精力去迎接挑戰。

▶ 乘數者的思維

這些不同風格有著什麼核心假設？以這兩名執行長來說，是什麼讓麥特挑戰他的公司，讓人們付出最佳思考與努力？為什麼人們的才能到了理查身邊便停滯不前？我們知道這兩位主管都聰明絕頂，對於自家公司有著明確願景，對自身工作充滿熱情。但若我們檢視他們設定方向的方法，便能分辨兩種不同

的邏輯。

理查的邏輯是根據這種假設：**我必須知道所有答案。**萬一他不知道答案，他一定要自己找出答案或者假裝知道。他不知道答案的話，會怎麼做？他會拖延時間，直到他找出答案。他買相關書籍，閱讀作業手冊，搜尋答案。他認為自己的角色是無所不知的專家，這種假設或許是在他研究專家系統的那些年間深深種下的。

如果領導人認為自己的角色就是提供答案，而且假如員工們也順從這種商業模式，便自然會產生向下沉淪的萬事通惡性循環。首先，領導人提供所有答案。其次，部屬等候他們預期中的指示。第三，部屬按照領導人的答案行動。最後，領導人認定**他們沒有我，就永遠搞不定事情**。他們看到證據支持這種想法，因而得出結論：**顯然我必須告訴他人要做些什麼**。

麥特在健寶園的領導則是依循不同邏輯，他將自己的才智與精力用於兩件事：第一，提出大膽問題，第二，將挑戰剖析成合理的分量，好讓團隊能達成越來越高的標準，增強才智肌肉與信心。他的假設是**人們受到挑戰之後會更加聰明且強壯**。當人們接受挑戰，洞見與信心隨之成長，沒多久，不可能的事也會變得可能。

假如領導人必須藉著問問題及找出所有答案來傳播他們的智慧，他們往往只會提出自己早已有了答案的問題。一旦領導人接受自己不必知道所有答案，便能提出更大、更有啟發性，而且坦白說，更有趣的問題。他們可以追求自己不知道該怎麼做的事情。

我們來看另一位挑戰者。

挑戰者

1995年時，甲骨文公司的總部設立在舊金山半島紅木海岸（Redwood Shores）的一個高級水岸社區。甲骨文已開始改造產品以因應網際網路，但商業策略仍然不明確。釐清策略的挑戰落到了總裁雷‧蘭恩身上，他於兩年前進入甲骨文，將美國地區的事業由5.71億美元拓展到12億美元。

雷的革命。 雷決定召集全球250名高階領導人舉行系列論壇，以教育他們公司策略，並協調領導團隊加以實施策略。雷與其他高層，包括執行長賴瑞‧艾利森（Larry Ellison）和財務長傑夫‧亨利（Jeff Henley），準備了策略簡報，與第一批的30名高層開會。他們發表簡報，進行討論，但一星期過去後，大家益發困惑。一名副總說出大家的心聲：「我們不清楚策略，我們只是看到許多PowerPoint投影片。」

雷與團隊重新規劃，大幅修改簡報。他們邀請另一批的30位主管，這次回饋不一樣了：全面暴動。一名高階主管大膽地說：「在有明確策略之前，不要再叫大家過來了！」團隊不相信雷與其他人所講的廢話。

獨立日。 高層團隊迅速在最快可行的日子集合在雷的家，

那天正好是7月4日——美國獨立紀念日。他們了解到全球事業越來越複雜且多元化，超出他們原本的想像；他們不能在擬定策略時閉門造車，於是他們決定改弦易轍。雷與高層團隊一開始想要告訴別人所有的答案，現在，他們改為分享那些塑造他們看法的基本問題、趨勢和假設。

當他們回來舉辦第二回合的領導人論壇時，雷和其他主管分享他們對事業與全球現況的了解。雷提出這些趨勢將為甲骨文帶來的機會，同時提出策略框架——公司必須進行的四大轉變。講到這裡，他停下來問：「這些轉變是我們事業需要的嗎？」及「我們的未來假設有哪些可能錯了？」

雷挑戰大家回答這些填空題。團隊有兩天時間檢討這四大轉變，標示里程碑，找出對事業的影響，然後將他們的想法傳達給下一組領導人，以此類推。這些人確實轉達了高階管理層的想法，將棒子交給下一批主管。高階管理層對他們的集團成就感到欣喜，結束會議時便明白他們已展開一項大計畫。這項流程持續進行，直到每一位資深副總與副總都參加過，每個事業群都挑戰過別人先前做的事。他們認真對待任務，徹底翻修策略，找尋漏洞、邏輯缺陷和弱點。最後，他們對集體想法提出驗證與改善。動能仍在不斷增強之中。

大會。雷與高層團隊在這項流程的尾聲召集公司所有領導人開會，高層團隊揭示了組織策略意圖與事業必要的轉變。全球領導階層的反應極為熱烈樂觀，知道他們正在創造歷史。策略既新穎又動人，然而他們卻很熟悉，因為這是他們共同策畫

的，可以看到自己留下的痕跡。

等到進行地區分組會議時，氣氛十分不尋常。歐洲中東與非洲（EMEA）分組會議室不是討論「為什麼這個在EMEA行不通」，而是近乎一片喧譁地提問「第一步是什麼？」及「我們在德國要從哪裡開始實施？」。日本分組會議室的場面說明了一切。他們討論了策略以及對日本的影響，然後井然有序地開始組織，彷彿是要打仗。

大會與分組會議的場景是組織集體意志的表現與聲明。之後四年，在蘭恩與艾利森的領導下，甲骨文在企業運算市場獨占鰲頭，營收由42億成長到101億美元，增加一倍以上。

蘭恩一開始企圖向公司推銷一項策略，但在他先是播種機會，再向整個組織提出展延型挑戰之後，他成為更強大的領導人。藉由這個方法，他不是在設定方向，而是在確保方向設定好的前提下，扮演挑戰者的角色。

挑戰者的三項實踐方法

挑戰者是如何引出組織的全部腦力？在我們研究的乘數者當中，我們發現三項共同實務做法。乘數者：（1）播種機會；（2）提出挑戰；（3）創造信念。我們來逐一加以檢視。

乘數者明白，人們在挑戰中成長。他們了解，延展與測試可以增長智慧。因此，即使領導人對於方向有著明確願景，也不會就這樣塞給人們。乘數者不提供答案，而是開啟探索程序：他們提供足夠資訊以刺激思考，協助人們自行探索、看到機會。

我們將列出乘數者播種機會、展開探索程序的一些方式。

展現需求

播種機會的最佳方法之一是讓別人自行探索。人們自己看見需求之後，就會深入了解問題，而領導人通常需要做的就是往後退，讓他們去解決問題。

猶他大學校園裡的班尼恩中心（Bennion Center）的設立主旨，是鼓勵學生在大學時期參與社區服務計畫和行動主義。擔任中心主任長達14年的艾琳‧費雪（Irene Fisher）希望學生們能參與解決該市一些最困難的問題。

艾琳並不是靠著演講來推銷她對服務社區貧民的願景，而是邀請學生擔任領導職，組織其他學生為社區服務。她帶他們進城到貧民區，親自看看問題。他們參觀收容所，與艱難度日的單親媽媽訪談。他們因為親眼看到需求而產生熱情，想要知道如何創造改變，並在這個過程中快速學習。隨著這些學生領袖逐漸參與，他們承擔更多挑戰性角色。她指出：「大學生很聰明，一旦看到什麼，便開始發問。我們的學生問了很多問題，

然後著手工作。」艾琳播種機會，讓學生接受挑戰。艾琳表示：「我不認為自己是個挑戰者。我想的是製造機會讓人們看見挑戰，他們便能做出回應。」

班尼恩中心至今仍活絡地營運中，他們認為，單純只是告訴人們去做些什麼，無法得到人們最大的奉獻。但若協助人們發現機會、挑戰自我，他們便能發揮全力。

挑戰假設

乘數者提出問題，挑戰組織的基本假設，打亂既有邏輯。知名管理大師暨策略學教授普哈拉，擅長提出挑戰組織基本假設的問題。他知道，策略的真諦在於了解及質疑假設。普哈拉與大公司的管理團隊合作時，總是提出動搖他們假設的問題，促使他們用不同角度看待市場機會與威脅。

與跨國製造商飛利浦（Philips）合作，詳細訪談高階管理層每一名成員，以了解他們對於事業的核心假設及組織內部緊張感之後，普哈拉明白他們假設公司在市場上所向無敵，他於是擬定一項計畫。當他抵達高層討論策略的地點，他首先發表一篇假設要刊登在《紐約時報》的杜撰報導，內容是飛利浦預料將會破產，然後他提出以下問題：現今的競爭態勢發生什麼樣的改變，會重創飛利浦的營收流（revenue stream）？假如A公司與B公司合併呢？什麼市場改變可能導致公司破產？如果發生這種情況，你們的策略將如何因應？房間裡瞬間一片死寂。他動搖了他們設定現今商業策略的假設。在管理層全神貫注下，他主導討論，讓他們開始探索答案。

⦿ 重新架構問題

乘數者了解機會的力量。誠如顧問大師暨作家彼得・布洛克（Peter Block）所言：「最強大的成就是出於回應機會，而不是回應問題。」乘數者分析問題，但亦重新架構問題以展現挑戰所呈現的機會。

舉例來說，雷富禮在擔任寶僑執行長時，重新架構新產品研發帶動營收成長的問題，作為振興該公司的計畫之一。

賴瑞・休士頓（Larry Huston）與納比爾・沙卡柏（Nabil Sakkab）在《哈佛商業評論》的文章〈連結與發展〉（Connect and Develop）中解釋，「自行研發」（invent-it-themselves）的模式已不再足以支撐寶僑的營收高成長。在250億美元的規模下，公司仍能設法維持成長，但超過500億美元，便不可能再維持了，寶僑的股價由每股118美元跌到52美元，市值蒸發了一半。

雷富禮沒有落入故步自封的陷阱，而是開發新策略，將創新委託給外部。這項轉變是由「非內部研發」變成「驕傲地在他處研發」。雷富禮沒有將創新視為必須在自家實驗室進行研發的「發明」，而是設法與供應鏈中可以合作的人聯手，更快速地創新。

例如，休士頓與沙卡柏表示，當寶僑提出品客洋芋片要在洋芋片印上圖片和文字的構想，他們必須決定是要自行從頭到尾設計解決方案，或是在協力廠商網絡當中找尋創新的解決方案。以前，新產品要上市，代表著兩年的投資，但在雷富禮的

新架構下，他們看到一條更聰明的道路。

在品客的案例中，他們「先設定〔他們〕需要解決的技術問題，接著在〔他們的〕全球的個人與機構網絡上流傳，探詢是否有人已有了現成的解決方案。結果，透過〔他們的〕歐洲網絡，〔他們〕找到義大利波隆那的一家小型烘焙坊，那是一名大學教授經營的，而他碰巧也製造烘焙設備」。[1]那名教授的創新讓寶僑得以用一半時間便上市新品，成本也只是自家研發解決方案的一小部分而已。新品立即爆紅，品客部門在之後兩年享受二位數成長。

創造一個起點

乘數者提供一個起點，而不是完整的解決方案。如此一來，他們會製造更多問題，而个是答案。這些問題鼓勵他們的團隊充分設定機會，並相信他們有著堅實基礎。

蘭恩和甲骨文高階主管擬定策略架構，要求資深領導人有系統地分組合作，完成整個策略。

當挑戰者成功播種一個機會，其他人便能自行看到機會。由於機會才剛種下，尚未完全成長，其他人便需要進行探索程序。這種探索與發現的過程激發了智慧好奇心，使挑戰的能量開始爆發。因為還不清楚答案，人們知道「我還可以做些事情」，他們便有動機投身其中。

▶ 2. 設定挑戰

種下機會、使才智能量爆發之後，乘數者會設定挑戰、大幅延展整個組織。減數者在他們所知與別人所知之間拉開一道鴻溝，乘數者則是在人們所知及他們需知的事情之間形成一個空間，吸引人們投入挑戰。乘數者設定一項令人心動的挑戰，形成緊湊的氛圍。人們感受到緊湊的氛圍與延伸的規模，因而被吸引、甚至被迷惑。

乘數者是如何達成這種程度的延伸，而不致撕裂組織？你如何勾起好奇心而不是憂慮呢？在我們的研究中，我們發現乘數者用三種方式達成這種激發活力的延展。首先，他們提出一項明確具體的挑戰。接著，他們提出完成挑戰所需回答的難題，但最重要的是，他們**不回答**問題，而是讓別人填入答案。

◎ 延伸具體挑戰

西恩・孟迪（Sean Mendy）是半島男孩女孩俱樂部（Boys and Girls Clubs of the Peninsula）的資深發展總監，他之前負責加州東帕羅奧圖（East Palo Alto）的課後輔導課程，這個城鎮於1992年的人均謀殺率高居美國之冠，高中生輟學是家常便飯。他本人在成長時遭遇許多考驗，但仍然從康乃爾大學畢業，之後還拿到史丹佛大學及南加大的碩士學位。以西恩的成長歷程來說，他有充分理由告知他所輔導的青少年要怎麼做才能成功。但是，他沒有直接告知，而是挑戰他們。

西恩第一次遇見塔吉安娜・羅賓森（Tajianna Robinson，

小名塔吉）的時候，她還是個害羞、躊躇猶疑的12歲少女。她不情不願地握住他伸出來的手，他微笑著跟她說：「妳知道嗎，遇到人時有三件事可以做。第一，看著人們的眼睛。第二，對他們伸出手。第三，握住手上下晃三次。」塔吉嚇到了，但深感興趣。

西恩持續對她發出小小的、具體的挑戰，他問塔吉要不要上報紙班，她去上了。他接著鼓勵她為校報撰寫一篇主要報導，定期上寫作家教課，學習如何寫一篇出色的文章，她照做了。接下來，他鼓勵她提高標準，參加學校的「年度學者」競賽。她獲勝了！

藉由提出困難的問題、給予他們思考及回應的空間，西恩對青少年發出挑戰。如同塔吉所說：「他教我自己去思考。」這讓塔吉與其他人能鍛鍊智力肌肉，打造必要的信心，以因應最艱難的挑戰。

剛認識塔吉的時候，西恩看著她的眼睛問道：「如果可以脫離這個環境，妳會做什麼？」之後是一段漫長的寂靜。最後塔吉回答：「我想去讀大學。」西恩問說：「妳要用什麼方式才能做到？」想了好一陣子，她的眼睛發亮，她說：「我必須進入好的高中！」他們設定了一個目標，塔吉要去爭取鄰近地區一所一流私立學校的獎學金。西恩問道：「我們要從哪裡著手？」

塔吉主導這個過程，但他們一起挑選最適合的學校。他們完成申請，準備她的高中面試。主要面試的前一晚，塔吉的家人留她在家做功課，他們則外出兜風。她的家人在一處交通號誌前停車時，一名槍手靠近車子，對載著三名小孩的車內連續

開槍，塔吉的表親後背中槍，六歲的妹妹腿部中彈，無人死亡，但可想而知造成嚴重創傷。

隔天早晨，西恩建議塔吉重新安排計畫中的高中面試，但她激動地喊著：「我要這麼做才能脫離這裡！我要這樣做才能擁有我想要的人生。我要這麼做才能幫助我的家人，確保不會再發生這種事！」她拭去淚水，前往面試，給每位面試官留下強烈印象。塔吉安娜被四所私立學校錄取，在每所學校都拿到全額獎學金。塔吉成長為一名堅毅、有動力、聰明的青少女，就讀了加州阿瑟頓（Atherton）的私立學校聖心中學（Sacred Heart），目前在讀大學。

在西恩的17名八年級計畫學生當中，12名拿到名門私立學校獎學金，另外5名進入嚴格的大學先修課程。西恩擔任挑戰者，幫助這些年輕人提高他們的想望，鍛鍊他們進入與保持在成功軌道所需的心思敏捷。

無論是健寶園的麥特提出每股淨利2.00美元的挑戰，或者是西恩提出報考大學的挑戰，我們的研究顯示，乘數者利用自身智慧為別人設定具體挑戰。這些挑戰變得真實、可測量，讓人們可以評估自己的表現。乘數者使挑戰變得真實，讓人們可以預見成就，同時傳達他們相信組織擁有必要的集體腦力。這種信心很重要，因為挑戰將需要整個組織由現今的領域與能力延伸出去。

提出困難問題

減數者提供答案，好的領導人提出問題，乘數者則是問出

真正困難的問題。他們提出的問題不僅挑戰人們去思考，還要重新思考。他們問的問題極為龐大，人們不能只是根據現有的知識或立場去回答。想要回答這些問題，我們必須學習。這些大問題在人們已知與必須知道的事之間拉開一個空間，在人們現在所做與必須可以做的事之間拉開一個空間。這種空間在組織裡製造一種深沉的緊湊氛圍，以及須減緩那種緊張感的需求。就像繃到極致的橡皮筋，必定要放鬆一端才能減緩緊繃。

健寶園的麥考利詢問公司的每個人：「什麼是你的不可能任務？」進而製造了這股推力。藉著營造這種緊湊氛圍，你不可能待在原地不動。

讓別人填空

乘數者是如何讓人們接受挑戰？他們將思考的負擔丟給別人。當他們設定一項具體挑戰時，他們身為領導人，要承受思考的負擔。但在提出困難問題、邀請他人填空之後，他們將思考的負擔移轉給別人。現在，他們的團隊有責任去了解挑戰，找出解決方案。經由這種轉移，乘數者為身邊的人開創了才智與活力。

當一名執行長接任韓國大型消費電器公司的一個新部門時，他召集管理團隊，告知他們，他的目標是成為市場龍頭，以及吸引頂尖大學畢業生的磁鐵公司。他很清楚公司的發展曲線不會是遞增的，他有個遠大的願景，然後他邀請眾多利害關係人，分析如何實現龍頭地位。這個聯盟包括主要高階主管、創辦家族成員，以及外部顧問。召集這個聯盟之後，他播種機

會，並提出困難問題，比如「為什麼我們從事這個行業？」和「我們值得留在這個行業嗎？」和「要怎麼做才能比競爭對手更好？」。

這些問題直指公司核心，引發一陣騷動，然而，他絕不退卻。那股張力迫使團隊提出答案。他提出困難問題，讓團隊去填空。在此同時，他維持著緊湊的時間框架，他說：「我不需要100％的答案，我需要在兩天內得到一個30％的答案。給我一個30％的答案，好讓我們討論，再決定你們是否應該找出一個50％的答案。到時候，我們會訂出兩個月的時間，以得出100％的答案。」

最後，他們得到了明確的答案。這個程序進行了數月之久，充滿爭執，但也鍛鍊了該公司面對挑戰時所需的才智肌肉和能量。

設定挑戰，意思不只是指示人們該做什麼，還包括問出一些無人知曉答案的難題，然後退場，讓出空間給組織裡的人去思索問題、掌握主導權、找出答案。

當乘數者成功設定挑戰，人們看出其展延性，就會被挑起好奇心，完全投入心智。思考的負擔被移轉到組織。這種主導與展延的過程將不斷激發能量，打造出挑戰所需的才智肌肉。

▶ 3. 創造信念

播種機會與設定挑戰，能讓人們對於可能的目標感興趣，但這尚不足以形成一場運動。乘數者會創造信念——相信不可

能的事實際上可能做到。讓人們看見與了解挑戰的展延還不足夠，他們需要確實延展自己。

以下是我們發現乘數者在組織裡創造信念的數種方法。

◎ 垂直下降

乘數者創造信念的方法之一，是使挑戰降到地面高度。博隆能源執行長史里德爾的願景，是製造排碳量只有傳統發電機一半的家用與企業發電機，他解釋說：「這項方針必須是可能性不高，但並不是不可能。它不能存在於三萬英尺，必須存在於一千英尺。如果執行長將目標訂在三萬英尺，卻要求團隊去做些什麼，那是不負責任的。你必須降低高度，證明目標可以達成。你必須向他們指出一條明路，顯示可以做到。你只需要這麼做，便能創造信念。」「垂直下降」到現實之後，乘數者製造一個有意義的證據點，證明大膽的挑戰是可以成功達成的。

◎ 共同擬定計畫

當人們擬定自己終將執行的計畫，先天上便會相信計畫的可行性。1996年，在蘭恩的領導下，甲骨文公司不僅擬定一項策略意圖，亦在公司內部產生根深柢固的信念：甲骨文將能引領網路時代。由於250名資深領導人都有機會共同擬定公司策略，他們事前便明瞭這項挑戰，也知道必須採取什麼行動。他們建立起執行策略所需的集體意志與能量，該公司已準備好接受挑戰。

⊚ 策畫早期勝利

有時候，領導人會受到誘惑，想要一次就解決許多問題。我們的研究顯示，乘數者是由小小的早期勝利著手，並利用這些勝利來建立對於更大挑戰的信心。

以2011年過世的諾貝爾獎得主旺加里・馬塔伊（Wangari Maathai）為例。她曾說過：「我聽到許多奈洛比婦女抱怨沒有足夠柴火，她們也抱怨沒有足夠的水。『為什麼不種樹？』我問她們。於是她們開始種樹了，很小很小的規模。沒過多久，她們口耳相傳。社區居民開始協助彼此種樹，以滿足他們自己的需求。」[2]

從旺加里於1977年6月5日世界環保日種下的區區七棵樹開始，「綠帶」（Green Belt）運動已成功在非洲種植逾4,000萬株樹木。當然，這項運動不侷限於植樹。旺加里寫道：「許多人不明白植樹只是一個起點，一個簡易的起點。因為這是人們理解的事情，也是人們做得到的事情，不需要太高昂的費用或多厲害的技術。然而，一旦我們經由植樹深入社區，便能處理許多其他問題。我們處理了治理的問題、人權問題、衝突與和平的問題，以及長期資源管理的問題。」

公司高階主管經由籌劃小小的早期勝利，便能建立對於大型考驗的信心。

當乘數者創造出可以達成某個目標的信心，重心立即轉變，他們的組織願意走出已知的領域，冒險走入未知。

奧斯卡得獎紀錄片《偷天鋼索人》（*Man on Wire*）記錄知

名的高空走鋼索藝人菲利普・珀蒂（Philippe Petit）於1974年在紐約世界貿易中心雙子塔之間，離地1,368英尺（約417公尺）表演走過140英尺（約42.7公尺）高空鋼索的壯舉。在電影裡，珀蒂說明他站在雙子塔邊緣，後腳踩在大樓、前腳踏在鋼索的關鍵時刻。「我必須決定將我的重心由踩在大樓的一隻腳，轉移到踏在鋼索的另一隻腳。踏上鋼索或許就是我人生的終點！另一方面，某種我無法抗拒的東西……召喚我走上那根鋼索。」

我曾多次目睹這種重心轉移在公司內發生，你幾乎能夠感受到組織的能量開始流向一個新方向。當一個人或組織全心接受挑戰，對可達成的事情產生信心，便會出現這種轉移。並不是乘數者煽動了這種信心，而是他們提出的挑戰協助形成人們的決心。這種挑戰過程打造出才智肌肉、情緒能量，以及前進的集體意圖。乘數者策畫必要的過程，以轉移一個組織的重心。

減數者設定方向的方法

相對於乘數者，減數者採用根本上不同的方法來提供方向。他們不是運用自身才智助使人們迎接未來機會，而是用炫耀自己卓越知識的方式來給出方向。減數者並不是播種機會、設定可信的挑戰，而是指示與測試。像個典型的萬事通，他們告訴人們自己知道的東西，告訴人們如何做好工作，測試人們的知識以確定他們有沒有做對。

講述他們知道的。減數者自認是思想領袖，總是分享他們所知的東西；然而，他們分享的方式鮮少引發回饋。他們往往會推銷自己的想法，卻不學習他人所知的。一名歐洲經理人沒完沒了地講述自己的想法，「吸光了房間裡的氧氣。」一名同事表示：「他忙於分享他的想法，根本沒給別人留餘地。」一名部屬附和說：「我和他在同一個部門共事了十年，他從來沒問過我一個問題，一次都沒有。我偶爾會聽到他自言自語：『我想不透我們為什麼做Ｘ？』即便如此，他也用自己的答案來填補沉默。」

測試你知道的。減數者與人互動時，通常是為了驗證你是否了解他們知道的。他們問問題只是為了強調，而不是想要聽到更好的想法或讓大家共同學習。就像先前提到的公司創辦人理查，他們是「逮到你了」問題的大師。減數者造成人們的壓力，卻未得到延伸的挑戰。

指示別人如何做好工作。減數者不會將責任轉移給別人，而是大權在握，鉅細靡遺地指示別人如何做好工作。他們端起資深思考者的架子，玩起自問自答。

這種減數者的案例之一是奇普・麥克斯威，他是大型電影製作片場的執行製作人。儘管導演籌組了一支世界級製片團隊，奇普一直干擾團隊的工作，總是繞過導演，指示工作人員如何做好他們的工作。攝影指導在電影拍攝中途突然就不幹了，宣稱奇普如果更懂打燈的話，不如換他當攝導。這名得獎的攝影

指導知道需要多少盞燈，當然也知道哪裡要打燈，他同時也知道他的才華在另一部電影更能好好發揮。

減數者往往於無意間封鎖他人的才智。大多數減數者均依賴自己的專業知識建立起職業生涯，也憑藉卓越知識而獲得酬賞。對許多人來說，非要等到他們的職涯達到高原或危機——或者是攝影指導在拍片中途辭職不幹——他們才恍然大悟自己的基本假設不正確，限制了自己與他人。

我的一名同儕最近接受了智商測驗，分數是144。他興奮極了，四處宣揚他只差一分便是獲得認證的天才，無疑他已預見門薩（Mensa）寄來邀請函。在獲悉我們的研究後，他像是被潑了一盆冷水：「哇，我一輩子都在努力證明自己是個天才，就在我可以宣稱自己是天才的時候，卻赫然發現那一點都不重要！」

當然，這只對了一半。原始的心智馬力仍然重要，但最強力的領導人是那些本身擁有這種心智馬力，亦懂得汲取與延伸他人才智、使之倍增的人。想想那些渴求智商多一分、達到官方認證天才等級智商145的領導人，以及運用自己智商讓組織裡每個人的智商多一分的領導人！如果你的組織每個人的智商高出一分，將會有什麼成就？

有時候，領導人太過學問淵博、聰明絕頂，便忍不住提供以自己所知為核心的指示。然而，到頭來，萬事通將組織成就限制在他們本人知道怎麼做的事情。在他們的領導下，組織永遠無法充分利用才智；真正的能力被閒置，或者被猜測老闆想法的「消防演習」所消磨殆盡。

減數者創造閒置循環。一名才華洋溢的副總任職於大型跨國科技公司，習慣了快速步調且要求嚴格的環境。他是市場上的競爭者，從不停止挑戰自我及別人。然而，在調職到一個典型萬事通主導的部門以後，他發現自己大多數時間都被閒置。他說：「我大多時間都在等候老闆做決定。那段時間，我什麼都做不了。我基本上像是來打工的。我很無聊，但我很享受去上帆船課！」這名副總準備好高速戰鬥，卻被降級到安逸的航行。

相反地，乘數者創造迅速的循環。藉由擔任挑戰者而不是萬事通，他們取得更多腦力、讓腦力更快速運轉，以獲得人們額外的努力。一旦他們清楚看到潛在機會與挑戰，便明白沒有資源可以浪費。在挑戰者的領導下，團隊能夠加速他們的表現。當組織不必等待領導人先行思考，就能加快速度解決困難問題。由於人們了解相關環境，可以自己採取行動，便不必等著吩咐與取得許可。因為人們被鼓勵要「比領導人還聰明」，就不會再搶著讓想法被認可，而是堅決投入挑戰；其結果是個人與集體的才智成長。組織內部建立的集體意圖，有助整個團體突破再怎麼聰明的領導人也無法靠一己之力完成的挑戰。

這種理解也引出一個關鍵問題：我們要如何像健寶園的麥考利或甲骨文的蘭恩那樣提供方向？我們要如何從萬事通變成挑戰者？

成為挑戰者

挑戰者首先會開發他們活躍的想像力與認真的好奇心。我們在研究中分析了乘數者與減數者在48項領導實務做法的得分，不意外地，乘數者得分最高的項目是才智好奇心，乘數者將別人變成天才，因為他們發自內心感到好奇，激發身邊人去學習。「為什麼」的問題是他們思考的核心，轉化為深入了解組織的無窮好奇心。挑戰者是思索可能性的乘數者，他們想要由人們身上學習。所有挑戰的核心都是才智好奇心：**我很好奇我們能否達成不可能的任務？**培養出深刻的好奇心態之後，人們便準備好作為一名挑戰者。以下是數個起點。

▶ 起跑架

1. 接受極端問題挑戰。大多數主管常被問題轟炸，總是在回覆別人詢問他們的意見，高層角色的本質使他們很容易保持在回答模式與發號施令模式。不好的領導人會指示人們該做什麼；好的領導人提出問題，讓人們思索答案。優秀領導人提出的問題，則讓團隊的才智鎖定在正確的問題。這趟旅程的第一步是不再回答問題，並開始問問題。

數年前，我和同事暢聊身為父母的挑戰，布萊恩自己也有數個幼童，當我感嘆我變成虎媽，不斷命令小孩做些什麼，大叫著維持秩序，他感同身受。我詳細描述我們家的一個普通夜晚：「準備睡覺了。不要那麼做。不要去煩她。收拾你的玩具。

穿上你的睡衣。去刷牙。回去用牙膏重刷一遍。講故事時間。上床囉。躺回床上。不，不是我的床，是你的床。好了，現在睡覺吧。」

我並沒有在尋求忠告，純粹是消遣性抱怨，不過，布萊恩提出一個有趣的挑戰，他說：「莉茲，妳何不在今天回家時，只用問題的形式跟小孩講話。沒有陳述，沒有指示，沒有號令，只有問題。」我馬上反駁：「但這不可能。我晚上六點才能回到家，等到九點半才能叫他們上床。那是整整三個半小時！」布萊恩跟我說他了解，然後重複一次這項挑戰。「沒有陳述，只有問題。」我開車回家時產生了興趣，決定要將這項挑戰推向極致，我說出口的每件事都必須是合理的問題。

我鼓起勇氣，打開家門，開始了實驗。晚飯和玩樂時間很有趣。接近睡覺時間的時候，我看了看手錶，問孩子們：「現在是什麼時間？」我的一個孩子回答：「睡覺時間。」我接著說：「我們要做什麼來準備睡覺？」他們回答：「我們要穿睡衣。」「好的，誰需要幫忙？」兩歲的小孩需要，所以我幫他穿，女孩們則自己穿睡衣。「接下來呢？」我問說。他們的回答顯示對於上床儀式甚為明瞭，熱切地想要行動。很快地，他們刷完牙。「我們今晚要讀什麼故事？……輪到誰挑故事了？誰要來講故事？」結束故事時間，我問說：「誰打算上床了？」他們熱切地說完禱告，便跳上他們的床好好躺著，沒多久就睡著了。

我驚訝地站在走廊上，心裡想著：**我剛剛見證了一項奇蹟嗎？我的孩子們是怎麼了？他們多久以前就知道要做這些了？**

我對家裡這種戲劇性變化很好奇，於是又做了幾個晚上的

實驗。沒錯，我的確回到更為平衡的溝通模式，這項經驗也對我的領導方式產生深遠永久的改變。當我脫離提供答案的模式，開始問問題，我發現我的孩子會做許多我以前幫他們做的事情。我決定運用在工作上，開始提出問題，例如「你覺得什麼可能會出錯？」或「我們如何解決這個問題？」。在我說得更少、問得更多之後，我發現我的管理團隊變得比以前更聰明。大多數時間，他們不需要我告訴他們該做什麼；他們需要我提出明智的問題。

我學到，最好的領導人提出問題，讓別人去找出答案。

接受極端問題挑戰，由萬事通轉變為挑戰者模式。首先從100％開始。試著在家裡進行──你或許發現你的子女（或同住者）是很好的實驗鼠及很棒的老師！在工作上，第一步是找個你只需發問便能主持的會議。你或許會對人們早已知道的事情感到訝異。如果你擔心這種極端方法可能顯得突兀或奇怪，讓你的團隊知道你正在實驗一種新方式。雖然進行極端問題挑戰是突破既有行為模式的一項實用練習，但它並不是要作為永久的運作模式。一旦你培養出更好的能力與習慣，透過提問來領導，便能在詢問與倡議之間達成合適的均衡，尤其是在符合國情與文化之下。

2. 製造延展型挑戰。為你的團隊提供一個「不可能的任務」，一個能夠延展他們、培養新能力的艱難具體挑戰。找出一項大型挑戰，讓團隊首先由明確的目標做起。你可以將挑戰變成引人入勝的問題，詳細說明限制條件，例如：「我們如何用既

有的Z資源在Y日期之前完成X？」然後退到一旁，讓你的團隊解決問題。當領導人提出一項挑戰，並建立起信心，組織便會接受挑戰。人們做出的努力會多過他們以為自己能夠做到的。你的團隊可能會感受到「疲憊但完全亢奮」的體驗，並且願意接受另一項延展型任務。

3. 展開一趟巴士之旅。密西根大學教授諾爾‧提區（Noel Tichy）說過一個故事：奇異公司（GE）的一名高階主管找出創新方法以播種挑戰，協助公司看到市場需求。[3]湯姆‧提勒（Tom Tiller）接掌奇異公司衰弱的電器部門時，該部門經歷了虧損、裁員，已多年未推出新產品。湯姆和管理團隊的40人搭上一輛租來的巴士，前往亞特蘭大廚具衛浴展。一行人要找出趨勢與需求，提出新產品構想，好讓工廠保持運作。他們研發出新產品線，讓部門起死回生，從鉅額虧損到獲利1,000萬美元。

有很多方法可以展開一趟巴士之旅。班尼恩中心的艾琳‧費雪將人們帶到貧民區，好讓他們親眼看到貧民的需求。身為公司經理人，你可以參觀客戶工廠現場，看看客戶實際上如何使用你的產品。你也可以帶團隊去本地商場，觀察人們購物。不過，要讓大家一同進行巴士（或卡車或火車）之旅，協助人們看到必須滿足的需求。讓這趟旅程成為一種學習體驗，顯露需求、提升活力，在你的組織內點燃一把火。

4. 跨出很大的一小步。企業界有許多同義詞：製造早期勝利、創造象徵性勝利，還有大家最愛的——摘取低垂的果實。

問題是大多數領導人都是單獨進行，他們挑選一個小團隊進行前導測試，雖然引起管理層的注意，但卻缺乏可以得到整個組織注意的能見度。所以，要大規模進行，拉高能見度。為新技術設立一項會議室測試，並舉辦體驗活動。透過跨職能專案小組的努力，以贏回重要客戶。讓整個組織跨出小小的第一步。但必須要讓大家一起做，好讓每個人都能看到結果，開始相信他們可以做到很棒的事，這種信念將讓組織在高空鋼索上轉移重心。

好的延展

吉米・卡特（Jimmy Carter）說：「如果你有一項任務要執行，而你有濃厚興趣，躍躍欲試，那你就會使出渾身解數。在興奮之中，疲累的痛苦消散，躍躍欲試的熱情克服了疲倦。」我們的研究顯示，乘數者設定的挑戰既激勵人心又真實可行，能吸引他人加入陣營，在才智上與情感上提供全部能力。他們的方法創造了進行挑戰所需的集體意志與延伸。

我們的研究亦顯示，當人們為減數者工作，只會給出一半的能力，卻一直表示感覺「精疲力竭」。相反地，在乘數者的領導下，他們能夠給出100％的能力，並感覺「一點點疲憊，但興奮極了！」僅給出一半能力便精疲力竭；給出100％的能力，卻感覺興奮極了，這是不是很有趣？我們往往以為倦怠是工作太累的結果，但更多時候，倦怠是發生在人們不斷重複相

同工作，或者他們無法看到辛勤工作的結果。好的領導人不會只給人們更多工作，而是給他們更難的工作——促成深度學習與成長的更大挑戰。

當領導人作為挑戰者時——少給指示，多問問題——他們從人們身上獲得的貢獻，遠超過他們以為自己可以付出的，正是這種隨之而來的亢奮讓人們一再接受挑戰。為什麼？因為他們得到極具挑戰性與酬賞性的體驗。要求更多，你便能得到更多。為你工作的人也會是如此。

第四章　**總結**

萬事通vs挑戰者

萬事通給出指示以炫耀自己學識淵博，結果，他們將組織限制在他們知道該怎麼做的事，組織則將能量都消耗在猜測老闆的想法。

挑戰者設定機會，挑戰人們超越自己已知該怎麼做的事。結果，他們的組織了解挑戰，將焦點與能量都用於迎接挑戰。

挑戰者的三項實踐方法：
1. 播種機會
   - 展現需求
   - 挑戰假設
   - 重新架構問題
   - 創造一個起點
2. 設定挑戰
   - 延伸具體挑戰
   - 提出困難問題
   - 讓別人填空
3. 創造信念
   - 垂直下降
   - 共同擬定計畫
   - 策畫早期勝利

成為挑戰者：

1. 接受極端問題挑戰
2. 製造延展型挑戰
3. 展開一趟巴士之旅
4. 跨出很大的一小步

善用資源：

	萬事通	挑戰者
所做之事	給出指示以炫耀「他們的」學識	設定機會，挑戰人們超越自己已知該怎麼做的事
得到的結果	• 無法全心工作，因為人們搶著爭取老闆的注意 • 組織產生閒置循環，人們等著被吩咐要做什麼，或者觀望老闆是否又會改變方向 • 組織不敢走在老闆前面	• 朝向一個共同大型機會的集體意志 • 快速循環，加速解決問題，無須正規領導人的發動 • 人們額外的努力與才智精力，接受最艱難的組織挑戰

意外的發現：

1. 即便領導人對於未來有著明確想法，單單是播種機會也可創造優勢。
2. 挑戰者有範圍廣泛的選項：他們可以構思並描繪大型思維、提出大問題，但他們亦能將這些連結到推動運動所需的明確步驟。
3. 比起要求人們做更簡單的事，如果你要求人們用合適的方式進行不可能任務，實際上可能會製造更多安全感。

The Debate Maker

辯論製造者

辯論一項決定但未敲定，也好過敲定
一項決定而不加以辯論。

——儒貝爾（Joseph Joubert）

領導人的決策深深受到他們如何參與及運用身邊人才的影響。我們的研究證實，減數者往往獨自做決策或在內部小圈子做出決策。因此，他們不僅未充分利用身邊的才智，也讓組織搞不清楚狀況而無法執行。乘數者則是在做決策時，先讓人們進行辯論──不但是為了達成健全決策，也是為了培養集體智慧，讓組織做好執行的準備。強納森‧艾克斯在一家跨國軟體公司主導一項重大決策時，體現了這兩種方法的差異。

　　強納森最近剛上任全球事業規劃部副總，急切地想要立竿見影。該公司正陷入爭奪中型企業市場的激烈競爭，他們最大的對手獨占小型企業市場，而他們則占據企業數據領域。為了追求市場主導權與營收成長，這家公司開始向規模較小的市場發展，對手則往規模較大的市場發展。取得中間市場具有象徵性意義，但這需要一個嶄新的商業模式。強納森被要求負責擬定新的定價模式，幫助他們滲透到中間市場，這正是他締造戰功所需要的機會。

　　強納森急於搞定這個極具策略意義的議題，於是召集了一支最強聯盟，包括產品、行銷、服務和商業實例領域的領導人，許多成員都對中間市場瞭若指掌。這群人聚集在矽谷的豪華公司總部頂樓的大型會議室，強納森坐在一張狹長桌子的主位，好讓所有人可以看到他。

　　作為開場白，他向這群人設定挑戰，拋出議題，並向這支專案小組施壓。他明確地表示，公司執行長與其他高層期待在中間市場大有斬獲。臨危受命之下，人們開始蒐集資料與分析，數週後呈交給強納森。從強納森的角度來看，專案小組已

有了很棒的開端——人們活力十足、非常投入。

然而，專案小組才剛開始啟動，便已陷入混亂之中。強納森並未清楚指定專案小組成員的角色，以及如何設定建議與做出決策。他沒有利用專案小組的腦力，而是把專案小組叫來聽他回答問題。雖然他自認是在釐清狀況，與會者則感覺他們不過是他發表想法的聽眾而已。他占用專案小組會議的大多數時間，侃侃而談自己的偏見，或是誇口認識哪些名人以自抬身價。儘管他極為固執地向每個小組成員蒐集資料，卻未在專案小組會議分享或討論這些資訊。大量資料被蒐集而來，但未進行辯論。會議淪為意見發表大會——大部分是強納森的。一名專案小組成員發洩他的不滿：「我來開會是想要聽取我們組成的智囊團的看法，結果只聽到強納森的想法。」

雖然人們受到誤導，以為他們將是決策的關鍵環節，但他們很快便了解到專案小組並不是做出決策（甚或建議）的地方，也不是辯論如何挑戰個人或集體想法的論壇。他們猜對了，決策顯然將由少數幾人祕密進行。他們的工作沒什麼成果，卻突然收到一封強納森發出的電郵，主旨寫著「宣布新定價模式」，他們才知道決策已在他們不知情之下完成。

強納森沒有讓大家對中間市場產生了解與樂觀心理，反而讓大家對公司爭取這塊市場的前景感到幻滅，他個人則被冠上時間浪費者的封號，因為他非但沒有讓團隊生氣蓬勃，反而讓他們無精打采。當強納森召開下次專案小組會議時，其衝擊立即顯現：大會議室裡空無一人。更為深遠的影響則是該公司在中間市場一直沒有進展，對手卻不斷攻城掠地。

這則故事在其他頂樓會議室廣為流傳。故事一再傳誦，是因為儘管強納森之類的許多領導人採取廣納意見的管理實務做法，卻仍然堅持才智菁英主義，認為一個組織的腦力集中在少數幾人身上。他們缺乏豐富的觀點，浪費了等待被充分運用的許多意見來源，以及藉由參與和挑戰以開發才智。

領導人能否取得組織中的全部才智，端視他們一些最根深蒂固的假設。

決策製造者 vs 辯論製造者

強納森之類的減數型領導人似乎假設，**只有少數人的意見值得傾聽**。有時他們毫不避諱地說出這種想法，例如那名坦承在4,000名公司員工之中，他只聽一兩個人意見的高階主管。不過，這類主管大多是用較為隱晦的方式顯露成見。他們要求直屬部屬去面試一個公開職位的應徵者，最後卻雇用了他們的「明星員工」看好的人。他們自稱公開透明，卻花許多時間在祕密會議，帶上一兩名舉足輕重的顧問。他們或許詢問人們意見以示支持，但一提到重大決策，便私底下做出決定，再向組織宣布。

乘數型領導人則持有非常不同的看法，他們不會專注於自己知道的，而是如何知道別人所知的。他們的假設是**只要多花點心思，我們便能集思廣益**。他們對別人所能提供的各種相關看法都有興趣，比如說，經過12小時的辯論後已是深夜，有一

名主管仍堅持團隊再聽取一名資淺成員的意見。結果，那項意見成為解決手邊問題的必要關鍵。難怪乘數者的決策方法是召集人們，探索他們所知的，鼓勵人們透過集體對話與辯論，挑戰並延伸彼此的想法。

這些核心假設彰顯出減數者與乘數者決策方式的差異。基於假設只有少數人的意見值得聽取，減數者扮演決策製造者：一旦遇到攸關重大利弊的得失，他們便依賴自己的學識或內部圈子來做出決策。

乘數者面對重大決策時，會用不同方式汲取組織的完整腦力。為了駕馭這種知識，他們扮演辯論製造者。他們了解，並不是所有決策都需要大家的意見和辯論，但在重大決策上，他們會主持嚴格辯論，實事求是地檢驗問題、剖析決策。透過辯論，他們挑戰並延伸人們的學識，讓組織與時俱進，創造集體意志以執行決策。

▶ 決策者 vs 公民對話

我們來看兩名公僕的核心決策方法——一名是國家元首，另一位是警察首長——便能看出他們對於進行重大決策的主要差異。

第一個案例是小布希總統（George W. Bush），他自稱「決策者」（decider）。[1]在葛拉威爾出版《決斷2秒間》（*Blink*）一書，討論不假思索的決策之後，《時代》雜誌[2]便稱布希是「決斷總統」。

在接受《華盛頓郵報》記者鮑伯·伍德華（Bob Woodward）訪問時，小布希總統說：「我倚仗膽量，我倚仗直覺。我不照規矩做事。」寫完有關小布希總統的四冊套書，包括11小時的個人訪談之後，伍德華做出結論：「我覺得〔布希〕沒有耐心。我想我的總結是：他不喜歡家庭作業。家庭作業代表讀書、做報告或進行辯論。但是，作為總統、治理國家的一部分，尤其是這個領域，正是家庭作業、家庭作業、家庭作業。」

我們都看到這種快速、集權式決策的後果，導致美國在2003年發動伊拉克戰爭。2007年伊拉克戰情升高，小布希總統對國安團隊提出比當初攻打伊拉克時更加嚴厲的問題，因為「不同時間需要不同種類的問題」。[3] 不過，紀錄顯示，他沒有參與對於戰情升高做出關鍵決策的數場會議，他向伍德華表示：「你會很高興聽到，我沒有加入這些會議，因為〔我〕有別的事要做。」

我們來看另一名公共服務領導人，他對重要決策的方法是深入請教所有人員。阿爾詹·孟格林克（Arjan Mengerink）是荷蘭尼烏勒森（Nieuwleusen）的東荷蘭艾瑟蘭區（IJsselland）警察局長。在展開職業生涯之初，阿爾詹是個20歲的「大男孩」，有著造福人群、做出改變的理想。當了七年街頭巡查的幹員之後，他進入職涯下個階段，參加警校為期三年的訓練，此後他晉升為督察，最後在53歲當上警察局長。

在職涯中一路晉升時，阿爾詹向來明白與其他警官合作的重要性。他了解在局裡擬定與討論的計畫，將影響到必須在街頭上執行的同僚以及一般民眾。

阿爾詹曾經歷一次失敗的組織再造。他說：「計畫很周全，卻是在俱樂部裡頭構思的，並未與負責執行的人員討論過。結果導致極大阻力，動彈不得，我們被迫放棄失敗的計畫。那是一次慘痛經驗，但我學會下次如何將局面處理得更好。」

當阿爾詹再度面臨組織再造時，他採取新方法，尋求組織人員的協助。他在規劃新的再造流程時，邀請全國警方人員扮演重要角色。他將重點放在如何讓相關人員參與過程，並籌辦會議，邀請100名跨職能人員參加，包括律師、祕書、警長和幹員，好讓每個人都能貢獻專業知識。在這些會議上，他的團隊就再造流程提出構想，並鼓勵警方人員發表正反意見，針對不同觀點進行辯論。

透過安排跨職能人員辯論，阿爾詹發現他們的計畫所考慮的更為周詳，這種程序亦確保人們成為共同所有者。警方人員並非被強迫執行一個計畫，而是與其他人共同籌劃、修改，最終相信這個計畫。他發現他們亦將自己對於這項計畫的信念傳達給他人。

這兩種方法捕捉到決策製造者與辯論製造者於本質上的差異。前者迅速做出決策，讓別人不明所以，吵成一團，想要了解決策背後的理由；後者則是在決策前進行辯論，在過程中打造出可採取明智行動的團隊。

辯論製造者

先前提到的微軟高層魯茲·錫伯，便是用辯論製造者的思維與實踐方法進行他的部門決策。魯茲在2003年接掌微軟教育事業時，仍是傳統的教育事業，透過企業訓練合作夥伴，提供五天的講師課程。但是，這個部門未能達成營收和觸及率的目標。

魯茲面對雙重考驗：這個部門迫切要重拾獲利、創造營收成長，同時擴大觸及率，讓更多現有客戶與潛在客戶熟練微軟產品。作為微軟學習事業的總經理，魯茲必須決定他們是否要在企業訓練合作夥伴的既有基礎上追求營收成長與觸及率，或是破釜沉舟、在學術界採用大膽新方法。

說話帶著柔和德國腔的魯茲，擁有熱情與矜持的罕見性格組合。他是科技教育事業的老將，嫻熟這個事業的策略與營運細節。他有一支多元化團隊，因為這是他精心組建的，其中數人是微軟資深員工，其他人則在別的跨國科技公司擁有豐富的教育資歷，另一些人則是新接觸這類業務，因為這是他們在專長領域與職能專業之外的延伸型任務。

和魯茲聊上15分鐘，你便明白他完全可以憑著自己的淵博知識自行做出決定。由於事關重大，許多主管也會想要這麼做。不過，魯茲傾向於辯論，也相信決策越是重大，決策過程越是要周詳嚴密。於是，他讓領導團隊參與手邊的挑戰。

他召集團隊，就議題提出大問題：他們是否應該將整個事業重新聚焦在學術市場，透過學校提供訓練，而不再透過企業訓練供應商？他們是否應該放棄既有的商業模式，以試圖達成

更高的觸及率？他指派任務給團隊。他們將於兩週後，前往華盛頓州瑞德蒙（Redmond）的微軟公司總部附近的奧爾克斯島（Orcas Island）開會。他們要盡可能收集資料，提出對學術市場的看法。

在奧爾克斯島開會時，他的團隊使用的是一般的外部環境——設備完善的地點、紙筆、簡報掛報、又大又明亮的會議室——不過更重要的是，他們被允許思考！由於大家均做好準備，魯茲隨即設定議題框架，馬上發起挑戰：「各位都知道，我們身處的三億美元教育事業是基於一個可能落伍的模式。我們面臨的決策是要堅持這種商業模式，或是推出全新模式，走出企業訓練教室，步入學術界，在學生的牛涯初期便接觸到他們。」

他設定了辯論的參數，堅定地指出：「我期待各位的最佳思考。不但歡迎各位踴躍發言，亦必須踴躍發言。我們將徹底討論。我們將檢視假設並回答困難問題。」接著，他正式展開第一回合的辯論。

他提出一連串大膽問題來擦出辯論火花：「我們是否應該進入學術市場？」「成功的條件是什麼？」在發問後，他讓團隊接手，進行自由辯論。

當討論逐漸達成共識時，他進一步推進，要求人們換邊，反駁他們先前的立場——「克里斯，跟拉薩轉換立場。拉薩，你先前支持這個想法，你現在要加以反駁。克里斯，你現在要站在正方。」他們調換立場，起初有些尷尬，隨即開始用其他觀點來推敲議題。或者，為了拓寬人們的觀點，他會要求團隊

扮演他們職能領域之外的角色。魯茲會說：「泰瑞莎，妳已經從國際角度提供意見，現在請用國內觀點。」「李安娜，妳是用技術觀點，我希望妳用行銷觀點來進行辯論。」團隊轉換立場，新一輪的火花迸出。魯茲喜歡激起爭議，假如辯論沒有熱度，火花稍縱即逝，他便會明顯失望。

團隊饒有興致地傾聽各種不同的觀點。他們挑戰彼此的假設，通常還有自己的假設。他們很樂意放下許多企業會議常見的彬彬有禮專業主義，勇猛地迎向挑戰，這是做出高風險決策的高風險手段。

最後，這個部門決定進軍學術市場，接下來兩年，他們將業務轉向學生及學術界。業務規模由1,500家企業訓練合作夥伴，擴大到4,700個學術界合作夥伴——三倍的規模——就在兩年之間。現在，這個市場即將成為這個重拾獲利部門的最大觸及率引擎。

魯茲並不是讓辯論偶然發生。他明白，製造辯論很容易，但製造嚴謹的辯論則需要細密規劃。

辯論製造者的三項實踐方法

我們在研究中發現，乘數者在進行決策時，有三點和減數者非常不同。減數者提出議題，主導討論並強行決定，乘數者則是：（1）設定議題框架；（2）激起辯論火花；（3）推動健全的決策。我們來逐一詳細檢視這三項實務做法。

▶ 1. 設定議題框架

我們的研究發現，一項優越決策的祕訣在於領導人在開始辯論前做的事情。他們構思正確的問題，組成正確的團隊，準備讓組織進行討論與辯論。然後，他們設定議題框架與流程，讓每個人都能參與。想要好好設定議題框架，有四個環節要注意：

- **問題**：要做出的決定是什麼？我們的選項有哪些？
- **為什麼**：為什麼這是一個必須回答的重要問題？為什麼這個決策需要集體商量及辯論？如果沒有解決，會有什麼後果？
- **什麼人**：什麼人要參與決策？什麼人要提供意見？
- **如何**：要如何制定最終決策？少數服從多數？全體一致同意？還是你（或某個人）在別人提供意見與建議之後做出最終決策？

一場漂亮的辯論要用一個重要、挑釁的問題作為開場——並不是什麼問題都可以，而是需要正確的問題。知名的全球創新設計公司IDEO執行長暨總裁提姆・布朗（Tim Brown）說：

作為領導人，我們所能扮演的最重要角色，或許是提出正確的問題及專注在正確的問題。企業很容易受困於只對眼前的問題做出反應。這跟你作為領導人多麼有創意沒關係，跟你提供的答案有多麼好也沒有關係。如果你專注在錯誤的問題，你就沒有發揮真正的領導者作用。[4]

提姆‧布朗接著說：「正確的問題不是在地上隨便撿都有的那種。」[5]乘數者的工作是找出正確的議題，擬定正確的問題，好讓別人找出答案。

常見的錯誤是辯論一個主題，而不是一個問題。最有生產力的辯論是回答一個清楚設定的問題，有著明確、通常是互斥（mutually exclusive）的選項。舉例來說，不好的辯論問題是：「我們應該削減哪裡的費用？」比較好的辯論問題是：「我們應該削減專案A或專案B的經費？」

一旦設定好議題框架，領導人需抗拒主導的衝動，而且不立刻進行辯論。相反地，他們要明智地給人們時間準備、整理自己的想法，並明白給予更多空間可以強化思考，去除討論時的情緒。他們不僅設定議題框架，同時指派每個人的任務，這些任務通常包括提出詳加思考過的觀點及佐證。有趣的是，我們發現當人們一開始便建立明確立場、而不是中立立場，團隊就能做出最正確的決定。

魯茲讓他的團隊參與上述關鍵決策時，會清楚地設定議題框架：「他們是否應該將整個事業重新聚焦在學術市場，透過學校提供訓練，而不再透過企業訓練供應商？」他解釋為何這項決定攸關擴大觸及率及訓練更多的潛在使用者。他說明流程，給所有團隊成員兩個星期準備，要求他們提出觀點與資訊以進行決策。

當領導人妥善地設定議題框架，團隊成員便知道焦點在哪裡。他們知道什麼在界限內、什麼則超出界限，這種框架就像大多數醫療程序使用的手術鋪巾。想像你於手術前坐在輪床

上，護理人員為你做好膝蓋手術的術前準備。你被戳來戳去，重複檢查，簽署無數同意書。然後，護理師拿給你一支粗黑色麥克筆，要你在動手術的膝蓋下方寫出「是」，不做手術的那邊寫「不」。你一開始或許感到不安，但你明白馬上就要全身麻醉，於是寫下最後指示給你的外科醫生。進入手術室之後，護理師將一塊藍色手術方巾鋪在指定的膝蓋，鋪巾中央開了一個五英寸正方形的洞，手術團隊只看到這個膝蓋需要新的前十字韌帶。沒有干擾與汙染之下，手術團隊準備好了。當領導人清楚地設定議題框架（明確提出問題、理由與流程），讓人們做好準備，團隊便能展開辯論。

遇到重大決策時，辯論製造者要求每個人提出最佳想法。他們知道唯有在妥善設定議題框架與明確的辯論問題之後，人們才能做出最佳思考。他們知道，唯有以事實作為根據，而不是意見，並預先蒐集正確資訊，才能讓辯論更加精彩。

由於乘數型領導人花時間準備及設定議題框架，便能比減數者運用到更多人們的能力。乘數者確保人們不會將腦力與熱情浪費在不相關的議題上。透過關鍵問題和明確的環境來設定辯論框架，他們可以增進動機與準備，得到人們百分之百的付出。乘數者喜愛辯論，帶著目的進行辯論。他們知道自己希望從辯論中得到的成果以及從參與者身上得到的東西。乘數者不只是辯論者；他們是辯論製造者。

▶ 2. 激起辯論火花

乘數者在設定議題框架後，會激起辯論火花。在我們的研究與公司高層的教練課程之中，我觀察到一場出色辯論的四項要素：

- **參與**：這個問題對每個參與者來說都是很迫切且重要的。
- **全面**：分享正確的資訊，讓大家都能全面明瞭議題。
- **事實基礎**：辯論奠基於事實，而不是意見。
- **教育性**：人們結束辯論後，更加專注在獲得的資訊，而不是誰贏了或輸了辯論。

你會如何主導這類辯論？精彩的辯論有兩項互為陰陽兩面的因素，第一項是創造安全性，第二項是要求嚴謹性，乘數者則兩者兼具。

陰：為最佳想法創造安全性

乘數者如何為人們的最佳想法營造安全氛圍？

他們消除了恐懼。他們去除了導致人們懷疑自己或自身想法的因素，以及導致人們退縮的恐懼感。我們訪問過的一名高階經理人說起他現在的老闆：「艾米特有強烈的意見，但他會等到大家討論完了再表達意見。」此外，「你知道艾米特對你的看法。他保持適度尊重，但若講得沒有道理，他會毫不留情地指出來。我從來沒有因為跟主管表達自己的想法而惹上麻煩。」

我們合作的另一名主管知道人們說她聰明、固執己見，可能具有威脅感。她的一名部屬注意到她最近的改變：「大家在辯論一個議題時，珍妮佛將她的意見保留到最後。她讓高層團隊的每個人都有機會表達看法，最後才加入她自己的意見。」

乘數者創造安全性，但亦維持壓力，要求以事實為根據的嚴謹辯論。乘數者會確保每個人都繫上安全帶，因為他們即將猛踩油門。

◎ 陽：要求嚴謹性

乘數者如何要求嚴謹性？

他們提出問題，挑戰傳統想法。他們提出問題，揭露對組織扯後腿的假設。他們提出問題，讓團隊更加縝密思考、更深入挖掘。根據一名管理團隊成員透露，雀巢（Netscape）公司前任執行長吉姆‧巴克斯戴爾（Jim Barksdale）說過一句名言：「如果你沒有任何事實，我們就會採用我的意見。」辯論製造者不會受到意見與情緒性爭論的動搖；他們不斷要求證據，包括可能帶來新觀點或替代觀點的證據。

一家歐洲電商公司的高階管理團隊開會討論是否要在網路商店增加一項新功能，團隊內部強力支持這個想法。可是，執行長直覺上不滿意，想要讓大家的想法更加嚴謹。他詢問高階管理團隊，新功能是否確實能增加銷售。起初，大家提出意見，但執行長要求數據，並想知道可以證明的事實。主管團隊開始挖掘一項綜合分析的事實。執行長再次深掘，他要求團隊要一個國家、一個國家地研究，翻閱數據以找尋問題的答案。

一名在場的主管表示：「沒有人可以只憑自己的意見就過關。」他們分析問題，直到最後做出結論：他們沒有充足資訊可以做出明確決定，他們也知曉還需要哪些補充資料。該公司領導人要求嚴謹、健全的決策，讓辯論持續進行。

　　蘇·賽格爾擔任Affymetrix公司總裁的時候，於2001年領導公司做出一項關鍵決策，利用事實與公開的態度來運用公司的全部腦力。

　　Affymetrix提供微陣列科技，讓科學家分析複雜的基因資訊。該公司已公開上市三年，穩定擴增至800名員工。賽格爾接獲客戶傳來的壞消息，GeneChip微陣列出了問題，可能造成不正確的結果，但只有一小部分出問題。身為總裁，她必須做出公司未來數年將面臨的最艱難問題之一：他們是否要召修產品？

　　賽格爾是生命科學界的老將，對基礎科技與議題有著深入理解，但她並沒有完全依賴自己對情況的了解，而是超越管理階級，深入組織尋找數據與意見。她直接找到了解問題的人，讓他們明白她需要他們的意見。

　　她接著召開數個層級的大型論壇，設定議題的規模以及對公司的可能影響。生技業的產品開發周期往往很長，不可能在一夜之間提出修復辦法。對一家年輕的公司而言，這是一個具有深遠後果的決定，而且答案仍不清楚。無論如何，他們將在之後數年承受後果。她設定了兩種情境，開始提出問題，確保大家從每個角度徹底思考決定：「我們的客戶會受到什麼影響？……我們會面臨什麼法律責任？……公司財務會有什麼影響？」她詢問數據與建議。大家費力地討論了兩天，賽格

爾也向管理團隊徵詢意見，最後他們決定召修產品。翌日，她搭上飛機到加州拉古納尼蓋爾（Laguna Niguel）出席高盛（Goldman Sachs）金融會議，逾千名分析師、股東和產業專家出席，她公開宣布產品的問題與公司的決定。

產品召回對這家年輕公司無疑是一記財務重擊，連續兩季造成市值縮水，一夕之間由華爾街甜心變成痲瘋病人。然而，有了全體員工支持這項決策，他們全心執行決策，向客戶與市場做出說明。這助使他們迅速反彈，重拾市場地位，並超越先前市值。事實上，這次產品召回成為建立深厚客戶關係與尊重員工意見的轉捩點，後來成為該公司標誌。在產品召修之後四年，於賽格爾的領導下，Affymetrix的銷售額不斷成長，超越營收與獲利的財測。

賽格爾領導這家公司成功度過一次最困難的決策，因為她沒有自己決定，而是運用公司的全部智力來做出決策，以充分揭露與事實為基礎，並顧及客戶的最佳利益。

辯論製造者會推敲議題的各個層面。當大家太快邁向協議時，乘數者通常會介入，要求人們從其他角度討論，或者，他們會自行提出議論，以確保不遺漏任何小地方。想想微軟的魯茲是如何在辯論時激發嚴謹的思考。在開始形成初步共識之時，他會插手攪亂事情，提出尚未解決爭議的細節。接著是「攻守交換」，在要求人們準備一個開頭的立場之後，他會叫他們拋下自己的立場，調換到相反的觀點。想像一下這對團隊的影響。換到相反或不同的觀點去辯論之後，人們：（1）從別人的立場看事情，培養更深的同理心與了解，（2）必須反駁

自己，揭發他們一開始爭論的問題與陷阱，(3) 尋找新替代方案，從競爭選項中引出最佳想法，(4) 從一種立場抽離。等到做出最終決定時，並不是只有一名主導者或倡議者，而是全體人員都站在最終立場。

下列表格說明了辯論製造者的實務做法，既能創造安全性，同時要求嚴謹性：

為最佳想法創造安全性（陰）	要求嚴謹性（陽）
• 聽完別人的意見，最後才分享自己的意見 • 鼓勵別人採取相反的立場 • 鼓勵各種觀點 • 著重於事實 • 使議題客觀化，不帶情緒 • 超越組織階級和職稱	• 提出困難問題 • 挑戰潛在假設 • 在資料中找尋證據 • 由多重觀點探究議題 • 攻擊議題，而不是人們 • 不斷詢問「為什麼」，直到挖出根本原因 • 議題的正反雙方平等辯論

▶ 3. 推動健全的決策

乘數者或許很享受一場精彩辯論，但他們追求的辯論必須有個明確結尾：健全的決策。他們用三種方法來確保這點。第一，他們重新釐清決策流程。第二，他們做出決策，或明確指派某人決定。第三，他們溝通決策及背後的理由。

🎯 重新釐清決策流程

辯論完議題之後，乘數者會告知人們決策流程的下一步。他們總結辯論的重點與結論，讓人們知道接下來要做什麼。他們解決這些問題：

- 我們現在就要做出決策，還是需要更多資訊？
- 這是團隊整體的決策，或是領導人要做出最終決策？
- 如果這是團隊決策，我們如何解決歧見？
- 辯論中所討論的事項是否改變了決策流程？

我們研究的一名高階主管非常擅長解決懸念：「艾利森會說將由誰於何時做出決策。人們不會一頭霧水，一直猜測決策是如何形成的。」

乘數者讓人們知道自己的思考和努力將有何貢獻。當乘數者身邊的人確定自己的努力不會白費，下次便可能做出100％的努力。如此一來，乘數者不僅會一次得到人們全部的貢獻，而且是一次又一次。

🎯 做出決策

雖然乘數者知道如何創造與利用集體思考，但他們未必是追求共識的領導人。有時候，他們或許追求全體共識；然而，我們的研究顯示，他們同樣習慣自己做出最終決策。

有位經理人於一家全球科技公司負責新興市場，她說起她的領導人：「克里斯偏好共同決策與共識，但他很務實，會為了

追求速度而自己做出最終決策，或者交給別人，因為那顯然是
對方的專業領域。」

◎ 溝通決策及理由

刻意、嚴謹的辯論有一個好處，就是建立起商業論證與動
能以執行決策。人們徹底辯論一個議題後，便對潛在問題與機
會以及改變的急迫性產生深入了解。他們在決策上留下自己的
痕跡，由於他們達成集體共識，便能齊心協力執行。

魯茲時常在一間他們稱為「手術室」的會議室舉行部門辯
論，這裡看上去跟其他會議室沒什麼不同，主要人物在辯論時圍
坐在一張大桌子旁。然而，房間四周卻擺放兩倍的椅子，因為這
些辯論開放給部門所有人參觀，凡是對這個議題有興趣的人都可
以旁聽。團隊稱之為「手術室」，因為它就像是教學醫院的外科
手術室。人們參觀辯論時，便能更加了解議題。等到達成決議
時，部門各層級的人都已準備好執行。在這種透明決策的模式
下，很容易溝通決策與理由，因為整個部門早已準備好要前進。

「手術室」不僅協助這個部門的員工了解與準備執行決策；
如同醫學院學生學習手術執刀，他們亦學習到，當他們被叫到
桌邊辯論另一個議題時，應該要有什麼表現。

🏭 減數者的辯論方法

減數者不會廣泛汲取組織的智力，他們往往是快速做出決

策，若非完全依據自己的意見，就是內部小圈子的意見。其他人因此胡亂猜測，無法全心全意執行決策。

與前述的「手術室」正好相反，我合作過的一名減數者在他的辦公室開會時，眾人會圍成兩圈。他的內部小圈子的人會坐在小圓桌，他們將討論議題、進行決策，但房間四周會站著一群默不作聲的人在做筆記。參加過這種奇特的會議後，我不禁問一個站在邊上不出聲的人，這群不講話的人來這裡做什麼。她說：「喔，我們不參與這些決策，當然沒辦法『上桌』。我們來這裡只是抄筆記，好讓資深副總以後不必再跟我們複述一遍。」這不像是外科手術室，比較像是演講廳。

減數者不設定辯論與決策的框架，而是時常突然提出議題，接著獨占討論，然後強行做出決定。

提出議題。出現問題時，減數者讓人們注意到議題或決策，但未必會設定框架好讓別人容易提供意見。當他們提出議題，會將重點放在「什麼」決策，而不是「如何」或「為什麼」做決策。有個資訊長在每週員工會議上總是提出各種令人分心的議題，他的一名主任說明：「有一次，他走進來提出了人體工學語音鍵盤的議題，接著滔滔不絕地講了一小時。他很專心、很聰明，但什麼都要管。他朝100萬個方向做出一毫米的進展。」

獨占討論。在討論或辯論議題時，減數者往往用自己的想法獨占討論。他們是辯論者，但不是辯論製造者。我們回頭來看強納森・艾克斯，他哪些地方做錯了？他召集了合適的人

馬,蒐集了資料,但他從未激起辯論。相反地,他用自己的意見獨占討論,封鎖他召集的人馬的才智與動力。

強行做出決策。減數者並不會推動健全決策,反而往往強行做出決策,要麼是依賴他們自己的意見,要麼是簡化了嚴謹的辯論。如同一名主管在專案小組會議上獨占討論之後,試圖做出結論:「我想大家都同意我們應該將這項功能集中在全球層級。」大家面面相覷,明白這不是大家共同的意見。一位勇敢的女士打破安靜,回答說:「不,喬,我們聽到你的意見,但我們並不同意。」

減數者的決策方法對組織有何影響?乍看之下,減數者做出有效率的決策,然而,由於他們的方法僅運用到少數人的才智,忽略嚴格的辯論,使整個組織都搞不清楚決策或其根據的假設與事實。因為決策不夠清晰,人們轉而辯論決策是否健全,只是「空轉」而不去執行。

這種空轉的現象,是減數者耗竭資源而不運用資源的原因之一。決策製造者沒有全面運用既有的才能、智慧和資訊,組織內部能力遭到閒置。為了解決這種情況,他們不斷要求更多人員,也想不通他們為何無法增加生產力。

相反地,乘數者不但運用了人們的最佳想法,更利用辯論去延伸個人與團隊的想法。在熱烈辯論決策之時,便會浮現事實與議題,促使人們傾聽及學習。因此,乘數者得到既有人員的全部能力,同時延伸與提升組織能力以迎接下一個挑戰。

成為辯論製造者

　　如何成為辯論製造者？我們如何學習像微軟的魯茲或Affymetrix的賽格爾那樣主持辯論？我們如何由決策製造者變成辯論製造者？

　　我們在研究以及指導高階主管的經驗中發現，領導人可以在減數者－乘數者的區間內來回移動，但這不只是加些新的領導實務做法就行了；這通常需要在根本上改變領導人認定的假設。當領導人對自己的角色有了不同認知，才能產生這種轉變。當領導人認為自己最大的貢獻在於提出可產生最嚴謹思考與答案的問題，便能發生轉變。

　　數年前，我自願擔任一間小學的少年優良讀物課程的討論主持人，這似乎是簡單的志工工作。這項任務很直接：在一群三年級學生之中主持討論一本少年優良讀物。目標很清楚：讓他們深入討論故事的意義，和同學進行辯論。儘管我抗議說我懂得如何主持討論，還是被送去參加一天的訓練研習營，以學習一項名為「共享探究」（shared inquiry）的技巧。[6]我發現這是一項主持辯論的好技巧，簡單但強大。

　　共享探究有三項規則：

1. **討論主持人只能問問題**。這表示主持人不能回答自己提出的問題，或是對故事涵義提出論釋。如此，學生便不能指望主持人的答案。

2. **學生必須提出證據以支持自己的理論**。如果學生認為傑克第

三次爬上豆莖是為了證明自己所向無敵，他們必須列舉故事裡的一個段落（或不止一段）來支持這個主張。

3. **每個人都要參與**。主持人的角色是確保每個人都有發言時間。主持人通常需要管束較強勢的發言者，並刻意點名比較羞怯的人。

　　身為討論主持人，只發問、不回答是很輕鬆的，事實上，我發現它具有奇妙的力量。當學生滔滔不絕地陳述他們對故事的看法及詮釋，我會熱切地注視他們的眼睛說：「你有任何證據支持那項說法嗎？」剛開始，他們一臉詫異，但他們隨即明白，講了意見就要提出證明。累積經驗之後，他們學會快速回應。他們會武斷地表達一項意見，我則堅持說（用我最具威脅性的表情）：「給我看你的證據。」他們慌忙地指出支持他們說法的那一段文字，自信地唸出來。由於每個人都會被點名，學生們學會發表自己的看法，並提出佐證的資料。

　　這項經驗讓我更加堅信，製造精彩的辯論需要一個流程、一套準則。

▶ 起跑架

　　製造辯論。找出一個需要嚴謹思考與集體智慧才能妥善達成的重要決策。設定議題框架。讓團隊準備，並主持辯論……不是強行灌輸概念，而是用一個周全的流程鼓勵人們發表意見，而後再接納別人的看法。

試著像三年級學生在這三項要求之下辯論：

1. **提出困難問題。** 提出直指議題與決策核心的問題。提出挑戰潛在假設的問題。對你的團隊提出問題後，停下來。不要發表你的看法，而是詢問他們。
2. **要求證據。** 當某人提出意見時，不能只是道聽塗說。要求證據。要求不只一個資料點。要求他們找出一堆資料或一個趨勢。設定常規，讓每個人來辯論時都要帶著資料——有必要的話帶一整箱也可以。
3. **詢問每個人。** 不能只是聽主要人物的看法，而是要蒐集所有意見與資料。你或許會發現，最熟悉資料、最客觀的分析型人士講話往往很小聲。你不需要刻意點名每個人，但務必要詢問足夠多的人以獲得多元化想法。

若希望對話更為嚴謹，不妨加入第四項規則：

4. **要求人們調換立場。** 要求人們從其他觀點來考量議題。這可以減少個人情緒，增加集體所有權。

當你重新思考你的領導人角色，便會明白你最大的貢獻端視你是否有能力提出正確問題，而不是擁有正確答案。你會發現，無論是在一個人的心中或是整個社區中進行，所有偉大的思維都始於一個引人思考的問題和一場深入的辯論。

討論、異議及辯論

在詹森（Lyndon B. Johnson）政府擔任美國副總統的韓福瑞（Hubert H. Humphrey），體現了乘數者決策的基本原則。他說：「自由是在討論、異議及辯論的鐵砧上鍛造出來的。」我們的研究顯示，討論、異議和辯論亦能鍛造健全的決策。

當領導人扮演決策製造者，不僅背負做出正確決策的重責大任，亦背負完成決策的責任。在只有少數人了解真正議題之下，這可是沉重的負擔。但若領導人讓團隊參與重大決策，便可分擔他們背著的重量。有了集體智慧，才能做出更好、更縝密的決定。在反覆琢磨議題之後，團隊培養出力量，全力支持決策。透過討論、異議及辯論，他們產生落實決策的集體意志力與決心，精確且有效地解決問題。誠如瑪格麗特・米德（Margaret Mead）的名言：「永遠不要懷疑一小群思慮周密、堅定的公民能夠改變世界；事實上，這是唯一曾經改變世界的方式。」

太多的領導人為了爭取各種利害關係人的支持而累個半死，他們非但沒有爭取到支持，其做法甚至造成不滿，因為人們不甘不願地接受無可避免的事。若要扭轉這種環境，需要將你的精力放在前置作業。讓人們發表意見，他們便會接受你的意見。

第五章　　**總結**

決策製造者 vs 辯論製造者

決策製造者與內部小圈子的人有效率地做出決定，但整個組織不明就裡，於是辯論決策的正確性，卻不想執行決策。

辯論製造者讓人們參與前期辯論，推動健全決策，使人們理解並有效執行。

辯論製造者的三項實踐方法：

1. 設定議題框架
   - 構思問題
   - 組成團隊
   - 蒐集資料
   - 設定決策框架
2. 激起辯論火花
   - 為最佳想法創造安全性
   - 要求嚴謹性
3. 推動健全的決策
   - 重新釐清決策流程
   - 做出決策
   - 溝通決策及理由

成為辯論製造者：

辯論時遵守四項規則：（1）提出困難問題，（2）要求證據，（3）詢問每個人，（4）要求人們調換立場。

善用資源：

	決策製造者	辯論製造者
所做之事	讓特定小圈子的人參與決策流程	在決策前透過嚴謹的辯論獲得更大廣度的想法
得到的結果	• 低度利用大多數的資源，但特定少數人卻過勞 • 缺乏最接近行動的人所提供的資訊，導致決策不良 • 太多資源投入於不了解如何有效執行決策的人	• 高度利用大多數的資源 • 做出正確決策所必需的真實資訊 • 較低層級的人有效率地執行，因為他們已深入了解議題，讓組織準備好執行

意外的發現：

1. 身為領導人，你可以有非常強烈的意見，但亦推動辯論，為其他人的意見製造空間。關鍵在於資料。

2. 辯論製造者同樣習慣自己做出最終決策，他們未必是追求共識的領導人。

3. 嚴格的辯論不會讓團隊分裂，反而會讓團隊更加強大。

Chapter

6

THE INVESTOR

投資者

如果你要造一艘船，不必召集人們蒐
集木材、分配工作、下達指示。相反地，
教導他們渴望浩瀚無垠的海洋。

——安東尼・聖修伯里
（Antoine De Saint-Exupéry）

時間已過了午夜，管理顧問公司麥肯錫（McKinsey）於韓國首爾的辦公室燈光都已熄滅，唯獨一間會議室還亮著，一個專案小組在準備兩天後要對亞洲大客戶進行的關鍵性簡報。這支團隊的領導人是賢智（Hyunjee），一位精明、備受推崇的專案負責人。那晚和他們在一起的還有崔宰（Jae Choi），麥肯錫的韓國公司合夥人之一。崔宰明白團隊正面臨重要的最後期限，和平常一樣，他與團隊開會，以導引、挑戰和塑造想法，幫助他們準備將其研究化為向客戶進行的第一次重要簡報。

專案負責人賢智站在白板前，她和團隊成員正在用過去一週浮現的新事實，重新梳理故事情節。團隊煩惱著如何將他們的研究融入客戶事業轉型的整體訊息中，崔宰仔細聽著，問了許多問題，這是他為人熟知的作風。

這支團隊顯然卡住了。負責人有條理地因應這個棘手問題，但她望著崔宰，表情說著**幫我一下！**崔宰已參與過無數次專案，也曾多次擔任專案負責人。他看出團隊被淹沒在細節裡，遺漏了一個故事情節。

崔宰提出一些想法供團隊討論，他站起身，從團隊領導人手中接過白板筆。他走向白板，開始列出數個浮現的主題，鼓勵團隊用不同角度檢視事實。儘管夜已經深了，大家對於新觀點感到很興奮，熱烈地測試、推敲概念。有了重新討論所得出的結果，崔宰在腦中可以想見新簡報的走向。他在白板前感受到熟悉的安心感，感覺到想幫助團隊完成簡報的衝動。他想要全部寫出來，好讓大家可以回家休息。顧問身分的崔宰叫他接下去完成工作，自己寫好故事情節；但領導人身分的崔宰叫他

要克制。他停下手中的筆，轉身看向專案負責人，問她對於新方向是否滿意。看到她臉上的微笑後，崔宰說：「很好……看來我們有一條新思路可以梳理了。我們來看看妳要怎麼做。」然後他將白板筆交還給賢智，後者重新主持討論，領導團隊擬定了出色的簡報。

崔宰當然想跳出來救場，獨力完成簡報，他會感覺像個英雄（或許也感覺年輕了幾歲）。團隊也很希望他出手，因為時間已經晚了。但是，崔宰投資於人們及其發展的天性，戰勝了那股衝動。針對領導人的角色，崔宰表示：「你可以跳出來教導、指導，接著就要交還白板筆。當你交還白板筆，你的員工會明白還是由他們負責。」

事情出錯時，你會接管還是投資？當你接過白板筆加上你的意見，你會交還嗎？還是一直放在你的口袋裡？

乘數者投資於他人的成功。他們或許跳出來教導、分享想法，但他們總會讓人們各司其職。

領導人如果沒有做到這點，便會養成組織的依賴性，這是減數者的做法，他們跳出來力挽狂瀾，透過一己之力締造成績。反之，當領導人交還白板筆，確保大家各盡其職，如此便能培養一個無須依賴領導人拯救的組織。

乘數者藉由讓別人共享成果並投資於他們的成功，助使他人獨立運作。乘數者不可能總是及時救場，因此他們要確保團隊裡的人可以自立，即便他們不在場也能運作。

截至目前，本書一直在探討乘數者為什麼讓人們在他們的坐鎮下變得更聰明、更能幹，現在我要請你思考一個不同的問

題：乘數者不在的時候，怎麼辦？當乘數者的光芒不再照耀人們的世界，大家會怎麼樣呢？

本章探索這個最有趣的問題：乘數者如何建立起沒有他們直接參與，也能聰明行動、達成實績的組織？

⛰ 微管理者vs投資者

乘數者就像是投資者，其投資方式是提供別人必需的資源與主導權，使人們在沒有領導人之下也能締造成果。這不是單純的仁慈；他們投資，並預期成果。

▶ 永遠強壯

賴瑞・傑爾威克斯站在英式橄欖球場邊，看著他的高地高中校隊練習。他回想起自己指導的第一支拿到全國冠軍的球隊，他記得他們天沒亮就起床集合訓練。賴瑞低聲說：「不過，那是陳年往事了。」

他眼前的球隊當然是優秀的，他們練習比賽，但他注意到他們不像以前的球隊那般體力充沛。賴瑞覺得很無奈，倒不是他沒有努力過，他在練習時總是耳提面命，球員們點點頭，卻沒有做到。

他可以取消練習，換成健身訓練，但這會影響球隊的技巧水準。他可以對他們吼叫，但那只能維持一兩天。賴瑞倚身跟

一名副教練說：「我們必須將這件事交給隊長們！」

第二天，賴瑞起身快步走到黑板前，由一邊畫一條線到另一邊。他說：「我們離決賽還剩六星期，而優秀的運動員需要六或七週來鍛鍊他們需要的耐力。」教練與隊長們專注地聽著每個字。他接著說：「如果我們現在找出辦法，就能贏下全國冠軍。如果沒辦法，我們便要空手而回。」他告知他們實情：「我們有兩個選項：教練團可以試著找辦法，或者你們這些隊長可以接下主導權，找出解決方案。我們該怎麼做？」

一陣沉默之後，後衛隊長說：「我們會想辦法。」

賴瑞說：「截至目前是我主導這項挑戰。當你們接受挑戰，你們便完全主導它。我們期待你們從今天起的兩週後提出方案，而我們完全不會打擾球隊。」

隊長們對看一眼，達成默契，前鋒隊長起立走到黑板前，他轉身看向已與其他教練坐在一起的賴瑞說道：「好的，我們有幾個問題。」賴瑞和教練們坐著回答什麼種類的健身訓練可以培養速度、敏捷度和耐力，等到教練們離場，四名都還是青少年的隊長在黑板前圍成半圓形，輪流提出構想。

他們實施的解決方案是將球隊分成四到六人的小組，各有小組領導人。隊長們要確保小組領導人盡責，而領導人要確保球員盡責。小組在上學前或放學後進行數週的健身訓練，而這個球隊馬上變成賴瑞擔任教練34年來體格最好的一支。他們打遍球季無敵手，最後拿下全國冠軍。

微管理型的教練會如何處理相同的問題？我們不必去猜想，以下即為一例。

▶ 全場指揮

馬可仕‧多蘭在學校裡對著約翰‧金寶大喊:「給我過來!」馬可仕是個大塊頭教練,牢牢掌控球隊的每個方面。他對這名球隊隊長咆哮道:「以後不准在我不在的時候練習,不然你就滾出這個球隊。你可能已經搞垮了每個人。」

不意外地,約翰沒再那麼做了,逐漸地,他和其他球員不再主動。在馬可仕底下打球,就代表你要照著他的話做,不要問問題,無論如何就是要完成無止境的練習。即便是比賽時,他也會全場指揮每個球員。球隊完全依賴馬可仕,他們無法在場上好好思考或靈活應變。他們輸掉所有比賽。馬可仕帶領一群原本對球隊很有向心力的球員,然後用他的微管理磨光他們的向心力。有趣的是,《運動畫報》(*Sports Illustrated*)後來評選馬可仕是高中運動史上最失敗的教練。

更有趣的是,八名球員最後離開他的球隊,到賴瑞那裡。事實上,他們加入的正是前述那支於黎明前就在練習、帶領高地高中首度奪下全國冠軍的球隊。

▶ 親自上場

為什麼在事關重大的時候,許多經理人都會跳出來接管局面?我看過數百場青少年足球比賽,但我必須承認,我看教練的時間多過看球員(觀察天才的職業病之一)。我看到許多教

練在球隊比賽失利時沮喪不已。我看到他們在場邊瘋狂揮舞手臂，大吼大叫，偶爾還會發脾氣。但我從未看過教練跑進場內，從球員腳下搶過球來，帶球得分。當然，每個教練都有本事得分贏球，而且我相信一定有些人很想這麼做。

他們為何不那麼做呢？除了那種舉動顯然犯規之外，那也不是教練的角色。他們的工作是教導，而球員的工作是打球。然而，不那麼顯而易見的是，為什麼在事關重大的時候，許多經理人倒是毫不遲疑地跑進場內，搶過球來自己得分？經理人跳出來，是因為在他們的組織裡，這並不犯規，而且許多人無法抗拒誘惑。我們來看看在職場裡每天都會發生的兩個案例。

- 銷售經理人眼見爭取一名重要潛在客戶的進展不夠快速，便插手銷售進程，試圖自行拿下合約。
- 行銷副總裁看到部屬在向執行長簡報新產品上市計畫時結結巴巴，當執行長對那名部屬提出嚴厲問題時，行銷副總接手，不僅回答了困難問題，還做完了現場簡報。

你可以問問自己：如果我絕對不能親自上場的話，我要如何教導？若我無法跳出來接管場面，我要如何領導？假如我是個乘數者，我會如何處理績效差距？

乘數型領導人了解自己的角色是投資、教導，他們讓球員對比賽盡責。這麼做的話，便建立起一個他們不必上場也能獲勝的組織。

我們現在來探討投資者的原則,以及乘數者如何建立卓越致勝的組織,他們不但不用親自上場,而且在他們的直接影響結束很久之後依然如此。

📈 投資者

艾拉‧巴特(Ela Bhatt,人們叫她艾拉班〔Elaben〕)是一名纖瘦的78歲印度老婦人,輕聲細語到令人以為她有點衰弱。她住在簡陋的雙臥室平房中,床鋪拿來當辦公椅用。她從小到大聽著老師講述印度爭取獨立,以及父母訴說祖父加入24天的食鹽長征(Salt March),由亞美達巴德(Ahmedabad)的甘地靜修所走到阿拉伯海去製鹽,以不合作方式反抗英國法律。

為了親身感受鄉村貧窮,艾拉班到印度村莊居住,她看到光是爭取脫離英國統治的政治獨立還不夠,下一場勝仗是要取得經濟獨立。在村莊裡,她看到自營裁縫師、街頭攤販、建築工人的活力與辛苦,於是她在1972年創立自營婦女協會(SEWA),逐漸成為該地區的大型工會。

艾拉班很輕易便能當選法規規定的三年一任SEWA總幹事,而且她可能會永遠連任,如此一來,她便能無限期掌握該組織的議題,只需指派任務給別人即可,畢竟,SEWA是她創設的。這個想法在她的心中慢慢演變,若她永遠擔任正式領導人是無可厚非的,也在預料之中。

然而,艾拉班堅持交棒給新的年輕領導人來經營SEWA。

她投資個人時間與精力於教育會員們民主進程，鼓勵每個人培養爭取工會職位所需的政治知識。

有一個關於SEWA的使命與經營理念的經典案例，約蒂‧麥克旺（Jyoti Macwan）加入SEWA會員時是個貧窮、操古吉拉特語的捲菸工人，後來成為英語流利的SEWA幹事長。她在這個職位上領導工會，最近一次選舉的會員達120萬人。約蒂原本會花上數年時間學習如何生存度日，但在艾拉班的領導下，她運用才智解決複雜問題，超越國際界限，影響了和她一樣的100多萬名女性。她先前曾與艾拉班、前美國國務卿希拉蕊（Hillary Clinton）同台參加記者會，回答媒體提問。

約蒂的故事不過是開端而已。所有SEWA組織的第二代高階管理層，她們最初都曾接受艾拉班的指導，每個人在成為能幹經理人的途中，都被賦予更多的主導權。每當艾拉班設立一個機構，便投資於未來領袖，然後退出營運管理。每次的交棒都圓滿成功，因此她在離開時可以相信人們仍將感受到她的存在，轉而把精力投入於設立另一家機構。SEWA繼工會之後成立了一家銀行（由4,000名婦女創立，每人各存款10印度盧比[1]），然後是古吉拉特馬希拉住宅SEWA信託基金會（Gujarat Mahila Housing SEWA Trust）、古吉拉特邦馬希拉SEWA合作社聯盟（Gujarat State Mahila SEWA Cooperative Federation）、SEWA保險、SEWA學院、南亞住家網（Homenet South Asia）等許多機構。

艾拉班不斷投資於培養領導人與組織，好讓他們可以獨立運作。她的角色猶如父母或長老在人們詢問時給予指導，在人

們需要時給予支持。她的管理方式體現出她的簡單座右銘：「領導人是協助他人領導的人。」今日，艾拉班是長者領袖組織（The Elders）的成員之一，這個國際非政府公共人物組織包含資深政治家、和平活動人士與人權倡議者，是曼德拉（Nelson Mandela）於2007年所創立。

像艾拉班這樣的領導人是如何培養其他領導人，使他們肩負起主導權，獨立達成組織使命？我們可以在投資者的三項實務做法中找到答案。

投資者的三項實踐方法

我們在研究乘數者締造實績的獨特方法時發現，他們的實務做法非常近似於我熟知的另一個世界——由智慧資產與投資乘數主導的世界。科技與商業界領袖培養其他領袖，以追求成長與報酬，並創造財富。

這個世界的神經中樞距離我家僅一英里之遙，加州門洛帕克市砂丘路（Sand Hill Road）是矽谷創投資本界大本營，每日都會做出許多數百萬美元的投資決策。創投公司會搜查產業界，想要投資注定成為未來業界龍頭的新興科技新創公司。當創投公司押注，投資一輪融資，便會擬定投資意向書以管理交易。各方格外注意的是所有權比例的明細，所有權比例代表（融資後）各方對公司的持份，以及對公司領導層與恪遵職責的期望。簡單來說，投資意向書讓各方明白誰需負責。

一旦建立起新公司的所有權，創投公司開出支票，便開始投資。這種融資提供財務資源，以取得資本、智慧財和人力資源來推動事業。但是，創投的價值不侷限於財務資源；真正的價值往往出自於新創企業從創投公司資深合夥人那裡得到的建議與指導，這些合夥人拓展事業，孕育科技，本身通常也在管理大公司。他們不但投資資金，亦投資專業知識給這些新創公司。他們指導執行長，出借人脈以協助公司發展和銷售，也與公司管理團隊合作，以確保他們達成財務目標。

　　在灌輸資金與專業知識之後，創投合夥人期待報酬。市場上的報酬或許要數年才能實現（也可能永遠不會實現），但他們會注意重要的里程碑。盡忠職守很重要。如果新創公司締造出預期的結果，有可能獲得第二輪或第三輪的融資，不然的話，公司將被迫自尋出路，或者黯然倒閉。

　　同樣地，在投資者的角色上，乘數者先行設定所有權，讓他人知道自身職責及他們背負的期待。他們以類似方式投資於別人的才華，他們教授與指導。他們支持人們，提供成功與獨立所必需的資源。

　　乘數者完成投資循環時，會要求別人盡責。他們明白，要求盡責並不是冷酷無情，而是要大幅拓展人們的才智與能力。

　　我們將逐一討論這三項步驟：（1）設定所有權；（2）投資資源；（3）要求人們盡責。

▶ 1. 設定所有權

投資者在這個循環一開始會先設定所有權，他們看到身邊人的才智與能力，讓人們肩負起責任。

◎ 點名領導人

當年思科（Cisco）執行長約翰‧錢伯斯（John Chambers）在聘雇他的第一位副總道格‧艾爾瑞德（Doug Allred）的時候，他給新副總的職責是客戶支援控管，並明確設定他的角色：「道格，有關我們如何經營公司的這一塊──你有51％表決權（而你要對結果負100％責任）。讓我知道進展，跟我商量。」數週後，道格匯報進展，約翰回答：「我就知道你會讓我感到驚喜。」然而，並不是只有道格得到多數表決權，約翰給他的每個管理團隊成員在其各自負責領域51％的表決權。

如果你的老闆告訴你，你持有51％表決權，你會怎麼運作？你會懷疑自己，全部決策都靠他？還是你會反其道而行，決策時都不找他商量？你可能都不會這麼做。最有可能的是，你會在重要決策時找老闆商量作為補充意見，至於比較小的事情，你可能會忽略老闆，自己把工作做好。

給予人們51％表決權及全部所有權，可以建立確定性和信心。這讓人們停止猜疑，開始尋求補充意見。澄清你作為領導人所扮演的角色，實際上能給予人們更多所有權，而不是更少。人們因此了解你介入的性質，以及你何時與如何投資於他們的成功。最重要的是，他們了解自己持有多數表決權，成功

或失敗都取決於自己的努力。

◎ 給予最終目標的所有權

有個管理團隊舉行外地會議，以規劃一件重要的併購案。他們在開始工作前先進行一項簡單有力的管理練習「大圖畫」（Big Picture），[2] 兩人一組，分成九組，每組各拿到一幀知名現代畫分割而成的一英寸正方形圖片。各組的任務是要複製與延伸自己的那一張圖，也就是說，每組只拿到大圖畫的一小部分。團隊的目標是將各自的部分拼湊成原始圖畫的復刻版，其結果必須是比例正確，無縫接軌。這項挑戰的難度在於沒有人看過「大圖畫」。

我希望你可以想像一下場景。每組人員接到挑戰後，都在研究手中的一英寸正方形圖片，開始在眼前的大型紙張上臨摹。他們埋頭繪圖，沒多久到處都是五顏六色。第一階段的時間結束後，他們轉頭看看附近的同事。他們開始拼圖，注意到圖畫拼不起來，線條對不上，顏色也接不上。他們的作品像是科學怪人。

會議主持人提醒，他們的任務是拼出全部圖畫，而不是他們的個人部分，他們這才開始注意到大圖畫。他們調整自己的部分，重點是整合與混合，儘管已來不及設計出無縫產品。團隊最後拼出了大圖畫，但不過是跟原作只有幾分相似的拼貼畫而已。

當人們只從一件大事物分到一小部分的所有權，他們往往會擴大那個部分，將想法侷限在那一小部分，但當人們得到全

部的所有權，便會延伸想法，挑戰自己超越範疇。

◎ 延伸角色

我們持續發現，乘數者從人們身上得到的能力是減數者的兩倍。一次又一次，人們告訴我們，乘數者不只得到他們100％的技能與專業知識，而是120％，甚至更多。乘數者得到不只100％，是因為人們在乘數者的關照下得到成長。乘數者激發這種成長的方法之一是要求人們延伸，做一些他們以前從未做過的事。

我們來看這三個人：

艾蓮諾‧沙夫納‧摩士（Eleanor Schaffner Mosh） 是個需要崇高使命的鬥士。1988年時，她是博思艾倫漢密爾頓（Booz Allen Hamilton）公司負責小型IT業務的行銷經理，主持基本的需求創造計畫。但是，當公司決定讓另一位合夥人負責IT業務，而後者打算改造這項功能，她突然發現自己有了一項真正的大差事。數月之內，她組織整個公司內部的啟動會議，以推動IT業務的願景。接著，她主辦全球頂尖資訊長的論壇。當她發現自己在其中一場會議坐在博思艾倫漢密爾頓執行長旁邊，她信心十足地向他解釋為什麼IT產業和他們自家公司內部的IT業務將改變世界。她後來說：「我不懼怕任何事或任何人。我們知道自己在做什麼，而且我們覺得什麼事都能做到。」

麥可‧哈根（Mike Hagan） 準備好進軍世界了，他需要的只是一本護照。他是一家跨國公司美國銷售部門負責銷售業務

的經理，該部門銷售額達十億美元，他的工作是確保銷售人員遵守公司政策。銷售部總裁想要做到全球化並拓展業務，便找來麥可負責。前一天麥可還是政策警察，對違反銷售行政程序的人開罰單；隔一天他就要建構全球事業的銷售營運與政策。剛開始麥可不願意，說自己對全球營運不熟練，他還坦承自己現在連一本護照都沒有。他抗議無效。總裁告訴他，他很聰明，必定能想出辦法。他確實辦到了。這次的經驗很辛苦，但令人感到精力充沛。麥可回想：「我得到一個機會去做我從來沒做過的事。事實上，沒有人做過這件事。」任務很艱鉅，但麥可一如預期地達成使命。

波莉·桑納（Polly Sumner）是個等待放電的發電站。甲骨文的一位新總裁到任後，他注意到這名通路業務經理精通策略又有動力，於是請她擔任副總裁，負責結盟與策略夥伴。沒多久，波莉便陷入一場攸關重大利益的亂局，管理團隊無法決定何時發行新版資料庫程式給其應用程式合作廠商（與競爭對手）思愛普。波莉向新主管提出這個議題，他回答：「這是個複雜問題，或許超出妳的職位範疇，不過妳應該要領導解決方案。」波莉直接去找可以解決問題的人。她居中牽線，促使兩家公司的創辦人與執行長，思愛普的普拉特納（Hasso Plattner）與甲骨文的艾利森，在艾利森最愛的日本茶屋舉行會談。問題圓滿解決，波莉則成為超級巨星。

這三人都曾為同一個老闆工作，只不過是在不同時空。這個等式裡的公分母是誰？正是蘭恩，以挑戰自己的團隊、讓他

們充分發揮能力而聞名的那位總裁。當我們詢問人們為什麼為蘭恩做出那麼多貢獻，他們的回答揭露一致的故事：他要求他們脫離自己的舒適圈。他可以看出別人的才智，給人們機會延展自己現今的能力。他給予他們所有權，並不是只在他們現今的能力層級，反而總是高出一層，偶爾還高出兩個層級。

當投資者延伸了職務角色，也就延展了擔任那個職位的人。更大的職位製造出必須填滿的空白。

▶ 2. 投資資源

當投資者設立一個所有權職位的時候，他們便展開投資。他們保護自己的投資，灌輸那個人成功履行職責所需的知識與資源。

◎ 教授與指導

麥肯錫的崔宰加入專案團隊的討論，並不是要炫耀自己的專業知識，他接下白板筆是為了教授與指導。這是一個簡單但重要的差別：減數者跟你說他知道些什麼；乘數者則協助你學習必須知道的。崔宰不僅是商業領袖，也是好老師，在團隊失去方向或遭遇挫折時，找尋教導的時機。那時候的心靈是最開放、最飢渴的，他知道如何提供相關意見或提出正確問題，以推動團隊前進。

前幾章數度提到的博隆能源執行長史里德爾，是另一位名師。他的教導不是在教室或企業訓練中心裡；他會在激烈的比

賽中途及面對真正問題時「指導」。當團隊糾結於一項技術挫敗時，他並不是提出解決方案，而是提出能激發思考的問題。他會問：「我們對於失敗的部分有哪些了解？」「我們基於什麼假設而得出這些結果？」「我們現在面對哪些必須降低的風險？」他的團隊逐一檢討這些問題，發掘自己所知的事情，建立起集體的智慧。

史里德爾說：「協助團隊解決真正的問題，就是在教導。即便你知道解決方案，也不能說出來。如果你說出來，就錯失了教導的時機。必須是蘇格拉底式，你問問題，誘導出答案。」

雖然史里德爾專注在眼前的問題，但他投資於這些教導時機所得到的回報，遠不止於這些問題的解決方案。領導人教導的時候，就是在投資人們未來解決與避免問題的能力。這是乘數者培養人們才智的最強力方式之一。

◎ 提供支援

當你想到要投資部屬的才智資本，很容易會假設你就是必須提供資本的那個人，但這卻將投資選項限制在你知道的事，以及你有時間與精力去投資的事。此外，當你是唯一的投資者，你的存在可能過於強大，而你試圖幫忙，反而可能是幫倒忙，尤其是在事關重大的時候。

當人們延伸自己，超越現今的能力層級去做事，必然會絆倒或踏錯步伐。這些情況令減數者蠢蠢欲動，尤其是立意良好、想要拯救受困員工的經理人。經理人要如何干預而不搞破壞？明智的乘數者會確保安全網設置妥當——經妥善規劃的支

援，讓員工可以諮詢如何全身而退。不意外地，最佳的安全網並不是經理人；很少有人喜歡被老闆拯救。最適合提供這層援助的人，通常是可以不帶批評與失望地提出指導的同僚。投資者不會插手，而是提供支援。

領導人一旦設定清楚的所有權，並投資於他人，便是種下成功的種子，爭取到讓人們盡責的權利。

▶ 3. 要求人們盡責

與數百名商業高階主管合作過後，我注意到這些領導人最細微的一面。他們辦公室裡似乎擺著傾斜的桌子。當然，他們坐著的辦公桌（上頭擺著電腦和電話）四平八穩，不過，他們的會議桌明顯傾斜。或許你沒有注意到，但你會看到盡忠職守的責任由他們桌子的這一邊滾到別人的那一邊——而且通常是你的這一邊。肉眼看來，桌子是平的，但若你在一端放顆彈珠，它一定會從另一端滾下去！這些領導人有一種天生的傾向，將責任交給別人，並留在那些人手上。當部屬將問題推到經理人桌子的那一邊，對話結束時，那些問題又滾回到丟出問題的人。領導人會幫忙，提出建議，問出好問題，或許強調、凸顯一個關鍵議題，但責任最終還是回歸並落在他們的員工身上。領導者的桌子傾向他人的那一邊。

我合作過的一名高階主管每次開會都隨身攜帶一本真皮小筆記本，奇怪的是，他從不在上頭寫會議筆記，但每次開會他都是全神貫注，專心傾聽，仔細講評。在那些會議上，我會奮

筆疾書，縝密記上我該做的事，別人也是如此。我偶爾會看到他寫下一行筆記，而那些時刻正是他要獨力負責一項行動的時候。這便是傾斜的桌子。這名領導人知道如何讓部屬盡責，他全心投入，但不會接管一切。因為他是很有節制地肩負起責任，當他在真皮小筆記本寫下一項行動，你可以確定行動必會完成，絕無拖延。

交回職責

投資者參與別人的工作，但他們持續交回領導權與職責。

約翰・伍基（John Wookey）是 Salesforce 公司的產業應用執行副總，他是應用軟體事業的老將，也是憑藉專業知識建立組織的乘數者。他知道準時交付優質軟體並不是容易的差事，但他明白微管理以及參與別人的工作是兩碼事。

使用者介面審查很容易成為軟體開發事業的微管理溫床，一般的軟體應用程式有大約 250 個畫面，其易用性將決定產品在市場上的成敗，因此某些主管非常在意要做對。等到使用者介面審查會議結束時，微管理的開發主管會搶下筆，跳到白板前，在大家面前親自重新設計畫面，以展現他的設計天分。

約翰已看過他以前的同僚與老闆無數次這麼做，但他則是進行投資。當約翰看到畫面有問題，他會提出建議、討論選項及取捨，然後要求團隊回到實驗室去想一想。約翰說：「我給人們意見作為指導，而不是命令，因為我假設有人已經全職投入研究某件事許多星期，肯定比我只看了幾分鐘有更好的見解。」根據他設計商業應用軟體數十年的經驗，約翰也會提供

洞見，並提醒團隊思考使用者對軟體的真正需求，他的指導重點是他們如何開發一項自己能引以為傲的產品。

約翰確實會跳出來，但是和麥肯錫首爾合夥人一樣，他又將筆還了回去。此舉顯示他有意願且投入，但他不是負責人；他將設計與開發好產品的職責交回給參與研發的另一個人。

電子專業代工公司偉創力（Flextronics）負責基礎建設的總裁麥可‧克拉克（Michael Clarke）有一個簡單的兩步驟，以鼓勵人們持續貢獻才智的方式來交還職責。他會專注聽簡報或點子，帶著狡黠的微笑與濃厚的約克郡口音說：「這真是個好想法。」所以，他先是誇讚好想法，接著，他重申他們對手頭業務問題的所有權，他說：「我想知道我們應該投資X或Y。我的意思是，你很聰明，你會想明白的。」他的團隊時常聽到這些話：「你很聰明，你會想明白的。」他們的主意得到驗證，而解決問題的責任又回到他們身上。

🎯 預期完整的工作

1987年夏季，我剛得到夢寐以求的實習生工作。我將替凱利‧派特森（Kerry Patterson）工作，他是我就讀的商學院前組織行為學教授，現於南加州經營一家管理訓練公司。

凱利以天才、略為瘋狂著稱。將愛因斯坦的大腦裝到演員丹尼‧狄維托（Danny DeVito）的身體，就是凱利的樣子。大家都搶著要替凱利做事，而我是靠著教職員推薦與高超的絕地武士心靈技巧，才成功得到這份工作。我迫不及待開車到南加州，在他的指導下工作及學習。

就像大多數實習生一樣，我做了各種雜七雜八的工作。我安排訓練內容，操作電腦，甚至處理一些零星的法律問題。我最喜歡的工作是編輯凱利寫的東西，有時是訓練手冊，有時是演講稿，不過我的工作一直是編輯與訂正錯誤。那一天，我正在編輯凱利撰寫的行銷小冊子，校訂打字與文法錯誤，改寫幾句不通順的句子。然後，我被一堆雜亂的字句卡住了，我試了幾遍想要改寫句子，卻想不出比凱利寫的還要好的東西，這團混亂已超出我所能解決的。我猜想聰明絕頂的凱利一定知道怎麼做，於是我在空白處加注編輯用語「不通順」（AWK）。

我將文件放到凱利桌上的一小時後，他開會回來看到我修訂的地方。我聽到他穿過走廊，往我辦公室走來，而他的腳步聲聽起來不像是要來感謝我。他跨過門檻，逕自走到我桌前，我懷著擔憂直挺挺地坐著，準備好要挨罵。連招呼都不打一聲，他砰地一聲將文件丟到我面前，盯著我說：「不准再給我寫不通順（AWK），妳應該直接改到好（FIX）！」他的眼裡有一抹促狹的光。這位名師轉身走出我的辦公室。學到教訓後，我更加努力，多動了些腦力，修改了不通順的句子。我躡手躡腳地走到凱利的辦公室，將新修改的文件放回他桌上。

凱利持續教學與大量寫作，著有四本暢銷書《關鍵對話》、《關鍵衝突》、《掌握影響力》和《變好》。我完成實習，讀完商學院，帶著從凱利那兒學來的一個最重要的職業教訓進入企業界：絕對不要跟人說「不通順」，卻不加修改。不要只挑出問題，要找到解決方案。

在我的管理職涯中，我跟成千上百人說過這個故事。我向

我的團隊，以及將問題扔到我桌上卻沒有附加解決方案的人都分享過這個故事。我轉達了這句話：「不要跟我說不通順，卻不加修改！」

當我們要求附加修改，就是給人們機會完成他們的想法與工作。我們鼓勵他們伸展與鍛鍊他們的智力肌肉，不致在其他聰明能幹的人面前萎縮。乘數者從不替人們做他們可以自己做的事。

◎ 尊重自然的後果

數年前，我們家去夏威夷茂宜島度假，住在卡納帕利（Ka'anapali）最尾端的海灘，就在黑岩角（Black Rock）的地方。那是個美麗海灘，但在那個位置，巨石從海灘冒出，形成洶湧的波濤。當時我三歲的兒子克里斯汀著迷於海洋，總是踩過碎浪，走進危險的波浪。這種場景是每個父母都很熟悉的，他會走得太遠，我必須去將他抓回來，放在視線可及的範圍，教導他海洋的力量，以及為何他走得太遠會很危險。他會繼續玩，忘記我的教誨，又走出去。我們重複這個循環好幾次。

這時候我決定應該讓他從大自然學會教訓，而不是從我這個老媽。我看準一波正要衝上岸的中型波浪，挑選一個會讓他仆倒、但不會被捲到日本的浪。我沒有在浪靠近時拉他回來，反而讓他走出去。我沒有拽著他的手臂、將他抱出海水，而是站在他身邊。附近數名家長看到浪打過來，一臉警戒。一名爸爸給了我一個「壞媽媽」的眼神，企圖引起我的注意。我向他保證我在看著，但比較像個老師，而不是救生員。浪來了，頃

刻將克里斯汀拖進水裡，讓他東倒西歪好幾遍。等他跌夠了以後，我將他安全拉起來。當他緩過一口氣，吐出沙子，我跟他解釋了海洋的力量。這次他似乎懂了，乖乖地待在岸上。他還是深愛海洋，熱愛衝浪，但對大自然的力量展現出尊敬。

大自然是最好的老師。當我們讓自然順其自然，讓人們感受自己行動的自然後果，他們才能學得最快、最深刻。若是我們保護人們，不讓他們經歷自己行動的自然後果，便是阻撓了他們學習。真正的智慧要透過實驗及嘗試錯誤才能培養。

讓後果發揮影響，我們才能經由自然力量學會智慧行動。經理人若相信人們很聰明、會想明白，人們也能感受到。他們會變得更加獨立，因為他們感覺自己可以決定行動，同時也要為結果或行動的後果負責。投資者希望自己的投資成功，但他們明白不能干預與改變自然的市場力量。藉由提供可以失敗的餘地，領導人給予他人成長與成功的自由及動機。艾拉班說得很好：「每項行動都有風險，每項成功都有一些失敗的種子。」

乘數者有個核心信念，**人們是聰明的、會想明白的**。因此，他們可以像個投資者，將所有權交還給別人。他們投入所需的資源來發展事業及身處其中的人才。他們親自參與，提供洞見與指導，但他們會記得在做完後「交回白板筆」，好讓人們履行職責，創造預期的回報。

透過投資他人，乘數者創造出人才的獨立性。他們建立的組織，即使沒有他們的直接參與，也能維持續效。等到組織真正自治，這些領導人便能功成身退，在他們離開後留下傳承。

減數者的執行方法

減數者的行事方式則是依據大不相同的假設：**沒有我的話，人們永遠想不明白。**他們相信如果他們不深入細節、追蹤進度，別人是做不出實績的。這些假設養成人們的依賴性，因為人們從來沒有得到全部的所有權。減數者指派零星任務，親自插手，認為沒有他們，別人什麼都做不好。

不幸的是，到頭來，這些假設往往證實是對的，因為人們變得無能，依賴減數者給出答案與許可，再將碎片拼湊起來。發生這種情況時，減數者只是問自己：**為什麼人們總是讓我失望？**等到減數者終於離開了一個組織，局面開始崩坍。這是因為領導人以前是透過微管理及血汗股權（sweat equity）來維持運作。

我們來看一名巴西私募股權投資人如何因為他的微管理而搞垮了整個組織。塞爾索才華洋溢，同僚視他為金融天才，他是個優秀的分析師，是股票交易員裡的搖滾巨星，但他控制狂的管理風格妨礙了他建立傑出的公司。可惜的是，身為私募股權公司的老闆，他的工作正是建立公司。

在員工會議上，他的員工鮮少能完成他們對潛在投資或持股公司的報告，總會被他簡潔有力的分析打斷。當然，他點出一些很好的重點，但這導致人們不必思考。他的口頭禪是：「我不敢相信你們想不通這些。」

塞爾索分分秒秒都在監督，追蹤他們持股公司的績效，並在手機上接收所有公司的銷售報告。銷售未達標時，不管晚上

幾點，他都會打電話給執行長，開始咆哮。無論什麼情況，他都會第一個回應，就像巴夫洛夫的狗，收到刺激後立即反應。當他發現問題，便馬上出手，試圖自行解決。

久而久之，塞爾索的微管理造成組織內部的嚴重分裂。大多數同僚都會躺平，反正他會自己將事情做好。當大多數人才都退縮了，他就雇用名門大學的積極畢業生，但這些新人沒有足夠經驗，不曾期待其他方式的領導。公司逐漸變得跟塞爾索一樣，像極了大男人主義者年度大會，人才來來去去。如同許多減數者，塞爾索的微管理扼殺了這間聚集聰明人的公司。

我們來看看減數者癱瘓人們能力、養成組織依賴性的方式。

掌握所有權。一位知名教授的職員傳神地表達出微管理者的手段：「我不能做任何決定。除非楊博士吩咐，否則我什麼都不能做。」減數者不相信別人可以自己做好事情，所以他們死死地掌握所有權。即便他們委任工作，也只是分出零星任務，而不是真正職責。他們只給人們拼圖裡的一小片，難怪，沒有他們的話，人們無法拼出拼圖。

伊娃‧魏塞爾聰穎又有活力，而且絕對是晨型人，但對她的團隊而言，這一點很糟糕。身為製造工廠的營運主管，她每天上班時都會帶給她的團隊一些新鮮主意。她會在通勤時間規劃當天行程，抵達工廠，走進大門，去到部屬辦公室，通知他們今天要叫他們做的事。有的日子裡工作差不多相同，但其他日子裡，她指派的任務會將他們導引到全新方向。她的下屬觀察到模式，因而有了對策。每天早上八點，他們開始在由大廳

通往辦公室的走廊上排隊。手拿筆記本與咖啡，等著她衝進來下達當日「行軍令」，這樣大家比較容易等候被吩咐交辦事項。

毫無疑問地，伊娃認為自己是好領導人，指派並清楚交代工作給團隊。但事實上，伊娃是微管理者，包辦團隊的所有想法，獨攬所有責任。

跳進跳出。微管理者會將工作交給別人，但一發生問題便收回來。他們就像魚兒被釣魚線上的閃亮東西迷惑一般，緊急問題及重大障礙對減數者而言是難以拒絕的魚餌，他們看到這些閃亮東西就會被吸引。他們著迷於解答問題的智力考驗。他們喜歡因為解決危機而受到注意與稱讚。他們享受人們變得依賴他們而產生的重要感，以及自己締造成果的卓越表現。他們喜歡受到誘惑，從而形成對人們的削弱效果。

問題在於他們不是受到誘惑後便待在那裡，而是他們進進出出。當一個議題躍入高階管理層的雷達螢幕，他們便突然傾巢而出。他們彈了出來，等到樂趣消失，他們又退回去；他們是彈跳型主管。

加斯·山本是一家消費品公司的行銷長，他有兩種模式：一是「傾盡全力」，二是「完全神隱」。當他的團隊正進行一項執行長注意的項目，他會跳出來接管局面，將工作直接匯報給他的主管，後者是一名反覆無常的領導人。當執行長沒有參與時，加斯便不見人影。他的部屬很難讓他注意到較不亮眼、但仍然重要的業務骨幹項目。

當這些領導人在組織裡彈進彈出，便造成依賴及冷漠。當他們隨意出擊，就會造成破壞性混亂。

收回工作。我25歲時，第一份管理職上任了六個月。晚上7點半，我坐在甲骨文大道500號、甲骨文主要辦公大樓的辦公桌。走廊黑漆漆，我的部屬都已下班回家。大家都離開了，除了我。我還在忙，想要結束我的當日「待辦事項」，其中有許多是當天一個又一個的小型危機放到我桌上後產生出來的。我埋頭工作一陣子後想到，**為什麼我還在做這麼多工作？我都把工作發下去了，為何又回到我這裡？**人們將問題丟給我，我必須接下這些問題。

想到這裡，我對於團隊將問題丟給我卻不做好自身工作而勃然大怒。然後，獨自一人待在漆黑辦公室裡，我領悟到：是我沒做好我的工作。身為主管，我的工作不再是我做的事。我的職責是管理工作，而不是做工作。我一直像熱心過度的超級英雄在解決問題，但我真正該做的是幫助其他人解決問題。我的工作是將工作分派給我的團隊去做，這其實是再簡單不過的概念，但對我這個新晉升的主管來說，卻像是醍醐灌頂。

擔任企業主管教練時，我經常訝異地發現，許多資深領導人、甚至高階主管都不明白這個簡單道理。當主管收回工作，不但要自己做完所有事，也剝奪人們運用與延展自身才智的機會。他們阻礙人們的才智成長，也開始跌下「意外減數者」的滑坡。

無論是否屬於意外，減數者都造成了組織的高昂成本。他

們本身或許是巨星，但很快就變成限制組織成長的界限。微管理者限制了組織無法超越他們而成長，也難以運用組織裡的其他才智。

微管理者未能充分運用手邊的才能、智慧及資源，因此這些能力在組織裡遭到閒置。為了因應這個問題，微管理者不斷要求組織增加資源，還納悶為什麼人們不能提高生產力，總是讓他們失望。

相反地，投資者不僅明確告知人們的責任，讓他們投入其中，也提出任務，使人們延伸個人與團隊的思想及能力。他們增加了資產組合裡的資產，結果是他們充分運用既有的資源，展延與提升組織的能力，以迎接下一項責任。

▶ 連續乘數者

在孟買一處貧民窟旁邊的一間套房長談七小時後，納拉亞納·莫西（Narayana Murthy）和他的六個朋友達成共識，要合資在邦加羅爾設立一間軟體公司，他們期望這間公司能實現兩個願景。第一，說服他們的老婆分別拿出250美元作為種子資金。第二，得到全世界的尊敬。他們兩件事都做到了。

他們對才智能力與金融資本的投資結果十分穩健，莫西領導印福思科技（Infosys Technologies）由微不足道的起步，搖身一變成為第一家在美國那斯達克股票交易所（NASDAQ）掛牌上市的印度公司，市值100億美元。莫西協助團隊超越他們的夢想，鼓勵了印度的企業家相信自己，成為新印度的代言人。

他成為在公司內外都受到尊崇的人物（《經濟學人》雜誌將他列為2005年十大最受推崇的全球企業領袖），他可以輕易留在巔峰，享受高位帶來的名聲與力量。

　　然而，在他的60歲大壽，莫西卸下執行長職位。此舉不是因為危機或是權力鬥爭想要扳倒他，而是一項周密計畫的延續。他花了數年投資其他共同創辦人，好讓他們可以獨立運作。配合他的計畫，他將執行長頭銜交給另一名共同創辦人納丹·尼勒卡尼（Nandan Nilekani），莫西則改任非執行董事長及公司首席導師，這個角色他已實際執行了十年之久。印福思科技持續提升市值，截至2016年11月為320億美元。

　　莫西在瑞士的達沃斯世界經濟論壇（World Economic Forum）上被問及為何選擇那項職位，他回答他作為領袖的主要角色是確保領導人成功接班。當他被問到驅使他這麼投資的理由，他毫不遲疑地回答：「在彈珠檯打贏一局的報酬，是有機會再打下一局。」換句話說，他不是貪戀執行長的名氣，而是渴求可以在其他地方自由投資。有些執行長對讚美上了癮，這位領導人則是對於他人的成長有癮頭。他骨子裡是個乘數者，明白自己最大的價值不是他的智慧，而是他如何投資自己的才智在別人身上。

　　如今，在他的第二生涯中，他再度投資於別人的成長，且影響力更加廣闊。不再承擔印福思的營運管理責任後，莫西持續投資世界各地的政府與機構，包括泰國和聯合國，還有康乃爾大學、華頓商學院與新加坡管理大學等教育機構。他向印度總理進言，希望他能投資在下一代。用他的話來說：「我們必須

讓年輕人來負責這些龐大的教育計畫。」而他的投資者管理風格，已在印福思建立起一種模式。

像莫西這類的領導人投資於其他領導人的發展，他們便能退出組織而不危及組織的表現。投資者不僅能收獲這些報酬，也能在其他地方重複這個投資循環。

如同連續創業家建立一家又一家的成功公司，這些領導人也成為了連續乘數者（Serial Multipliers）。當然，想這麼做的話，必須戒掉許多資深領導人無法自拔的稱讚癮頭，轉而對成長上癮——企業的成長、周遭同事的成長。連續乘數者會拓展才智。人們的這種才智並不是短暫的、當乘數者不在他們身邊就消失不見，而是真實且持久的，得以讓乘數者一再複製這種效應。

成為投資者

想要成為連續乘數者（或連續創業家），你必須有個起跑點與第一次成功，才能展開正向的成癮循環。以下是成為投資者的四項策略。

▶ 起跑架

1. 給予51％表決權。當你指派職責時，你或許已經讓人們知道你對他們的期望。將之提升到下個層級，讓人們知道是

他們（而不是你）在負責。告訴他們，你會持續參與並支持他們，但他們仍須負責。給他們一個具體數字，舉例來說，讓他們持有51%的表決權，而你有49%。不然也可以大膽一些，分成75%對25%。

讓他們負責一些必須延伸他們既有能力的事情。首先給予他們既有職務範圍的所有權，然後提升為高一級的層次。設法升級他們的責任，給他們一項尚未完全符合資格的工作。

2. 讓自然順其自然。大自然是最強大的老師，我們總是忘記這點，直到深受其害。不過，在經歷我們的行動造成的自然後果之後，我們會記住並深刻學習。接受自然的教導並不容易，因為我們的管理績效本能總會啟動，我們想要確保團隊成功創造績效。好消息是你不需要讓重大計畫失敗才能學到教訓；你可以找尋可提供自然教訓而不致造成災難性後果的「碎浪」。想要讓自然教導的話，可嘗試這些步驟：

⑴ **任其發生**。不要為了讓任務不致失敗而跳出來解決。不要因為某人沒做好，便接手會議；要讓那個人經歷一定程度的失敗。

⑵ **討論失敗**。幫助人們從失敗中學習。在某次失敗的會議或失去銷售合約之後做好準備，幫助他們重新站起來，討論發生的事情。提出好問題，避免說出令人沮喪的「我早就告訴過你了」。

⑶ **專注在下一次**。幫助他們找到下一次可以成功的方法。給他

們一條出路及前進的道路。假如他們搞砸重要的銷售拜訪，詢問他們若是跟其他客戶發生類似情況，他們會如何處理。

不單單是我們的錯誤會有自然後果，良好決策也有自然後果。讓人們感受他們成功的全部力量，後退一步，給他們功勞，讓他們收穫勝利的全部好處。

3. 要求解決方案。許多人能晉升為管理職，是因為他們是解決問題的好手。因此，當有人丟給你一個問題，你很自然便想解決問題，而人們可能也預期你會這麼做，因為你總是如此。在你做出回應前的前一秒，請牢記凱利‧派特森衝進實習生辦公室，要求她不能只是標出不通順的句子。你得要求人們完成思考流程，提出解決方案。你可以使用簡單的問題，例如：

- 你覺得這個問題有什麼解決方案？
- 你建議我們如何解決這件事？
- 你想怎麼解決這件事？

最重要的是，不要承擔解決問題的責任。將問題放回他們桌上，鼓勵他們進一步延展。有人丟給你一個問題的話，就要求他附帶解決方案。

4. 交回職責。當有人卡住了、前來請教你的意見時，你很難不接手。有些人想要接手的傾向太過強烈，所以他們閉緊嘴

巴，生怕說出口就會強行接管。當你看見團隊成員遇到困難，因此伸出援手時，也要備妥退場計畫。任何場地都能進行對話——會議室、在你的辦公室一對一談話、在走廊上即興開會。無論在什麼場地，在對話中看準象徵性交回白板筆的時間點。想像自己站在白板前，在白板上的共同想法之上添加一些建議。講完你的想法後，交回白板筆，這個動作會讓同事明白他們仍有主導權，有責任完成工作。

以下是表明你要交回白板筆的一些說法：

- 我很樂意協助你思考這件事，但我仍期待你領導推進這件事。
- 你仍然是這件事的領導人。
- 我是來這兒支援你的。你在領導這件事的時候，需要我幫什麼忙嗎？

以上是簡單的切入點，但重複這些動作可在組織內產生乘數者效應。

乘數者效應

當乘數者對他人投注資源與信心，給予他們成功的所有權，便能發掘其內在的才智與能力。2006 年諾貝爾獎得主暨微額貸款運動之父穆罕默德・尤努斯（Muhammad Yunus）曾說

過:「每個人都有著巨大潛能。一個人便能影響一個社區、一個國家的人們,其影響範圍包括他們所處的時代、甚至超越他們所處的時代。」

乘數者投資他人的方式,可以建立其獨立性,讓他們在手邊的工作發揮全部才智,同時拓展其能力範圍與影響力。投資者在他人身上培養的獨立性,使他們可以再去投資別人,因而成為連續乘數者。這種數學很簡單、但很強大。立即的乘數效應是,平均而言,乘數者得到他們所領導之人的兩倍能力。以一般規模的一般組織來推斷,在大約50人的組織,這種效應等於增加50名人力。假如整個職涯在十個不同領導職位上重複進行,等於增加500名人手。

乘數者持續以無成本方式倍增人力。這種乘數型領導人所創造的兩倍效應構成了強烈的商業論證,即便是砂丘路上最挑剔的投資者也不得不相信。

第六章　**總結**

微管理者 vs 投資者

微管理者介入每個細節，造成人們對領導人的依賴，組織沒有他們就無法有所表現。

投資者對別人投資，給予他們獨立創造成果所需的所有權。

投資者的三項實踐方法：

1. 設定所有權
   - 點名領導人
   - 給予最終目標的所有權
   - 延伸角色

2. 投資資源
   - 教授與指導
   - 提供支援

3. 要求人們盡責
   - 交回職責
   - 預期完整的工作
   - 尊重自然的後果

成為投資者：

1. 給予51%表決權

2. 讓自然順其自然

3. 要求解決方案

4. 交回職責

善用資源：

	微管理者	投資者
所做之事	管理工作的所有細節，確保工作按照他們的方式完成	給予人們對於成果的所有權，並投資他們的成功
得到的結果	• 人們等著被吩咐要做什麼 • 人們很退縮，因為他們預期會被打斷，被指示該怎麼做 • 習慣搭便車的人等著老闆出手來解救他們 • 人們想要叫老闆「幹活」，精心編造藉口	• 人們採取主動，期待挑戰 • 人們全神貫注，想要創造成果 • 人們搶在老闆之前解決問題 • 人們回應周遭的自然力量

意外的發現：

1. 乘數者也會介入營運細節，但讓別人持有所有權。

2. 乘數者所締造的世界級成果比減數者對手多出42%。[3]

The Accidental Diminisher
意外的減數者

我們用別人的作為來評判他們，卻用
我們的意圖來評判自己。

——愛德華・維格斯沃思（Edward Wigglesworth）

儘管前面章節談到的減數者像是專制霸凌者與萬事通，但其實他們不全然是混蛋，有些還是很棒的好人。自戀的領導人會搶占新聞標題，我們職場上發生的貶損絕大多數是意外的減數者（Accidental Diminisher）所造成的——這些主管有著良善意圖，是認為自己領導工作做得很好的好人。

　　懷抱著良善意圖的我們，究竟是如何對我們領導的人造成了貶損影響？我們真心想要協助、教導或以身作則，但人們卻可能因此被妨礙嗎？

　　有一所高中正面臨一項關鍵的申請截止期限，這將決定其評鑑排名及能否獲選為藍帶（blue ribbon）高中，而這項責任落在資深校長莎莉身上。她喜愛分析的工作，容易被任何需要數據、試算表和綜合分析的事物給吸引。她熟讀申請簡章以了解需要進行哪些分析，也明白這個計畫意義重大，需要許多進一步分析，因此決定找副校長馬可仕幫忙。

　　馬可仕剛到職沒多久（也不熟悉試算表作業），但他很聰明、周全，眼光深遠。她決定將資料分析交給他，讓他全權負責。莎莉希望他成功，於是她仔細規劃交接事宜。她跟他會晤，一同審視報告的細節，告訴他由他負責，並清楚說明了需要完成的事項。

　　莎莉於是著手進行報告的其他方面，等著馬可仕將資料分析交給她。兩天後他還沒提交，她以為他做不來，想要幫他，便寄給他更多指示，並建議一些欄目用以分析資料。她還是沒聽到他的消息。她走去他的辦公桌，看看他做完了沒有。他沒做完。

莎莉明白馬可仕是勤懇認真的人,以為他需要更多協助。她坐下來,提供她的支持,並問道:「我該做些什麼來協助你進行這項分析?」由於沒得到具體回應,她開始提出建議。「如果我幫你上個速成課,教你使用Excel的統計功能,會不會有幫助?或者我們可以一起討論資料?」奇怪的是,他什麼都不接受。

莎莉有些受挫,馬可仕顯然需要幫忙,但她想不出要如何幫他。莎莉正想提議跟他一同進行第一輪分析,他卻開口了。莎莉不再講話,全心注意著他,很開心終於聽到他說需要她的什麼幫助。他吞吞吐吐的,不敢直說他被她連番主動要求幫忙給惹火了,等他有些信心,最後才說:「莎莉,我想我可能……沒有需要妳那麼多幫忙。」

莎莉窘迫地聽懂了他話中有話,於是後退,給他需要的空間,自己去搞定。他確實搞定了,這位聰明勤奮的副校長提交的分析成為報告的重要環節,再度讓他們高中登上藍帶榜。

雖然立意良好,這名領導人卻變成了意外的減數者。儘管她的用意是要幫忙,卻反而幫了倒忙。當經理人點子太多、行動太快,會發生什麼狀況?或者太支持、太想幫忙?或者太過熱心、太過樂觀?當然,這些可能是性格方面的優點——商學院或主日學教的那一套。他們確實是好人,但許多流行的管理風格可能導致我們於不知不覺中跌落滑坡,成為意外的減數者。

意外的減數者

我們都有過成為「意外的減數者」的時候。乘數者效應的祕訣在於知道自己的弱點，看到弱點的影響，將這些時候轉變為乘數者時刻。接下來要分享在一些狀況下，用意良好的領導人卻會對人們造成貶損影響。你在閱讀的時候不妨自問，我的弱點是什麼？我的良好意圖怎麼會扼殺了好想法與聰明人？

▶ 點子王

這種領導人是創意十足的思考者，喜愛點子滿天飛的環境，是名副其實的創意泉源。他一天24小時都在迸發創意，所以他會衝入辦公室，想跟同事分享新主意。這種領導人未必認為他的主意很棒，只是認為他越是發表自己的想法，越能激發別人的想法。

但是，在這種點子王身邊的實際情況如何？他拋出的主意似乎很動人，於是他的團隊開始追逐那些主意。然而，他們才開始對昨天的點子有些進展，隔天又來了新點子。團隊在許多面向只有短暫進展，偉大的追逐變成停滯不前，因為他們明白他們永遠都會停在這一步——**何不乾脆停在這一步就算了？**當他們學會不再執行領導人的想法，他們亦停止提出自己的想法。畢竟，如果他們真的需要新主意，只要等著噴泉爆發就行了。

在充滿點子的人身邊很容易讓點子停擺。

▶ 隨時開機

有一類活躍、充滿魅力的領導人渾身散發著活力；他們總是投入，總是在場，總是有話要說。這種領導人性格鮮明，存在感可以填滿整間屋子。他們以為自己的活力具傳染性，像病毒似地感染給在場的每個人。

然而，如同感冒，這種領導人可能會榨乾別人——令人喪失活力，而不是增加活力。他們像瓦斯一樣排空氧氣，讓其他人窒息；大多數人都覺得他們使人筋疲力盡。很快地，大家都避免跟他們眼神接觸或碰面，一邊心想我現在實在沒那種力氣。在這類領導人的身邊，思考型內向者被壓抑，行動派外向者則主導局面。

我們知道這種隨時開機型領導者是如何對待別人——我們都曾看過及感受過——但別人是如何對待這類領導者？你是怎麼對待沒有「關機」鍵的人？假如你找不到開關，索性將他們封鎖就好了。你把他們當成背景，變成白色噪音。他們的長篇大論變成嗡嗡聲，有時候他們領導的人根本充耳不聞。隨時開機型領導人認為自己格局很大，實際上卻變小了，同時也使身邊的人跟著變小。活力是沒有感染性的，對別人的態度與信心才會傳染。

當領導人隨時開機，別人就會隨時關機。

▶ 拯救者

　　這類領導人是好主管、正直的人，他們不想看見人們受苦，或犯下本可避免的錯誤，或者失敗。一看到煩惱的跡象，他們就跳出來幫忙。偶爾旋風式登場，像個英雄似地拯救局面。但更多時候，他們只是出一臂之力，解決一個問題，幫助人們越過終點線。我們發現，這是領導人意外削弱人們的最常見方式。

　　拯救者的意圖是高尚的。他希望看到別人成功；他想要保護為他工作的人們的名聲，但因為他干擾了自然的績效循環，反而阻斷了他人成功所必需的重要學習。當經理人太快、太常幫忙，身邊的人會變得依賴且無助。員工們沒有感受到成功，反而是在無法越過終點線時感覺挫敗、失去信心。

　　沒錯，有時候員工似乎感激你的協助，然而這種行為仍舊讓人變得渺小——他們或許鬆了一口氣，卻沒有成長或充分運用自身的才智。況且，拯救者一出手，便可能造成令人煩惱、極為普遍的表現不協調，剝奪人們犯錯的自然後果所帶來的回饋。經理人看到失敗與他們必須填補的缺口，員工則往往看到成功。你不能怪員工們有這種幻覺；畢竟，他們總是能準時越過終點線，因為他們被拯救者看不見的手給推了一把。

　　作為領導人，有時候我們不幫忙，才是幫了大忙。

▶ 領跑者

這是成就導向型領導人，總是以身作則。為了建立動能，他們親自設定績效標準、示範組織價值（例如品質、客服、創新等）。他們領頭，設定步調，預期身邊的人會注意到，然後跟隨，當然，還要跟上腳步。舉例來說，經理人希望釋出一個強力訊息，客服是第一優先事項，所以他增加待在現場的時間，出差去客戶公司，拜訪重要客戶，撰寫與分發出差報告。他的意圖是發出信號，表明組織應該積極傾聽客戶的聲音。

領導人帶頭往前衝會是什麼情況？別人會跟上速度還是遠遠落後？其效果很微妙。領導人說對了一半：人們確實注意到了。他們懂了，但很少跟上來。他們沒有加快自己的步調，反而經常作為旁觀者，看著領跑者做他們的事。儘管領導人期望員工跟上速度，員工們反而慢下來或坐下來。他們不去接觸客戶，認為這是主管的工作，等著讀報告就好了。又或者，意識到領跑者與他們自己之間的差距越拉越大，乾脆放棄算了。

我在職場上多次見過這種情況，但最深刻學習的一次是跟一個八歲兒童賽跑。我兒子約書亞在二年級那一年堅持我們每天要賽跑到公車站。如同所有的好爸媽，我明白賽跑的目的是為了鼓勵他對運動與比賽萌生的熱愛，於是我刻意讓他贏，或者製造難分高下的比賽。

不過，三不五時我會忘記這點。我也熱愛跑步，喜歡最後衝刺、第一個跨過終點線（或者至少不是最後一個）。約書亞是我的小兒子，當時他是我唯一可以跑贏的孩子。因為無謂的

虛榮野心（也就是中年危機），我偶爾會全速跑步，輕易比他更快抵達公車站。我喘口氣回頭望，看到他不跑了，改用走的。這似乎有些奇怪，因為他喜歡競賽！等他走近了，臉上神情滿是失望與不贊同。當他走到公車站，他聳聳肩，滿不在乎地說：「這次不算。」每回我腦袋一熱，衝在前面，差距太大令他無法趕上，就會發生相同情況。他已明白自己無法追上，乾脆讓我贏就好了。

身為領導人，有時候我們跑得越快，其他人就走得越慢。當領導人設定步調，他們比較可能帶來旁觀者，而不是追隨者。

▶ 快速回應者

再來看快速採取行動的領導人，這種領導人重視敏捷與迅速反應。他負起責任，著手「處理」——他迅速反應，解決問題，做出快速決定。我們大多跟這種快速反應者共事過，他們看到問題就解決問題，看到黑影就開槍。電子郵件不會在他的收件匣待很久，他打開信箱，讀郵件，立馬解決。當然，他的用意良好，他想要一個靈敏的組織，即刻解決問題，迅速回應利害關係人。

但是，不要說敏捷了，快速回應者往往會造成漠不關心。知道已經有別人在「處理」了，即便是最佳員工也會反應遲鈍。例如，一名員工的收件匣來了一封緊急郵件，員工讀信後發現事關重大，雖然知道老闆有收到副本，但這件事屬於她的職責範圍，所以她開工了。她又仔細讀一遍，徹底考慮選項，

她明白自己需要更多資訊並請教一名同事。等這名員工回來準備回信，她注意到進來了一封新信，她的老闆在這段期間已經回信了，她心裡不禁一沉。領導人已經迅速回應了，她不想打亂步調，便放手不管。這種情況發生的次數一多之後，員工便學會讓老闆去處理就行了——即便這些問題實際上是他們要處理的。快速回應者不但是第一個、唯一一個回應的人，也是唯一成長的人。

快速回應者可能造成組織裡的活動壅塞。因為他們迅速回應問題，在團隊的工作流裡注入許多決定。一路上氾濫著決定，這些決定造成過多活動，人們蝸速前進，沒多久便堵到水洩不通。

領導人快速反應，但身邊的人卻慢速反應，甚至不反應。

▶ 樂觀者

這種正向積極的經理人總是看到可能性，認為大多數問題只要努力工作、心態正確都能解決。他們會閱讀正向思考力量以及樂觀的強大心理、生理益處的研究。他們是「杯子半滿」的那種人。

樂觀者未必是啦啦隊員；他們專注於可能做到的，並認為身邊人（包括他們自己）**是聰明的、可以想明白的**。那麼，這怎麼會造成貶損效應？

我和同事正在進行一項事關重大的研究計畫，我們有一丁點機會在權威學術期刊撰寫文章。想要投稿的話，我們必須完

成一些複雜的分析，進行一輪額外的研究，並且確實寫完這篇文章，而這些項目是在數項其他計畫之中同時進行，且只有微薄的預算。

在企業界打滾數年，每天需要應對各種挑戰，例如空中耍刀子、從高帽拉出兔子、東拼西湊地湊齊錢支付開銷，因此，在我看來這似乎是可行、有趣的挑戰。我興致高昂地進行這項計畫，以前輩之姿拉拔那位較資淺的同事。

在一次重要會議上，他看著我說：「莉茲，我希望妳不要再說那種話了！」

「說什麼話？」我問。

他回答：「『那能有多難？』」

我一臉茫然。他解釋說：「妳老是那麼說：『那能有多難？我們可以辦到。畢竟，那能有多難？』」

我聽出他的重點。我在甲骨文工作時，在這家急速成長的公司裡，我在稚嫩的24歲就被推上管理職，面對一連串我沒受過訓練、沒有準備的考驗。這些重要的經驗讓我明白，由聰明、有動力的人組成的團隊什麼都能做到。我學會跟自己說：**我可以做到。畢竟，那能有多難？**這種態度（卡蘿·杜維克博士稱為「成長心態」）[1]在這些年來對我和許多同僚一直很管用。

現任同僚的聲音將我從記憶裡拉了回來：「沒錯，那就是我希望妳不要再說的話。」

「為什麼？」我追問。他停頓一下，直直地看著我的眼睛說：「因為我們在做的事真的很難、很難。」他又刻意停頓一下，接著說：「我希望妳能承認這點。」

他並不反對這事行得通的想法，他只是希望我承認這是一項挑戰，並認可他的辛苦。他不希望我用樂觀來粉飾這項挑戰。聽到他這番誠摯的話語，我直視著他，承認道：「沒錯，我們做的事很困難，是真的、真的很難。我那麼說的意思是我們很能幹，我相信我們可以搞定。」我感覺到氣氛變得緊張。我向他保證，我會盡最大努力不再說「那句話」。同時，我在心中暗自告訴自己，當然，我可以不再說那句話，畢竟，**那能有多難？**

樂觀態度在你以前的角色上很管用，但有可能在你擔任領導人時妨礙你嗎？當你扮演樂觀者，便低估了團隊經歷的困難，以及他們辛苦的學習與工作。你的員工或許猜想你是否脫離了現實，更糟的是，你或許發出一個無心的訊息，認為錯誤與失敗不是選項；畢竟，**那能有多難？**

當領導人只看見光明面，其他人可能會執著於陰暗面。

▶ 保護者

立意良好的經理人很容易落入「熊媽媽」的陷阱，成為保衛下屬的保護者，不讓人們經歷企業生活的危險，像母熊保護小熊不被掠食者傷害。拯救者是在問題出現後拯救世界，保護者的目的只是保護人們安全、不受傷害──他甚至沒有看到問題。他擔心如果團隊成員陷入醜陋的政治，可能被生吞活剝，所以他擊退霸凌者，保護下屬不致涉入令人不快的內部政治。

經理人通常更加了解組織內部的黑暗力量，他們假設這是

他們的重擔。保護者擔心若人們接觸到嚴苛的現實，可能被汙染或幻滅，因而決定離開去追求更好的出路。因此，他不讓自己的部屬去參加場面火爆的資深主管會議，即使深知這些經驗可能限制他們的職涯。他保護人們不看到殘酷事實，讓他的團隊遠離危險，創造一個看似安全的天堂，一個人們可以好好生活的快樂谷。儘管有些情況確實是明智的經理人應該讓團隊避開的，但卻可能變成危險的慣例。

不幸的是，「熊媽媽」可能讓員工無法由困難中學習，無法負起完全責任。這是製造安全感的錯誤方法。我們知道乘數者會製造才智方面的安全感（人們可以自由表達想法），但不會讓人們看不清現實，也不一定會替人移除障礙。事實上，乘數者認為**人們很聰明、可以自行搞定**，所以會讓人們曝露於毒害及挑戰中，希望他們可以培養抵抗力與力量。

假如領導人一直保護人們不遭遇危險，他們將永遠學不會自我防禦。

▶ 策略家

策略家是大思考家，喜歡構思動人的未來願景。他們向團隊展示更好的地方、值得奮鬥的目的地，並用布道的熱情來宣揚。策略家認為他們在創造熱情與動能，用以逃脫現狀的地心引力束縛。當然，睿智的領導人知道關鍵是提供宏偉願景、相關環境，以及團隊所做之事的「為什麼」。這些確實很重要。

但是，有些時候，有策略、有遠見的領袖可能做得太過

頭，造成太多限制。他們可能沒有留下足夠空間讓人們自己思考挑戰，以及鍛鍊實現願景所需的才智肌肉。人們反而將時間花在猜測老闆想要什麼，而不是自己找出答案。人們不去積極做出行動，反而爬上山峰去請教高僧。這種領導人應該藉由播種挑戰來激勵更多行動，而不只是推銷宏偉願景。

如果你建立起大思考家的名聲，就不要訝異人們將大膽創新的想法都留給你去想。

▶ 完美主義者

我們都認識具有完美主義傾向的領導人：他們喜歡卓越，熱愛將事情做到完美的感覺。他們不只是設定高標準讓別人遵守（和領跑者一樣），也希望周遭的人都能得到完美達標的滿足感。因此，他們提出熱心的批評，指出小錯誤和瑕疵，類似屋主用藍色膠帶標示裝潢修繕時的小缺點——這裡濺到一滴油漆，那裡的釘子頭突出來——以便讓裝修工修補錯誤，推動工程進度，享受匠人的驕傲。

在提出這些改進的建議時，他們是在構思一件傑作，要讓重要的作業拿到A+成績。他們明白卓越不是一蹴可幾，而是來自於反覆嘗試。然而，只有他們預見A+，別人則是看到作業上滿是紅色標記與藍色膠帶。他們看到血和淚，很容易變得漠不關心。

有時，用100％的所有權執行90％的解決方案，也勝過與疏離的團隊一起實現100％正確的解決方案。

以上案例說明了領導人好心辦壞事的數種方式。在讀到各種意外的減數者側寫時，其中一些必然引發共鳴，令人深切反思，甚或產生愧疚感。問題不是以上哪一種是你的弱點，真正的問題是：「你要如何發現自己的弱點？」你可以帶著這種模糊的懷疑去做我們的線上問卷「你是意外的減數者嗎？」（www.multipliersbooks.com），便能得到更為清晰的答案。這項三分鐘的問卷提供了更多架構，幫助你自行評估與分析你潛在的減數習慣。

▶ 你是意外的減數者嗎？

我必須說清楚：有著上述傾向不代表你是個減數者；只是你造成貶損影響的可能性會升高而已。這是好消息。壞消息是當你造成貶損影響時，你可能完全不自知，也或許會是最後一個知道。身為領導人，你要如何知道自己造成貶損影響，儘管你有著最好的意圖？你該如何提高自我意識？合理的第一步是構思與記錄自己的想法，詢問你領導的人，請他們分享**他們的想法**，便能學到更多。

數年前，我在阿拉伯聯合大公國的阿布達比擔任一場乘數者研討會的講師，房間裡坐滿穿著好看白長袍與頭巾的男士們。我高度警覺，意識到我的概念或許不傳統，我的教導方式也許有違文化常規。然而，大家愉快地投入，很喜歡這次會議。

我請每個人寫下自己成為意外減數者的時刻，他們寫下了。我接著請他們與同桌人士分享想法，他們遲疑了一下，但

照做了。我鬆了一大口氣，於是坐下來整理我的思緒。過了一兩分鐘，我抬頭看，發現這項練習沒有按照計畫中進行。白長袍一陣飛揚，我看到人們起身走動。我立即假設與會者不想做這項練習，而是做起別的事來。我憂心忡忡地走上前看個究竟，然後詢問卡利德現在是什麼狀況，他是一位親切、觀察敏銳的阿拉伯聯合大公國人。他回答：「我們正在分享自己的心得，但發覺我們其實應該請同僚告訴我們，我們是如何在無意間造成貶損影響。我們打散並重組，才能得到我們合作最密切之人的回饋。」我出神地看著人們生氣勃勃地在房間裡移動，急著找尋可以給他們誠實回饋的一小群人或夥伴。

這個領導團隊明白，身為領導人的自我意識來自於理解我們領導與服務的人們的想法，也就是我們領導人的「客戶」。我們的學習由我們自己的省思開始，但不能僅止於此。

當你尋求他人的回饋時，不妨使用360度評估以獲得未經過濾的回饋（參見www.multipliersbooks.com），但你也可以使用老方法——面對面提出誠懇的問題。以下是你可以用來得出這種回饋的一些問題：

- 我是如何扼殺了別人的想法與行動，儘管我有著很好的意圖？
- 我可能在無意間做了什麼事，對別人造成貶損影響？
- 我的意圖是如何受到他人不同的解讀？我的行動究竟傳達了何種訊息？
- 我可以做哪些不一樣的事情？

海瑟‧傑克森（Hazel Jackson）是杜拜一家顧問公司的共同創辦人暨執行長，將這個問題列入她與員工進行的每一項績效考核：「我可能對你造成貶損影響嗎？」然後她聆聽與調整。你可以透過正式工具、閒聊或定期查核來得到回饋，無論採用何種方法，重要的是你能得到新資訊，以提高自我意識並微調你的做法。想要成為刻意的乘數者，我們必須了解我們良好的意圖在別人眼中是如何被解讀的。

🏭 有意圖的領導

有意圖的領導，是指了解我們的天生傾向如何帶領我們走上錯誤的道路——好習慣與看似強大的領袖特質是如何走入歧途，變成我們的弱點？

約翰‧麥斯威爾（John C. Maxwell）是領導學作家、教練和演說家，不折不扣的領導天才。他的105本著作，包括13本暢銷書，合計賣出2,600萬本。他不僅教導領導學，亦親身實踐。他創立了五家成功的公司，同時親自指導過成千上百名領導人。

約翰第一次聽聞乘數型領導人的概念時，便心有戚戚焉。乘數者的每個理想與實務做法，都與他擔任領導人的作為不謀而合。然而，意外的減數者這個概念讓他心頭一震。孜孜不倦的他傾聽減數者特質，他明白自己也全都有，並了解到他的一些天生強項或許會對他的團隊產生不良影響。約翰找出自己的

盲點與貶損傾向，尤其是領跑者、樂觀者與拯救者。

　　約翰設定一年的目標，以調整他的意圖，並對抗他身為領導人的貶損影響。首先，他更深入了解自己身為領導人的良好意圖是如何於無意間削弱了團隊，並向他的內部圈子尋求回饋，特別是管理他的五家公司的執行長馬克・柯爾（Mark Cole）。能有這種對話是因為他們多年來一起工作、一同成長，已建立起信任。馬克和其他人讓約翰明白，雖然時常需要他幫助團隊擊出全壘打，但他其實不必像以前那麼頻繁上場打擊。作為運動迷，約翰看出自己的弱點。他相信一切都取決於領導力，所以他很難坐視自己的球員被三振出局。他開始運用從傑克森斯伯汀（Jackson-Spalding）共同創辦人葛倫・傑克森（Glen Jackson）身上學到的一個概念。在棒球賽，兩好球三壞球稱為「滿球數」，意思是再一個好球，打者就三振出局，沒機會回到本壘得分。約翰說：「兩好三壞時，我的天生傾向是上場擔任最後一棒。」

　　約翰和他的團隊設定了一個暗號。當一項計畫看似保不住了，馬克或另一名可靠的同事會說：「球數仍是一好三壞。」訊息很清楚——團隊成員還在掙扎，但還沒有出局的危險，約翰可以再觀望一陣子。

　　舉例來說，約翰的一名領導人開始設立一條新事業線，這沒什麼稀奇，因為約翰是個創業家，他的團隊也是。然而，這項事業不適合約翰，不符合他的願景。約翰的天生傾向會是跳出來解決問題，不過，他讓馬克用自己想要的方式去解決。約翰後退一步，讓馬克負責領導解決這個問題，馬克也確實有效

地解決了。

　　約翰明白，當他後退一步，並不表示他不關心，而是對打者表達信任。馬克說：「約翰讓我用我的解決方案與我的時間表去處理。這個方法真的很管用，讓我在那名領導人面前更有信用。我們得以讓那名領導人的業務領域重回正軌。」

　　後來，約翰回想：「了解減數者並矯正我的貶損傾向，是去年我在自我成長方面所做過最重要的一件事。」這位培育了上百萬名領導者的領導人之所以能做到這一點，是因為他從不停止自我發展。

　　想要有意圖地領導，我們必須了解自己如何在無意間貶損別人。你是如何成為意外的減數者？你如何看到唯獨你看不到的事物？

　　即便是最佳領袖也有盲點。等你找出自己的盲點，便能跟團隊設計一套暗號與變通方法。擁有一套共同暗號，可以幫助你看見並避開減數者的誘餌；變通方法則能幫助你將這些潛在的減數者時刻轉變為乘數者時刻。

　　後續圖表提供了策略，用以培養新的實務做法。你可以練習附錄E的乘數者實驗，或嘗試你現在就能使用的簡單變通方法，其中包括遵照簡單的經驗法則，例如，**假使你希望別人去回應，就等上24小時再回覆電子郵件**，或是設定一個篩選函數，例如，**假使你不希望人們就這個主意採取行動，便不要分享那個主意**。如同一名熱切的乘數者所說：「我無法控制腦袋裡跳出來的主意，但我可以控制從嘴巴裡講出來的主意。」

少做一些，多一些挑戰

想要成為乘數者，往往要從不那麼像個減數者做起。這通常代表少做一些：少說話，少回應，少說服，少去拯救那些需要自己奮鬥學習的人。少做一些，我們才能變得更像個乘數者。

少做一些，才能成就多一些，這是反直覺勝過直覺的許多案例之一。沒有人講話的時候，你會有一股衝動想要跳出來填補空白，但是，當我們學會克制，讓沉默吸引別人出來，我們便成為了乘數者。當我們覺得自己需要強大一點，不妨將之視為我們需要渺小一點的信號，以少量但強烈的劑量提出觀點。當我們的直覺告訴我們要多幫點忙，我們或許要少幫點忙。

想成為乘數者，我們必須了解我們的高尚意圖可能造成貶損影響，有時甚至是嚴重的貶損。美國神學家萊因霍爾德·尼布爾（Reinhold Niebuhr）說過：「所有人類罪過的後果遠比其意圖來得更為嚴重。」同樣地，當領導人透過正面意圖來看待自己的領導，他們的員工卻只看到那種行為的負面後果。藉著學習少做一些，多一些挑戰，我們便能讓自己從意外的減數者轉變為刻意的乘數者。

減少你的意外減數者傾向

傾向	意圖與結果	簡單的變通方法	學習實驗
點子王	**意圖：**想要用他們的想法去刺激別人的想法。 **結果：**壓抑了別人，致使他們封閉起來或花時間追逐當天的主意。	**設置儲存槽。**在分享新主意之前先停下來，問自己是否希望部屬現在就採取行動。如果不是的話，就先不要分享，留待日後再說。	・極端問題 ・製造辯論
隨時開機	**意圖：**想要製造具感染性的活力，分享自己的觀點。 **結果：**他們占滿所有空間，別人於是封鎖他們。	**說一次就好。**不要為了強調而反覆說，試著說一次就好，讓別人有理由接話，闡述想法。歡迎別人發言。	・減少籌碼 ・給予51%表決權
拯救者	**意圖：**確保人們成功，以及維護他們的名聲。 **結果：**人們變得依賴，削弱了他們的名聲。	**要求解決方案。**若有人丟給你問題或暗示需要幫忙，便提醒你自己，他們或許已經有了解決方案。可以問說：「你認為我們應該怎麼解決？」	・預留犯錯空間 ・交回職責
領跑者	**意圖：**對品質或步調設定高標準。 **結果：**別人跟不上的時候，便成為旁觀者或直接放棄。	**待在視線可及的地方。**如果你有跑在前面的傾向，提醒自己要待在視線可及的地方，好讓人們不放棄或不迷路。保持在人們可以追趕上來的距離。	・給予51%表決權
快速回應者	**意圖：**維持他們的組織快速行動。 **結果：**他們的組織緩慢行動，因為太多決策或改變造成了壅塞。	**設定強制的等候時間。**等上24小時（或者無論多少時間）才回覆屬於他人職責領域的電子郵件。給予那個人第一個做出回應的權利。	・極端問題 ・製造辯論

傾向	意圖與結果	簡單的變通方法	學習實驗
樂觀者	**意圖**：想要營造信心，讓團隊覺得他們做得到。 **結果**：人們懷疑領導人是否能夠體恤他們的辛苦以及失敗的可能性。	**認同辛苦。**在發表自己的無限熱情之前，要先行認同工作很艱難。讓人們知道：「我要求你做的事情很難，不保證能成功。」	・預留犯錯空間 ・公開談論你的錯誤
保護者	**意圖**：想要保護人們不遭受組織內部的政治勢力影響。 **結果**：人們學不會自我防禦。	**曝露及接種。**讓你的團隊成員小劑量地曝露在嚴苛的現實中，他們才能由錯誤中學習及培養力量。	・預留犯錯空間
策略家	**意圖**：想要製造一個動人的理由以脫離現狀。 **結果**：人們遲疑並猜測老闆想法，而不是找答案。	**不要完成拼圖。**在你繪製一幅未來的圖畫時，留下空白給你的團隊填滿。設定拼圖的「為何」及「什麼」，但讓你的團隊填滿「如何」。	・設定具體挑戰 ・提出問題
完美主義者	**意圖**：想要幫助人們創造自己會引以為傲的傑出成果。 **結果**：人們覺得被批評，便喪失鬥志，不再努力。	**設定標準。**預先設定卓越的標準。讓人們明白什麼叫做「傑出」，設定完成的標準。要求人們按照標準來評估自我。	・預留犯錯空間 ・給予51％表決權

（學習實驗請見附錄）

第七章　**總結**

意外的減數者

意外的減數者是那種儘管有著最佳意圖，卻對他們領導的人造成貶損影響的經理人。

意外的減數者側寫：

點子王：有創意、創新的思想家，認為他們在刺激別人的點子。

隨時開機：活躍、充滿魅力的領導人，以為自己的活力具感染力。

拯救者：有同理心的領導人，一看到人們煩惱便立刻出手幫忙。

領跑者：成就導向型領導人，以身作則，預期別人會注意到並跟進。

快速回應者：這種領導人迅速採取行動，認為自己是在建立靈敏的行動導向型團隊。

樂觀者：正向積極型領導人，認為自己對人們的信心將激勵他們達到新高峰。

保護者：警戒型領導人，保護人們不遇到問題，好讓他們安然無事。

策略家：大思考家，提出動人願景，自認向人們展示了更好的未來，提供宏大願景。

完美主義者：追求卓越，管理細節，以協助他人創造優良成果。

減少你的意外減數者傾向：

- 尋求回饋
- 有意圖的領導
- 練習附錄 E〈乘數者實驗〉的變通方法與學習實驗
- 少做一些，多一些挑戰

DEALING WITH DIMINISHERS

應對減數者

無論黑暗多麼廣闊浩瀚，我們必須提
供自己的光。

——史丹利・庫伯力克（Stanley Kubrick）

西恩‧哈里特吉（Sean Heritage）是美國海軍的密碼戰軍官，他讀過美國海軍學院，獲得約翰霍普金大學及海軍戰爭學院（Naval War College）的碩士學位。他代表著軍事領袖的新興階級──不僅是英明的指揮官，亦是創新思想家、求知若渴的學習者，以及團隊合作的領導人。

結束一趟擔任指揮官的巡視之後，哈里特吉被指派加入由美國空軍上校領導的聯合指揮任務。哈里特吉指揮官的直屬長官不僅軍種不同，領導風格亦大相逕庭。這名上校顯然從來不明白，領導人的責任是鼓舞人們去完成「什麼」，而不是指示詳盡的「如何」。他仔細告訴人們要做什麼，當下屬採取其他方法，即便達成了理想的結果，他也會明顯失望。當哈里特吉指揮官與團隊其他人全心全意投入工作時，這名上校則想方設法提出破壞性批評。經歷數個月遭到長官刻薄的批評，而他自己的努力也毫無進展，哈里特吉指揮官終於到了極限──他一拳捶在上校辦公室的牆上。他冷靜下來，並為自己不專業的舉動道歉，捶牆的手隱隱作痛，但比不上一想到他還要在這個崗位駐紮兩年的心痛。他覺得動彈不得、茫然無助，甚至考慮離開海軍。

哈里特吉指揮官向同僚尋求意見，他們的回應很溫馨：「不要拋棄我們。你是我們的希望燈塔，我們的光芒。」哈里特吉指揮官也向他信任的個人董事會（PBOD），一群他定期諮商的資深導師，尋求進一步指引。他的個人董事會給了他發洩管道以及學習他們智慧的機會，哈里特吉指揮官重新調整自己。他不再埋怨長官；他要成為他的團隊想要有的領袖，同時設法啟

發上校改進。為了面對令他失望的現實，他開始假裝。他玩起「如果」的遊戲，假裝他的上司是個乘數者。他不再拒絕上司參與，反而邀請他加入派對。他希望上校見識到團隊的活力，於是請他親自來看看。上校沒有批評團隊在他未參與之下變得煥然一新，而是共同策畫一項有他參與的活動。西恩後來回憶：「我們是在同一條船上，現在我們前進得更快速了。」

　　哈里特吉開始將工作時享樂當成優先事項，並花時間開發同僚與下屬的領導才能。沒錯，他分享了本書的概要，跟團隊進行討論，甚至成立「文化俱樂部」，將想要協助創造更有合作精神的工作環境的人聚集起來。他增強對身邊人以及整個指揮鏈的乘數型領導。他沒有坐等完美行為；他稱讚方向正確的任何事情，即便是一開始並不順遂的嘗試。他說：「如果你要改變文化，你必須像冰球傳奇人物韋恩・格雷茲基（Wayne Gretzky）那樣，『滑向冰球前進的方向。』」他專注在他能夠控制的事情，裝潢自己的工作場所，每週掛上一件新的藝品。為了展現他的性格、增添輕鬆氛圍，他掛了一些愉快、帶來希望的藝品──題為《實現想法》及《保持神奇》的畫作──因此被暱稱為「樂觀之牆」。

　　兩個月後，那名上校開除他的副手，要求哈里特吉擔任那個職位。這項任命被整個團隊視為指揮官哈里特吉的領導風格以及他們共同建立的文化獲得認同。一年後，那名上校退休了，他在退休典禮上詳盡談起西恩對他擔任領導人的影響。沒多久，領導美國國安局網戰司令部的四星上將邀請指揮官哈里特吉帶著藝品，加入他的管理部門，擔任他的執行助理。

西恩將焦點由衝突轉移到建設之後，找到了作為領導人的更大目的；他不再是受制於差勁領導的受害者，而是受尊敬的領導人，正在塑造未來。

有時，脫離減數者的最佳辦法是做個乘數者。若是被困在減數者底下，你的最佳策略是什麼？你或許想要捶牆，跟減數者正面衝突；也或許想要屈服順從。但還有第三種方法，更具建設性的方法：做個乘數者。

許多用意良好的領導者被困在減數型領導人手下，他們想要啟發人們的最佳能力，卻發現被捲入減數者漩渦。我時常聽到這些令人沮喪的發言：「我想做個乘數型領導人，但我的老闆是不折不扣的減數者，所以我做不到。」或者，如同一群南非經理人所說：「我們都聽說過乘數者的事蹟了，可是我們要怎麼對付身邊的減數者？」

你要如何為榨乾你的元氣、吸光你活力的人工作？當你的老闆引發你最壞的一面，你該如何引導出別人最好的一面？我們團隊進行的研究，採訪了數十名專業人士並調查另外數百名人士，發現減數者最常引發的五大反應是：（1）跟他們起衝突，（2）躲避他們，（3）辭職不幹，（4）屈服順從，（5）忽視貶損行為。我的研究亦顯示，對付減數者最沒有效的五種策略分別是：（1）跟他們起衝突，（2）躲避他們，（3）屈服順從，（4）說服他們，說你才是對的，（5）向人資部門投訴。換句話說，最常用來對付減數者的策略也是最無效的。[1]

然而，我們不必驚訝於應對減數者的策略錯誤又無效。畢竟，這正是重點。我們在減數者身邊時，並不會處於我們的最

佳狀態。他們引起的焦慮觸發我們大腦裡反應更為迅速的杏仁核（我們的情緒腦），並劫持新皮質（我們的理性腦），進而造成不理性行為及破壞性。在理性的力量遭到威脅時，判斷與應對減數者的策略自然也不周全。對付減數者是很難的，需要我們好好思考。

這一章是寫給困在減數型領袖手下的人，旨在提供你經過驗證的策略以協助你做出最好的回應。如果你很幸運身處在乘數者之中，請跳過這章，前進到最後一章〈成為乘數者〉。

本章的訊息很簡單：即使為減數者工作，你還是可以做個乘數者。只要有正確心態與聰明戰術，你便能將貶損效應降到最低。這沒有固定模式，只有必須審慎且明智地執行的穩健觀念。乘數型領導是一門管理學，應對減數者則是一門藝術。只要持之以恆，你甚至可能對減數型領導的影響免疫。最後，你可能加入我稱為「無敵者」（Invincibles）的行列——儘管被貶損行為包圍，仍能持續發揮自己的最高能力、提供最佳才智。

死亡螺旋 vs 成長循環

身處貶損的環境，尤其是長期下來，會造成壓力、令人精疲力盡，而人們會用各種方法做出回應，其中有兩種本能反應。如同歐洲企業中階經理人迪特爾所指出：「比起加入戰鬥、結果也被吞噬，順從減數者、對其他同事的苦難幸災樂禍，來得輕鬆多了。」同樣輕鬆的是以牙還牙、以眼還眼，可惜的是

這只會讓問題惡化。

我們來看看「絕望螺旋」。你的老闆是微管理者——他獨裁、霸道，執著於你工作的最細微環節。在公開場合與表面上，你恭敬地接受他的指導與打探，但私底下，摘下專業面具後，你覺得不受尊重、不受信任、不被看見、沒有價值。我們會覺得連最基本的自主權都被否定了。

當我們感覺自己被虐待或誤判，我們的本能是還以顏色。因此，我們批評。我們不再傾聽，無視他們的意見。我們希望不再受到貶損，於是漠視減數者，盡可能跟老闆保持距離。或者，如果我們被說成什麼事都做不好，我們就不再努力或充耳不聞。

但是，死亡螺旋不會就此終結，只是關係會略受影響，因為貶損行為往往會變本加厲。當老闆覺得權力受威脅或自己的想法無人理會，往往會加大力度，通常是更強調自己的觀點。微管理者被拒絕過問細節後，就會變得更緊張、甚至猜疑。感覺到有事情不對勁，他們就干預得更多，強行加入討論與決策。至此便出現僵局——不是減數者與受害者之間，而是兩名減數者之間——原本的微管理老闆，以及被老闆黑化、剛蛻變完的減數者。

以下圖表說明死亡螺旋的循環：他們規定，我們退縮；他們命令，我們放棄；再一次地，他們認定要做好一件事的唯一方法就是全面控制我們。我的研究顯示，這種反覆循環平均而言持續22個月，約占受訪者跟那種老闆工作時間的85％。

貶損的死亡螺旋

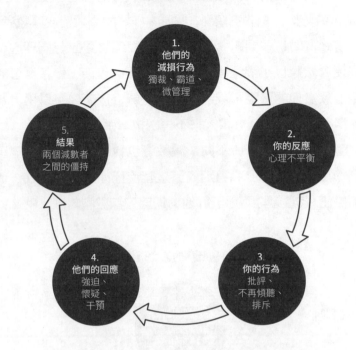

不幸的是，這種情景極為普遍。你不可能用貶損方式讓一個人不再做個減數者。脫離貶損死亡螺旋的最佳辦法是透過乘法——運用乘法邏輯，自己做個乘數型領導人。

我們來看看，改變你的回應將如何打破貶損的死亡螺旋。想像你替一名微管理暴君工作。如果你沒有還以批評及躲避，而是回以才智好奇心——乘數型領導人的標誌，那會如何呢？真正的才智好奇心，是一種想要深入了解的深刻且持續的欲望。我們希望好奇心不會如諺語所說的殺死一隻貓，但我們知道好奇心可以扼殺衝突。如果你站在他的觀點，反問自己：他

為什麼擔憂？他需要我做些什麼，才能有信心並感覺可掌控他的事業？或者，是什麼導致一個原本好好的人類變成減數者？

當你自問這些問題，對他的擔憂與現實建立起同理心，你或許便會傾聽以了解緊張的源頭。放下自尊後，你甚至可能注意到並欣賞他的優點，或者不那麼生氣，接著你可以用更為合作的精神來緩和氣氛，讓大家不再劍拔弩張。

隨著你的回應有所不同，減數者也會改變回應。當他感覺受到尊重，他也可能尊重別人。這套流程亦適用於建立（或重建）信任。[2]當你證明你了解他的期望，減數型經理人就比較可

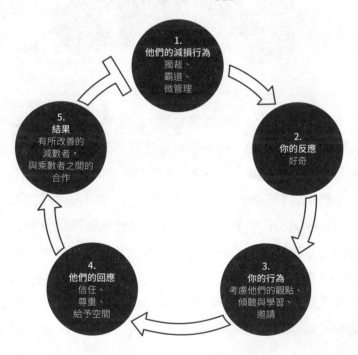

打破貶損的死亡螺旋

能退後，給予更多呼吸空間與操作空間，他甚至可能更為欣賞你的工作。如上頁圖所示，貶損的死亡螺旋被打破，衝突或怯懦順從被合作取代了——不是減數者與員工之間，而是一個更有彈性的減數者與乘數者之間。乘數者可以引出每個人最好的一面，包括令人頭疼的老闆。

有人或許會說，**你根本不了解我的老闆；這個人是徹頭徹尾、教科書範本的減數者，一輩子都不會改變**。對此，我要進一步說明。無論你變得多麼開明，改變你的回應都不保證可以改變減數者，但可以改善完美主義者、拯救者、領跑者和其他減數者的案例，給予你更多思考與工作的空間。

打破循環者

面對減數者，你可以奢望——甚至夢想——那個人會成為乘數者，也許他真的會。或者，你可以選擇自己做個乘數者。大部分的偉大成就都需要一位偉大領導人——但那名領導人未必是老闆。當然，沒人想代替不稱職的父母成為「大人」，但我們都渴望可以在工作時全力發揮。

接下來將提供策略以打破貶損循環，減緩煩人的老闆與有毒的同事帶來的災難。這些方法是根據我的研究發現與我在職場的親身經歷，依循一套自然與人性的基本法則。

1. 未必是你的錯。雖然你深受其害，但你的行為未必是根本原因。減數者的行為比較可能是來自上級的壓力所造成，或是從前無效率的角色模式所殘留的影響。但在此同時，你對減數者的反應極有可能火上加油。

2. 貶損並非無可避免。面對控制狂老闆，我們對於局面的掌控其實多過我們所想像的。我們可以選擇要賦予減數者的看法多少正當性；我們可以選擇是否要接受對方降低對自己的期望；我們可以選擇別人對我們造成的感受。多得是選擇。因此，我們也可以選擇維持對自己的高度期望。我們對自己所做貢獻的分析與評估，亦可幫助我們以健康有益的方法面對減數者。貶損或許會持續，但我們可以減緩其破壞作用。

3. 你可以領導你的領導人。很少經理人會像你自己一樣了解你。因此，若希望別人運用你的最佳才能，你需要引導他們。你可以當自己的經紀人，為自身能力辯護，向立意良好但令人無法承受的管理者據理力爭。

從我最初的研究看來，減數者顯然只得到人們的部分能力，但直到我進行更多研究，採訪數千名困在減數者手下的人們之後，我才真正明白這些領導人挖的坑有多深。人們在工作上被封鎖、抑制和霸凌所感受到的有害效應，滲入他們生活的各個層面。人們一致表示感受到壓力增加、信心減少、有氣無力、憂鬱、健康不佳、不快樂等等。整體傷害還不只如此；若

不加以解決，後果通常越來越嚴重。大多數人亦表示他們將壓力帶回家，變得暴躁易怒，不停抱怨，不愛社交。

在我們研究的數百則留言之中，我對兩則感觸良深。一個人寫道：「我懷疑我是否能做好任何事，我懷疑我是否有做對過任何事。我覺得我讓家人、朋友和同事失望。我刪掉了Facebook和Google+的大部分人，經歷了嚴重的憂鬱發作，甚至考慮過結束自己的生命。」另一則痛心的故事，是有人說他感受的壓力與自我懷疑之嚴重，「我甚至無法照顧我的狗。」

以下策略是為了改善你對減數者的反應，舒緩壓力，中和眼前問題，並阻止死亡螺旋。這些是基本求生策略──自我防衛以協助你應付冥頑不靈的減數者，降低他們傷害的力度。這些策略並不是要馬上將減數者變成乘數型領導人（也無法解決嚴重的心理問題），但若妥善實行，就能大幅減少他們對你造成的貶損影響，讓你的想法被聽見，為自己爭取寶貴的思考時間，使你可以充分發揮。

這些策略依據的核心假設是，**未必是你的錯，貶損並非無可避免，你可以領導你的領導人**。第一級是防衛舉動，讓你抵禦貶損。第二級是主動策略，一邊防禦一邊前進。第三級是教練策略，讓你幫助意外的減數者轉變為乘數者。

建議你先嘗試第一級與第二級的策略，再進行到第三級。你可以將這三級想成是粗略遵照「研發」的時程表，所以不要在沒有進行盡職調查之前就貿然讓新產品上市。雖然大多數人希望從第三級開始，但很少人能在花時間增強自身技能之前就有能力去教導別人。

▶ 第一級：抵禦減數型經理人的黑魔法

1. 調低音量。我的一名同事曾被形容為「看到什麼都吠叫的狗」，意思是她對潛在威脅過度反應，分不清嚴重攻擊與路過的麻煩事物。我的研究顯示，最能應對減數者的人不會看到黑影就開槍。他們懂得要忽視什麼，他們不會躲避減數者或佯裝問題不存在；他們純粹就是消除一些噪音。他們選擇調低音量，減少減數者的穿腦魔音，減緩別人侵蝕他們的生命與精力。

當我們被挑毛病、信心被削弱時，我們往往反思自我。我們很容易假設減數者不重視我們的貢獻；可是，事實上，他們或許更加重視自己的貢獻。不要過度解讀情況，不妨將鏡頭拉遠，將眼界放寬。

優秀的人資主管賈姬[3]接下熱門新創公司的高階管理職之後，預期將面臨挑戰與冒險。她始料未及的是，她的最大考驗是要為一名反覆無常的執行長做事，他在關鍵決策上搖擺不定，各種情況都要插手以獨攬大權。賈姬對她的老闆感到很煩心，想要辭職不幹。痛苦了數月之後，她決定不要認為這是在針對她，也不要讓這種局面控制她。她冷靜下來，思考她的人生價值，然後明白：「最糟糕的事莫過於我被開除，但從大局來看，那並不是最糟糕的事。」考慮到她的減數型老闆，她盡力營造一個正向環境。她沒有躺平裝死，但也不讓局勢扼殺她的工作樂趣。

忽視負面局勢通常需要主動的選擇。葛倫・佩特爾（Glenn Pethel）是來自喬治亞的賢明教育領袖，已學會處理不合作同

僚的頻繁摩擦。發生這些不愉快的事件後，他的親近同事會問他為什麼不發火。口音帶著溫柔南方腔調的佩特爾會回答：「因為我不想發脾氣。某些事導致這個人做出這種行為，但那未必是我造成的。我喜歡這種情況嗎？不喜歡。但不會影響到我。」

面對青少年，明智的家長知道要忽視許多雜音與負面刺激。你必須不斷提醒自己，**不是我造成的，不會永遠如此**。忽視持續令人挫敗、震耳欲聾的訊息是一大挑戰。當你調低貶損訊息的音量，調高其他較正面訊息（你自己的，還有來自給予支持的領導人與同事）的音量之後，就比較容易做得到。

2. 強化其他連結。根據上述概念，我們可以藉由增強我們與不同人及工作的連結，以削弱減數者的影響。換句話說，如果你無法打進減數者的信任圈，不妨建立其他勢力圈。

現為大型會計事務所董事的查克，在還是專案經理人時，曾於該公司一名獨裁合夥人手下擔任過幾個職位；這名合夥人會製造緊張的環境，講話顛三倒四，將大家耍得團團轉。查克想不透要怎麼討好這名合夥人或者完成進度，他大多數時間都用於按照這名合夥人隨意的回答來編輯與重寫文件。他覺得糟透了，忍受了兩個月，他思考著轉行。向同事吐苦水之後，他的直屬主管給他一個忠告：「不要再哭哭啼啼了，想辦法改善，不然就辭職。」

他明白他不可能改變那名專制合夥人，但他可以改變自己的想法。他將一天切割為好幾段，把用來回應合夥人繁瑣意見的時間減到最少。他不再嘗試做到每個細節都完善，而是等到

方向正確之後，便交給那名合夥人，反正一定還會被要求修改。他沒有躲避那名合夥人，但不再花那麼多時間去反擊貶損的意見。他將空出來的時間投入於聯繫客戶，以及向其他同事的工作看齊，這兩件事讓他感到充實。他恢復了信心，甚至鼓起勇氣寫了電子郵件給那名合夥人，就他們工作流程沒有效率發表意見。那名合夥人只是不冷不熱地說了句「抱歉」，但這個舉動讓查克感覺充滿力量。他學到的教訓很簡單：不要讓專橫跋扈的老闆主導你的生活。

如同查克，最能應對減數者的人會設法擴大自己的支持基礎，強化與他人的關係，就像受傷的韌帶需要增強周圍肌肉。一名美國海軍士官是這麼說的：「當我發現自己面對著差勁的領導人，我仍會接受其命令，但我會聯繫另一名我信任的領導人，可以給我其他角度的看法，尤其是對於我的看法。」

當你發現自己被專橫霸道的同僚影響，不妨找個你可以建立集體力量的地方。建立內部或外部顧問委員會——一群你信任的同僚或導師，以指引你度過一段艱難的關係。找一個安全堅固的委員會——讓你可以檢驗自身想法，對你的工作進行健全性測試的同僚。（不過，要確定這不會只是你吐苦水的地方，或者變成你目前想法的回聲室。）建立啦啦隊——了解你真正能力，可以給你實用的第二意見，對你這個人提供健康新看法的人。他們的看法將提醒你，你是聰明、可以辦好事情的人。最後，建立職業生涯人脈——當你的老闆不看好你時，可以幫助你前進的支持者。

3. 撤退與重新組織。跟剛愎自用的人硬碰硬絕對不明智，尤其若那個人是你老闆。我的研究顯示，正面攻擊，例如想要證明你的想法有多棒，只會加劇死亡螺旋（你或許記得衝突是最常用、但最無效的策略）。即便你最後吵贏了，勝利通常得不償失。

面對僵局，不妨重新組織，調整自己的心態——不要只想著贏，持續參戰就好了。一名蘋果公司前任高階主管說她向賈伯斯推銷她的主意，她知道一旦賈伯斯被惹惱或固執已見，她就沒有勝算了。她不會爭辯自己的意見，而是會傾聽、認同他的觀點。她接著會要求多一些時間來考慮他的意見，再提出計畫。在她重新組織之時，賈伯斯沒那麼堅持了。等她過幾天後帶著整合他們意見精華的計畫捲土重來，賈伯斯便能接受，計畫也推進了。儘管有些人可能比較喜愛爭執，但所有人都喜歡聽到別人認真考慮他們的意見。當你撤退及重新組織，減數者也有了台階可下——重新思考問題及保住顏面的機會。

4. 發送正確信號。微管理（最普遍的貶損形式）的主要原因，是擔心事情沒有做完整或做正確。如同一名減數者所說：「只有在我覺得事情不會做好的時候，我才會變成微管理者。」你可以藉由提出保證來抵禦這種形式的貶損。當你履行承諾，便能得到減數者的信任。如同為本書寫序的史蒂芬・柯維所說：「信任一旦失去，是可以重建的。」[4]信任是一層一層、一磚一瓦堆砌起來的，每一塊磚都是一次勝利、一次小成功，讓減數者明白這個人不會讓自己失望。這種正向循環會不斷持

續：每當你達成使命，便爭取到機會要求你做出佳績所需的空間與支持。

我們最近的研究顯示，兩個性格不同或行事風格不同的人在一起，出現極端貶損的風險更大。舉例來說，在邁爾斯－布里格斯性格指標（MBTI）中屬於判斷型（講究方法與結果）的經理人，比較可能貶損感知型（彈性、擅長一心多用）的員工，而不是跟他性格相似的員工。

若要力挽狂瀾，員工們可以發送信號，阻止經理人內心的減數者顯現出來。海蒂是屬於高度判斷型的行銷主管，她說：「我團隊裡的人是感知型，根本不發送可以讓我安心的信號。我需要他們再努力一些，而不只是跟我說：『事情都很好。』我需要他們主動報告進度，而不是只說：『我們達成了每一個里程碑，我們明天早上八點就可以準備出發了。』」相反地，判斷型的人必須展現彈性，才能讓感知型老闆知道他們可以接受新的可能性。他們或許需要說：「我們有個計畫，但我們可以接受最後的改變。」在任何情況下，你都可以查明減數者重視的東西，並發送信號說你也很重視，如此便能為自己爭取更多空間。

5. 堅定地展現你的能力。 梅根・蘭伯特（Megan Lambert）是優秀的企業顧問，在她參加的冥想社群擔任志工。梅根將籌辦冥想社群成員的活動，卻被數項突發工作項目拖延了籌辦活動的進度。志工負責人是梅根的朋友，罵得她狗血淋頭，彷彿她突然變得很無能，還不斷傳簡訊檢查進度。折騰了幾天後，梅根感覺自己對志工工作失去興致、不想做事，她知道必須扭

轉這種循環。她奉行乘數型領導，於是找上她的同僚兼友人：「我們來玩個遊戲。就三天時間，我希望你相信我可以做好這項任務，假裝我完全可以勝任。」她的朋友同意了，不再插手。梅根站出來，再次全心履行她的志工職責。

有時候，你必須跟太過熱心的經理人或同事說清楚，你不需要幫忙。如果你曾經想要幫忙三歲幼兒做她可以自己做的事（例如穿外套或端盤子），你就會知道小孩子的反應。孩子會帶著信心，生氣地說：「不要。我自己會！」小孩主張自己的獨立性之後，大人會明白孩子在成長，每天都變得更能幹。同樣地，企業經理人很容易忽略人們的成長。然而，等到我們進入成人職場，我們內心的三歲幼兒就消失不見了。我們不再抗拒微管理的老闆，往往讓他們介入我們可以自行處理的事。

下一次如果又有減數型老闆或同事想要幫你做你可以獨立完成的事，就提醒他們，你可以自己完成。沒必要發脾氣；只需公開堅定地展現你的能力。例如，你可以說：「我很感謝你想要幫忙，不過我想我可以自己來。」或者「我可以先自己做，萬一做不來，再找你幫忙好嗎？」

在要求喘息空間時，一丁點幽默會很有用，尤其是對意外的減數者。班·普特曼（Ben Putterman）是我很要好的老同事，當我管太多時，他會用戲謔的口吻清楚地告訴我。如果我在會議上介入太多或發號施令，他會等到我們走出房間時，做出脖子上拴了繩索的樣子，掙扎著喘氣說：「老闆，妳可以將勒脖項圈鬆開一點。」我們相視一笑，更重要的是，我明白這暗示了我要後退一步，讓他領頭。

如果你的老闆沒有幽默感（幽默碰巧是跟減數者相關係數最低的一項特質），那就直說。可以用「如果……那麼」的語句，比方說，「如果你預先告訴我會議主題，那麼我就會準備好點子。」無論你的口氣是輕鬆或嚴肅，展現自己的能力時最好用謙虛、尊重的姿態，尤其是在官大學問大的文化裡。最後，當你展現自己的能力，而別人也給你空間之後，要準備好全力以赴，做出成績。

6. 要求績效情報。如果沒有關鍵情報，你很難有理想表現。具體來說，人們通常需要兩種資訊才能達成傑出績效。第一種是明確的方向——目標是什麼？為什麼重要？減數者往往忙著指示人們如何射擊，以致忘記先設定目標。減數者開始下達命令時，你可以請求他們支援，提供更多內容與方向。

凱文·葛里格斯比（Kevin Grigsby）是學術醫學與科學領域的組織發展專家，接起一名指示過多的醫師領導人的電話後，便陷入兩難。這名領導人清楚交代凱文要做什麼事，並指定要凱文使用的技巧，但凱文明白他如果完全照辦，情況並不會改善。因此，他沒有照單全收，而是問：「你可以再跟我說一下你想要的結果嗎？你想要達成什麼事？」在聆聽與認同他想要的目標後，凱文問：「假如我採取不同方式達成目標，你可以接受嗎？」那名領導人遲疑了片刻，然後說：「當然，只要你達成相同結果。」下一次當有人給你工作說明的時候，請他們先給出問題的定義。

第二類關鍵情報是績效回饋：我確實達成目標了嗎？有人

未達標時，減數者總是耳提面命，卻不提供資訊以幫助那個人調整技巧或瞄準目標。若是你面對連番批評，不妨要求回饋。回饋（feedback）一詞往往令人聯想到批評或批判；然而，回饋其實只是協助校正事情的資訊而已。例如，恆溫器定時記錄讀數，以判斷室溫高於或低於設定的目標，這項資訊會用來調高或調低溫度。如果你收到太多批評，卻沒有足夠的關鍵績效情報，就可以要求經理人提供。你可以問：「我應該多做些什麼？少做些什麼？」假如你希望更常達標，可以更為頻繁地要求回饋。

7. 另覓新老闆。假如你身處貶損環境，就必須自問：這是適合你的地方嗎？如果你被塞進一個無法成長的小盒子裡，你或許需要採用寄居蟹的方法，給自己找個可以成長的新家。辭掉工作是迄今最有效的抵禦減數者方法，這或許不令人意外。（遺憾的是，針對某些減數型經理人，這也是唯一合理的防禦。）

當然，對許多人而言，辭職不是一個選項。但若你真的辭職，請不要從一名壞經理人換到另一名。除了找新工作，你也要挑選新老闆。這項決定要跟隨你好幾年，所以，就像做出任何大型採購一樣，你必須先蒐集資訊。提出好問題，再觀察乘數型領導的證據。注意他們聽與說的比例。聽他們是如何談論自己的團隊。他們是否有提到人們的才智，抑或列出他們的職責？團隊成員擁有多少所有權？決策是如何進行的？檢視評論，看看離職員工說了什麼。有許多網站提供一家公司及其管

理文化內部實際運作的透明度。[5]就像購買前試用一樣，你可以先當獨立承包商或顧問。如果這不可行，就要求加入團隊會議或視訊會議，以更加了解團隊運作。進一步的指引請參見附錄E的乘數者實驗「另覓新老闆」。

你在設法抵禦貶損行為時，有兩個注意事項。第一，以上策略均屬防禦舉動，以減輕減數者的破壞效果。採用以上任何的策略不需要什麼重大談話（除了辭職）；它們只是小調整，你的日常互動的一部分，有助你保持健全且最佳的工作狀態。這些策略的目的是彰顯你的強項，而不是揭穿減數者的弱點；它們不會改變領導人，但確實可以改變情況。

第二，請記住，如果你總是被減數者包圍，你可能必須問自己：「是我的緣故嗎？」你或許認為凡事都在針對你，將好意的批評當成惡意，甚至在雞蛋裡挑骨頭。你或許應該將減數者視為意外的減數者，也就是立意良好的領導人。或者，你可能必須承認，你遭受的貶損是要讓你向上發展。無論如何，解決辦法都一樣：做個全方位的乘數者。

▶ 第二級：成為老闆的乘數者

許多企業經理人作為乘數者的經驗是「向下」到部屬與員工，但鮮少「向外」到同僚或「向上」到老闆。我們對乘數者360度評估的分析顯示，[6]平均來說，經理人運用旗下部屬大約76％的才智，同僚僅62％，長官66％。然而我的研究亦顯示，人們可以在各個方向做個乘數者，即使是向上面對減數型長官。

其原因如下：減數者喜歡自己的才智與想法受到重用；事實上，許多人迫切渴望被重用。另一方面，乘數者喜歡發掘人們的才華，並運用其才華。在許多方面，減數者需要乘數者。這或許不是天作之合，但這項策略可以幫助你逃離地獄體驗，因為當你引導出老闆最好的一面，你也創造了最佳工作條件。當減數者感覺聰明、受重視、講話有人聽、被包容、被信任，他們便會回報更多的信任。基本上，作為你老闆的乘數者，你將創造自己的乘數者環境，讓自己繁榮茁壯，而不只是活下來。

下列數個方法可以讓你成為組織裡長官的乘數者，以及減數型同事的乘數者。這不代表要防禦狂暴、獨斷的減數者，而是採取攻勢，推進你的職涯，尤其是面對雖是個好人、卻不是好老闆的意外減數者。

1. 利用你老闆的長處。不要試圖改變你的老闆，而是要專注於妥善利用他的知識與技能，以推動你負責的工作。你不需要交出所有權；只需在關鍵時刻善用他的能力，而且要用他可以幫上大忙的方式。如果他的眼光很挑剔，你可以利用他來幫忙診斷專案的潛在問題嗎？或者，如果他是格局宏大的思考家，你可以請他分享願景以協助爭取重要客戶嗎？

蘋果公司的高階主管朗恩以創意天賦而聞名，他被委任建立一項具高度策略性的新事業。他可以讓以事必躬親而出名的蘋果執行長賈伯斯主導這項計畫的細節，也可以試圖阻止賈伯斯干預流程。結果，朗恩在關鍵開發時間點尋求了賈伯斯的建議。賈伯斯被激起天生的才華之後，並不是回以批評，而是滔

滔不絕地說出各種想法，使好的性能變得更好。朗恩讓團隊投入最佳努力，然後利用老闆的長處將產品提升到更高層次。即使你沒有在賈伯斯這種天才底下做事，你也能運用相同技巧。

2. 給他們一份使用說明書。如果你是幸運的少數人，你會有明理的經理人，注意到你的天生才華——你隨心所欲便能做好的事情。反過來說，假如你是未充分發揮的多數人，你不需要呆坐著等待被發掘。你可以宣傳自己的能力，讓同事接收到信號，或者，你可以直接告訴別人你擅長的事，以及你最能派上用場的方式。

你可以想成是給別人一份你的使用說明書。一份好的說明書能讓你知道產品的用處與正確使用方式。假設你考慮買無線電鋸，說明書解釋電鋸可以切割多種材質——木材、塑膠和金屬——也可用來切割木樁、樹枝、金屬管，甚至鐵釘。宣傳手冊也可能提到，它尤其適合用來拆除與對付難以觸及的角落。

同樣地，你可以給別人一份你的使用說明書。你擅長什麼？你天生毫不費力就會做、無須逼迫或獎勵就會做的事是什麼？將之視為你的天生才能。例如，你的才華或許是解決中斷的流程——你找到出軌的地方，讓事情重回正軌。你可以找出自己的才華，將之命名，例如「解決麻煩」（甚或是流程手術師之類的英雄稱號），然後列出你的才華能夠派上用場的地方。比方說，你可以協助你的部門準時交付進度延誤的計畫，贏回曾陷入麻煩的客戶，或者領導跨團隊專案小組以削減官僚作業。等你完成你的「說明書」，就跟老闆或是可以讓你擔任這些角色

的人，討論你的想法。

如果你想要在工作上發揮最高貢獻，你需要讓人們知道你的價值。記住，在工作上發揮你的天生才華是一項真正的特權，所以不要擺出傲慢任性的態度。只因為你明白自己的天生才能，並不表示你可以不做工作裡不熟悉的環節或日常任務。

3. 聆聽以學習。當你覺得自己在工作上因為減數者而動彈不得，不妨思考這個人可以教你什麼，或者他還能如何協助你成功。人們與減數者老闆互動時的一個常見錯誤，是太快駁斥他們的批評。我在擔任甲骨文公司高層時，曾看過許多人向聰明但嚴厲的執行長艾利森進行簡報。那些講得不順（而且勉強才完成）的人跟艾利森起了意見衝突。講得好的人有信心地發表想法，輔以數據，然後停下來傾聽艾利森的反應。他們此舉不是為了討好他，或者只想找到更好的角度來推銷自己的想法，而是聆聽以學習。艾利森的一名高階部屬表示：「太多人沒有把握機會，真正看看艾利森可以教導他們什麼。」

不要開戰，而是要尋找共同立場。稍早提到的教育領袖葛倫‧佩特爾，是跨越隔閡、建立橋梁的大師。戰爭或許有助人們學習外交手腕。1960年代後期，還是個年輕人的他加入了越戰，在那裡學到最寶貴的領導課程。他發現，在暗夜之中，當你沒有掩護又害怕的時候，你學會用不同眼光去觀察。你超越外觀和差異——不管是種族、宗教、背景或地位——真正看見與認識一個人。即便被黑暗籠罩，你仍能學會信任、找尋共同目標。這項深刻的經驗有助他超越貶損行為，發掘合作的方

法，即便是跟那些很難相處的人。

佩特爾提出這項建議：「減數者希望被人聽見，他們想要知道自己提出的意見是很好的意見。如果你一開始就認同他們的價值，以及他們的意見確實有優點，那麼你就有了好的開始。」不過，佩特爾不只是聆聽；他確保人們明白他是**真心**在聽。他面對他們，問道：「你介意我做筆記嗎？我回去後想要好好思考你說的話。」他接著會總結他聽到的話，尋求一致認同。在這個過程中，對方變得不像個減數者，而是更像個夥伴。

下次當你的主管切入減數者模式時，不要提出異議，而是提出問題，協助他思考他的想法的優缺點，詢問他的基本目標。你甚至可以進行「極端問題」挑戰，持續提出誠懇的問題，直到你確實了解主管的觀點。一旦你明白他真正想要的，你們就能討論替代方法以達成目標。

沙伊是客戶成功部（customer success）的主管，他進行了14天的「應對減數者」挑戰，他決定專心聆聽，以了解向來跟他意見不合的微管理老闆。沙伊指出：「當我提出問題時，我發現我們的想法其實比我之前以為的更一致。我以前一直充耳不聞，太快做出假設。」

瓦希芭是位於突尼西亞的銷售經理人，她對超級囉嗦的老闆進行了相同的14天挑戰。她說：「我的老闆發現我有仔細聆聽、做筆記，就變得比較支持，沒那麼神經兮兮，我們進行了一次建設性對話。而且，當我傾聽、不打斷她的話，老闆便分享了我的團隊需要的關鍵資訊。」

4. 承認你的錯誤。 你應該還記得，減數者的核心邏輯是他們認為，**人們沒有我就永遠搞不定事情**。加劇這種循環的莫過於不坦承過錯。當員工犯錯並加以隱瞞，經理人只會質疑他們的能力與判斷力，並假設他們會重蹈覆轍。經理人因而可能變得過度指示，或者在一出現疏失的苗頭時便立刻插手。

為了打破這種循環，不妨坦誠討論你的疏失，以及自己從成功與失敗中學到的教訓。談話很快就會從責怪與掩飾轉變為修復。當你表達自己學到的教訓，便爭取到下次將事情做好的空間。你的老闆將由微管理者轉變為投資者——給予你所有權與附加的責任。你不僅為自己爭取到更多空間，也為他人創造了分享錯誤的空間——甚至包括你的老闆。一個會分享自身錯誤的老闆！那將解放一整個團隊，創造一種允許實驗及冒險創新的文化。

因此，不必等老闆召開大家可以坦承及嘲諷自己犯錯的「本週烏龍」談話，而是自行承認錯誤，分享自己得到的教訓，讓老闆知道你每次都有長進。這麼做會增強乘數者核心信念：**人們是聰明的，可以由錯誤中學習，自己想明白。**

5. 主動要求延展型任務。 經理人可能會陷入指派人們更多工作的模式，以為更多工作等於更多成長機會。但是，同樣的事情一做再做，做得越來越快，並不會培養你的技能（除非你碰巧是個空中接刀的雜耍師）。大多數人藉由做困難的事、以前沒有做過的事、還不知道該怎麼做的事，才能成長與學習。好的乘數者會設定一個讓你得以延展的機會；不過，若你的老

闆沒有要求你進行新挑戰，並不表示你不能主動要求。

你可以發送信號，表示你準備接受艱難挑戰，讓老闆知道你願意脫離舒適圈。不過，務必要謹慎：表明有意願接受新挑戰，可能被誤解為要求升遷或新工作。大多數經理人無法無止境提供升遷，當員工要求「更大的工作」，他們就會有防禦心理。但是，大部分經理人手上有許多願意分享的挑戰。我們的建議是，不要單方面搶奪一份更大工作的控制權，而是表明願意做超出自己現在範疇的工作。你或許可以延展自己的技能到新領域，或者處理你職務以外的問題。或者，直接詢問經理人你能代勞哪些事情。先由小事著手，證明你自己。不要指望不切實際的升遷，而是要建構一項新挑戰，向老闆證明你可以接受更多挑戰。

6. 邀請他們加入派對。與其拒人於千里之外，不如試著讓減數者加入你們。有人對我們施加災難時，本能會叫我們避開那個人，奮力抗敵。當減數者受到排擠，通常會更激進地想要插手。將減數者關在門外，可能波及整個團隊。我們在第七章〈意外的減數者〉討論過，當我們試圖保護人們不遭受嚴酷外力所影響，就等於讓他們與現實脫節，無法自力更生。

與其讓減數者搞砸你的派對，不如邀請他們同樂。這或許是最革命性的策略，讓你得以成為老闆的乘數者。如果你分享更多資料，邀請他來開會，請他對重要議題發表看法，會是什麼情況？他可能會折磨你，讓你的生活很悲慘（不過，若真是如此，他或許早就這麼做了）。那麼，不要只是一味忍受，而

是邀請他加入，那會如何？你的透明態度可望說明一切都很好，你沒有隱瞞任何事。你甚至可能發現，他喜歡互動，很享受和你一起工作。有個中階經理人特意邀請一名高階主管加入一項重要計畫，他經常貶損與干涉他人。雖然她也可以不找他來參加會議，她仍是邀請他加入議題，請他在開會前發言，設定內容，再將會議交還給她。計畫結束後，他表示：「和妳一起工作，我覺得我們什麼事都能做到。」

分享你的空間並不代表放棄掌控。藉由自動發起互動，你反而更能控制老闆的參與程度，從而將令人討厭的老闆動能減到最低。例如，你邀他參加會議時，可以說明你希望他扮演的角色，並詳細指出你希望他發言的時間點。或者，在你呈交文件給主管審核時，指出你希望他解決的明確問題。如此一來，你可以集中他的精力，將他的貢獻導引到最有價值的地方，或者是最沒有傷害的地方。

成為你老闆的乘數者，是打破貶損循環的好方法，但不侷限於跟減數者工作的時候；這項策略全方位適用於身邊所有人。這是無敵貢獻者的標誌，亦即不被減數型長官或同僚打壓，無論如何都穩定發揮最高能力的人。

▶ 第三級：啟發他人的乘數型領導

信奉乘數型領導的自然後果，是想要幫助他人成為乘數者——尤其是那些人正巧是我們的主管，而我們每天都能感受到他們的貶損影響。我們懷著最大的善意，想幫助別人成長為領

導者。然而，也正是在最大的善意之下，我們造成最大的傷害。無論理由多麼正當，我們無法藉由貶損方式將某人變成乘數者。

人無法改變別人，只能改變自己。唯有當一個人自願承認問題，且有深刻欲望（與誘因）去改變自己的行為模式時，才能發生改變。你如何協助領導人：（1）明白他們造成的附加傷害，（2）找出更好的領導方式？你如何幫助意外的減數者成為更刻意行事的乘數者？以下是一些策略，以提高警覺並激勵領導人做出改變。

1. 假設正向意圖。 很少有減數者願意就自己的貶損方式進行對談，然而，大多數經理人都想要探討他們的良好意圖。如果你一開始就假設你的同僚具有正向意圖，不僅能讓你用最有利的角度去詮釋他們的行動，亦提供一個共同的目標。站在共同立場上，你可以幫助同僚看出他們沒有得到想要的目標。例如，針對身為快速回應者的同僚，你可以說：「我明白你想要營造一支快速回應的團隊，但是當你太快做出回應，別人就沒有機會了。如果你慢一點行動，別人就會快一點。」

2. 一次解決一個問題。 我們已看到，為減數者工作的人會覺得疲憊不堪。但若我們不智地發洩所有怨氣，減數者只會感覺受到攻擊，於是撤退到他們最擅長的地方——只要不是他們的主意，便全面封鎖。所以，一次提出一個小意見就好。

3. 慶祝進展。飼育員在訓練海豚時，不會等到海豚躍出水面六公尺、做個翻轉（訓練的最終目標），才給牠一桶魚。所有正確方向的行為，都會得到魚塊或其他正向增強物作為獎勵。同樣地，如果你想要幫助別人以新方式領導，應該認同與稱讚每一項方向正確的嘗試，即便是最微小的良好領導舉動。

我們很容易看到別人的貶損行為，但最重要的是要看到自己的貶損行為。大多數人內心都有個減數者，在壓力或危機時刻就會被觸發。如同攜帶某種疾病傾向的隱性基因，可能處於休眠狀態，直到環境條件觸發疾病與目前的症狀。你激發乘數型領導的最大機會，來自於了解及辨認你自己的減數者特徵，將這些情況轉變為乘數者時刻。

或者，你的突破可能來自於明白自己會是個比老闆更好的領導人。許多組織有潛規則，人們不應期望、甚或不允許去領導老闆。疊床架屋的組織階級形成玻璃天花板，抑制了領導效率。就乘數者可以從他人身上創造的非凡績效來看，我相信我們在減數者環境也可以實行乘數型領導，允許自己做得比老闆更好，之後便會看見組織意識到變化。

提供你自己的光

不受重用或遭到打壓，會是職業生涯裡的艱難黑暗時刻，黑暗可能蔓延到你生活的其他面向，讓你整個人被掏空。你很

容易便接受沒沒無聞的命運，平淡過一生；或者可能加入貶損行列，對別人不贊同、漠視及疏離，又或者默不作聲，希望你的減數型老闆能夠改變。

　　然而，你可以做個打破循環者。你可以藉由展現自身能力或變成你理想中的領導人，打破減數型領導人的死亡螺旋。在我們的研究過程中，人們所表達過最大的悔恨，是他們沒有早點採取行動。

　　馬丁‧路德‧金恩（Martin Luther King Jr.）博士曾說過：

　　暴力的最大缺點是，它是一個死亡螺旋，捲入它試圖摧毀的所有東西。它不能減少邪惡，反而使之倍增……以暴制暴讓暴力增加一倍，讓原已暗無星光的夜晚更加黑暗。黑暗不能驅走黑暗：唯有光明才能。

　　應對減數者的時候，我們需要成為照進黑暗的光。在現代組織中，領導不只來自高層，亦來自中層與底層。當你困在減數者底下，有時唯一的出路是向上——成為老闆的乘數者。因為你唯一能改造為乘數者的減數者，就是你自己。

第八章　**總結**

應對減數者

你在替減數者做事時，還是可以成為乘數者。

打破貶損循環：

1. 未必是你的錯

2. 貶損並非無可避免

3. 你可以領導你的領導人

應對減數者的策略：

第一級：抵禦減數型經理人的黑魔法

這些基本求生策略的目的，是要改善你對減數者的反應，舒緩壓力，中和眼前問題，並阻止死亡螺旋。

1. 調低音量

2. 強化其他連結

3. 撤退與重新組織

4. 發送正確信號

5. 堅定地展現你的能力

6. 要求績效情報

7. 另覓新老闆

第二級：成為老闆的乘數者

這是進攻型策略，協助你成為上級長官或減數型同僚的乘數者，尤其是那些意外的減數者。

1. 利用你老闆的長處
2. 給他們一份使用說明書
3. 聆聽以學習
4. 承認你的錯誤
5. 主動要求延展型任務
6. 邀請他們加入派對

第三級：啟發他人的乘數型領導

這些策略是要提高意識，鼓勵領導人從意外的減數者轉變為更刻意行事的乘數者。

1. 假設正向意圖
2. 一次解決一個問題
3. 慶祝進展

Becoming a Multiplier
成為乘數者

以其終不自為大，故能成其大。

——老子

Intuit公司前執行長比爾‧坎貝爾，30多年前是在一所長春藤大學擔任美式足球教練。身為教練，他聰明、積極、強硬。當他被招募到這家消費科技公司後，他的運作方式大致相同。他年輕時在柯達（Kodak）公司擔任行銷主管，若看到銷售負責人的事業計畫寫得不好，他會接手改寫。而在當年蘋果電腦公司講究細節的約翰‧史庫利（John Scully）手下做事時，比爾變成終極微管理者，他埋頭於事業的所有細節，指導每項決策與行動。他說：「我把每個人都逼瘋了。我才是真正的減數者。相信我，我做出所有決定，逼迫每個人。我真的很壞。」

▶ 減數者的自白

　　比爾回想起一次最差勁的時候。在一場重要員工會議上，他的管理團隊成員問了一個簡單問題。比爾對這個搞不清楚狀況的主管很惱火，轉身對著他發飆（夾雜許多髒話）：「那是我聽過最愚蠢的問題。」房間裡一片死寂。比爾繼續進行會議，不再被其他惱人問題打斷。接下來幾週，他注意到大家都不再問他問題。他粉碎了團隊的好奇心。

　　在蘋果子公司克拉麗斯（Claris）擔任執行長時，他持續強硬地領導。一名親近的女同事來找他坦白說：「比爾，我們來這裡是因為我們喜歡在上一家公司為你做事，但是你故態復萌，你操控每個人，做出所有決策。」

　　比爾明白她說得沒錯。這不是唯一接近叛變的時刻，創立另一家公司的兩個月後，他的一名管理團隊成員來找他說：「我

是代表整個團隊來這裡。如果你不讓我們做事,我們就會後悔來這裡。我們不想離開,但我們必須要能做我們的工作。」以球賽來說,比爾明白他總是在第四次進攻、只剩一碼之際指手畫腳。他危害他的公司,損及這個具備優異成員的團隊,而他不願意失去他們。

▶ 成為乘數者

兩名大膽同事的勸告正是比爾所需要的一劑自我意識。他明白他需要修正路線,而他做到了。他首先增加聆聽,減少說話,開始欣賞同事的所知所學。當他領悟到他對管理團隊造成的貶損效應,便開始注意組織裡的其他減數者,向他們提出勸告。他尤其記得有一個人總想證明自己是屋子裡最聰明的人,比爾跟他坐下來詳談:「我不在乎你本人有多聰明。要是你再這樣下去,你會讓組織崩塌。你很棒,可是你不能像這樣在這裡工作。」

久而久之,比爾成為了更優秀的領袖。這是一項穩定的轉變,出於他想要保全他的團隊以及實現他招募的人才價值而自然發生。等到比爾成為Intuit公司的執行長,領導該公司在2000年突破十億美元營收大關,他已挖掘出自己內在的乘數者。

▶ 乘數者的乘數者

即便比爾已自執行長職位退休,他仍是Intuit公司董事會成

員，亦花時間指導初階的新創公司。他擔任導師角色——曾親身經歷，犯過錯誤並從錯誤中學習的領導人。他與創投合夥人密切合作，確保各自的角色分明：創投合夥人投入資源，比爾培養人才。他輔助執行長與主要領導人培養必備技能，讓公司能夠拓展市場潛力。

比爾做了什麼來培育執行長？他主要是打造他們成為乘數者。他教授他自己所學到的：「只要是學得會的東西，就能夠教給別人。」他協助天資聰穎（通常年輕）的執行長學習善用組織裡的才智。他教導的執行長後來建立了一些最知名的科技公司：Amazon、Netscape、PayPal、Google 等等。

2010 年，比爾協助一名執行長將他的主管會議由乏味的職能報告會議，轉變成重要業務議題的嚴格辯論。以前，這些會議遵循可預期的格式：桌邊的每個人進行報告，讓同事知道進度以及他們職能內的議題。比爾參加了許多場這類會議，看到優異的腦力未被充分利用，他表示：「這些主管會議並不會有成果，你需要讓人們投入你最重要的議題。」比爾要求這名執行長準備五項公司關鍵議題。執行長再預先將議題清單寄給團隊，要求每個人徹底思考每個議題，準備好數據及意見。

這名執行長於下次開會時，便要求管理團隊摘下職務頭銜，以公司人員自居。然後他提出第一個議題：我們應該留在服務領域，抑或讓給合作夥伴？一名高階主管指出他們應該留在這個領域的理由，另一人持相反立場。每個團隊成員輪流表述自己的觀點，執行長細心聆聽，做出決定，接著列出後續影響與行動。一名團隊成員站出來說：「我理解了，我會著手進

行。」執行長接著進行下一個議題,展開下一場辯論。

比爾回想起他擔任一些矽谷明星執行長教練的經驗:「我可以幫助他們透過不同角度看事情。我將他們趕出舒適圈,對他們提出艱難問題。」

比爾在職涯之初是個減數者,指揮人們做東做西,後來他努力改變自己,成為乘數者,提出讓別人思考的困難問題。不過,他的領導旅程並未結束於此。坎貝爾不只是個乘數者;他成為乘數者的乘數者,培養出能夠汲取與倍增才能的其他強大領導人。比爾在漫長抗癌後,病逝於2016年4月,生前可謂做出巨大影響。他在矽谷最大的傳承,是一些重量級高階主管的背後導師。Intuit的共同創辦人史考特·庫克(Scott Cook)表示,沒有坎貝爾,該公司不會有今日的成就。「我無法想到有其他人對矽谷領導人與文化造成如此重要深遠的影響,」庫克說,「他將我們變得更好了。」

比爾從減數者變成乘數者的乘數者,類似於我們研究的其他領導人所經歷的旅程,讓我們產生了幾個疑問。具有減數者根源的人可以變成乘數者嗎?這種轉變是真實的嗎?這種旅程是隨著人生成熟、累積智慧而被動發生,抑或能透過主動努力而加速?

在這一章,我們將解答這些疑問,探索成為乘數者的旅程。我們將提供成功轉變的領導人範例,給你框架與工具組,協助你更像個乘數型領導人,在你周遭建立起乘數文化。

⛰️ 共鳴、理解、決心

隨著不同的人聽聞這些概念與閱讀本書後,我觀察到幾乎相同的三階段反應:

1. 共鳴。我們聽到各地的人們說,減數者與乘數者之間的差異令他們心有戚戚焉。許多人說:「沒錯,我曾為那種經理人工作過。」他們看到減數(及/或乘數)的實例,生動地描述了企業界的現實。

2. 理解意外的減數者。幾乎所有讀者均坦承他們看見自己身上或多或少的貶損行為。有些人身上只有蛛絲馬跡,其他人身上則有常年的行為模式。他們了解自己用意良好的管理實務做法,極有可能對共事的人產生貶損效應。

3. 決心成為乘數者。在辨認出自身的貶損傾向後,他們真心希望變得更像個乘數者。他們堅定了信念,但時常對乘數者標準與達成標準的難度望而生畏。

省思與決心是起點,但不足以讓我們維持在乘數型領導的旅途上。為了實現實務上的改變,必須在你的個人省思與想對別人形成的影響之間打造一條道路:一條由行動鋪就的道路──朝著正確方向邁出的一小步──締造連續勝利,以加深你的決心。

還有第二項挑戰。雖然我們都希望成為乘數者，卻很少是公司裡唯一的領導人。談到領導，大多數人都有一起工作或認識的其他領導人，他們可能協助也可能干擾我們的新習慣，以及我們試著建立適宜工作環境的努力。你如何帶著其他領導人共同前進，或是幫助毫無自覺的領導人了解其貶損風格所造成的負面影響？

我們將探討這兩項挑戰：（1）我們如何從省思前進到影響？（2）我們要如何啟發集體省思與行動，創造完整的乘數文化？

成為乘數者

根據坎貝爾與無數其他人的案例，我明白乘數者的實務做法是可以學習與培養的。有些人會隨著時間、跌跌撞撞地朝這個方向前進，但只要有正確方式便能加速學習。下列五項加速器已證明是捷徑——既可更快抵達，又能維持更久。

▶ 第一號加速器：從假設著手

想用保齡球將十支球瓶一次擊倒，你必須擊中第一支球瓶。直接擊中第一支球瓶，便可擊倒其後的大多數球瓶，而且只要擊中恰好的位置，稍微偏左或偏右，幾乎保證所有球瓶可以一次全倒。乘數者的假設便是第一支球瓶。因為行為是根據

假設而來，只要採取乘數者心態，你便能擊中一整組行為。

想想看下列情境，以及你要如何根據減數者或乘數者的假設來處理：

高階主管請你指派你部門裡的一個人加入跨部門專案小組，以評估公司的競爭態勢，並建議目前的行銷計畫要如何做出調整。你決定指派賈揚蒂加入小組，也計劃跟她一對一開會，指示這項任務。

減數者假設：沒有我的話，人們永遠無法搞定事情。 在這種假設下，你或許會在開會時，指示賈揚蒂作為你的代表，成為你在這項專案的耳目。她會去參加會議，蒐集資訊，向你回報，然後你評估議題。

這種方式會有什麼結果？賈揚蒂花許多時間去開會，對專案小組卻沒什麼貢獻。她小心翼翼，不敢踰越自己的角色，放棄發言機會，迴避任何她可能被點名表達意見的爭議性議題。最後，你由小道消息聽說專案小組負責人批評你的部門沒有用心投入。

乘數者假設：人們是聰明的，可以做好事情。 你讓賈揚蒂知道你挑選了她，是因為她了解市場，以及有能力分析專案小組蒐集的大量市場數據。你清楚表示你指派給她一項大任務，她將代表整個部門，全權負責執行專案小組的決定。你或許會建議她帶著數據去開會以便權衡議題，在討論時獨立思考。你

會讓她知道這個專案小組是她的案子，但若她希望有人一起商量，你可以提供意見。

這種方式會有什麼結果？賈揚蒂全心投入這個專案小組，對競爭局勢有了新的認識，並倡議對你的部門有立即好處的行銷計畫。她讓專案小組負責人留下印象，想著：**這個部門有很棒的人才。**

我們的假設將形成我們的看法與做法，最後對結果產生強大影響（通常是藉由自我實現的預言）。如果你想要自然地、本能地運用乘數者的技能與行為，不妨嘗試下列乘數者假設，讓它們導引你的行動。

類型	減數者假設	乘數者假設
人才磁鐵	人們需要向我報告，才能讓他們做好任何事。	如果我能找出人們的天分，我便能加以運用。
解放者	壓力可以提升績效。	人們的最佳想法必須是自願付出，不能強求。
挑戰者	我必須提出所有答案。	人們接受挑戰後會變得更聰明。
辯論製造者	只有幾個人的話值得聽。	集思廣益之下，我們可以搞定事情。
投資者	沒有我的話，人們永遠無法搞定事情。	人們是聰明的，可以做好事情。

▶ 第二號加速器：發揮極致

2002年，傑克・詹勒（Jack Zenger）與喬・佛克曼（Joe Folkman）在他們的著作《卓越領導人》（*The Extraordinary*

Leader）中發表了有趣的研究發現。[1]他們研究8,000名領導人的360度評估資料，想要找出卓越領導人與平庸領導人之間的差異。他們發現，被視為沒有特別強項的領導人，在效率項目排名第34百分位數。然而，若領導人被視為僅具有一項特別能力，在效率項目的排名便會急升到第64百分位數。假設他們沒有明顯的缺點，擁有一項強大能力，就使得領導人的效率增加近一倍。擁有兩項、三項、四項強大能力的領導人，排名分別竄升至第72、第81及第89百分位數。詹勒／佛克曼研究證實，領導人不需要在各方面都很能幹；他們需要的是擁有少量技能，以及沒有明顯缺點。

對於企圖成為乘數型領導者的人來說，這代表你不需要在每個乘數者類型中都表現出色，也不須精通每一項實務做法。我們在研究乘數者時發現，每一名乘數者未必在這五種類型都很強。大部分的乘數者只擅長其中三項，不少人擅長四項甚或五項全能，但熟練至少三項，似乎是乘數者狀態的一個分水嶺。我們亦注意到，這些乘數者在這五個方面都很少落在減數者區間。領導人不必五項全能，便可以被視為乘數者。領導人只需兩項或三項很強，其他項目則是足夠好即可。

想要成為乘數者的人，與其嘗試發展這五類技能，不如設定一套極致發展計畫。首先，評估你的領導實務做法，然後全力做到下列兩點：（1）中和弱點；（2）提升強項。

中和弱點。有關企業主管教練的一個常見錯誤觀念是，藉由教練或開發，能夠（甚至應該）將你的弱點變成強項。客戶

時常告訴我：「我這方面很差，我必須變得很強才行。」我會向他們建議，雖然並非不可能，但是，想將他們的最大弱點變成最大強項，機率不高。事實上，你不需要十項全能，只是不能有明顯的缺點。你必須中和弱點，將之修正至中間、可接受的地帶。設定實際目標，才能釋放能力去做更重要的發展工作：將你的普通強項變成超級強項。

提升強項。如同詹勒／佛克曼及許多其他人發現，擁有少數強項的領導人得到的評價，遠高於具有廣泛能力的領導人。找出五種類型之中你最強的領域，並養成深入且廣泛的實務做法，可讓你在這個類型中極為出色。你可以成為世界級的挑戰者，或是強大的人才磁鐵。明智投資你的精力，增強你的某一個強項，由優秀進步到卓越。下圖說明這兩項發展策略：

乘數者	人才磁鐵	解放者	挑戰者	辯論製造者	投資者
極強大的能力	↑ 2				
合格		○	↑ 1	○	○
弱點					
減數者	帝國創建者	暴君	萬事通	決策製造者	微管理者

我們根據自己的研究，開發出一項多評量者（multirater）評估工具，你可以參見官網www.multipliersbooks.com。進行

這項360度回饋，能讓你明白自己在減數者－乘數者區間帶的相對強項。在檢視你的報告時，找出自己最極端的方面。你在何種領域最強？有哪個領域瀕臨減數者地帶嗎？

▶ 第三號加速器：進行實驗

想要有效且持久地學習，我們需要進行小小的連續實驗，使用新方法——測試新行為、分析回饋、調整，以及重複。附錄E的實驗是乘數者類型的入門起點。在你希望成為的乘數者類型當中挑選一個實驗，或者選擇一項實驗以改善意外減數者的傾向。重要的是挑選一項（最好是只有一項），然後實驗新方法。

等到這些小實驗產生成功結果，你就有了能量去進行稍微大一點的實驗。久而久之，這些實驗形成新的行為模式，並建立新的基準。試著將你的實驗延長為30天的期間。為什麼是30天？《歐洲社會心理學期刊》（*European Journal of Social Psychology*）刊載的研究顯示，養成一項新習慣大約需要60天的專注努力。[2]因此，30天挑戰給了你「中場時間」，有機會檢討及策畫養成新習慣的下半場。如同所有優秀的研究者，你應該用日誌記錄你的體驗，以了解行得通及行不通的地方。

接下來，我們來看看四名領導人，以及他們的管理團隊是如何將一項實驗變成30天挑戰。

標示才能。傑克‧波西迪[3]是製造廠的團隊負責人，他看

出有些團隊成員霸占會議，其他人則退縮。奇特的是，在會議上發言最多的那個人，正是覺得自己最不受重用與重視的人。

傑克決定進行30天挑戰，首先是觀察天分，他留心注意每個團隊成員的天生才華。在下一次員工會議，他談起每個人，關於團隊為何需要他們，以及他們帶來的特殊才能。他一一點名每個人的天分，在整個團隊面前標示出來。接著團隊檢討下一季要完成的工作，決定分派任務。儘管沒有明確要求，團隊也能自然地分派給每個人需要其獨特才能的任務。

猜猜那個自認不受重視且霸占會議的團隊成員怎麼了？他減少說話，增加聆聽，開始發掘別人的能力。在乘數者的領導下，那個成員不再霸道，而是成為乘數者。他告訴傑克：「感覺我們現在真的成了一個團隊。」

解放洛克西。克莉絲汀面臨一個常見的管理挑戰——如何讓聰明但羞怯的同事洛克西充分發揮才能。洛克西總是順從他人的想法，從不提出自己的意見，只會附和別人的建議，給人一種他沒有主見的印象。克莉絲汀發現，有洛克西在場的話，她很容易獨占會議，儘管不是刻意為之，她總會過度表達自己的意見，占了80％的會議發言時間。她越是想拯救他，事情就每況愈下。她越是「教導」洛克西，他似乎越少做出貢獻。

克莉絲汀進行了30天挑戰，專注於成為洛克西的解放者，給他更多空間。她首先問：「洛克西有多聰明？」這個問題消除了她較為批判的減數者假設，讓她進入好奇模式。將焦點放在他的能力之後（他的多年經驗，以及能將複雜活動分解成可執

行的計畫），她發現她更容易問他問題，給他空間回答問題。

克莉絲汀注意到立即的改變，洛克西開始提出意見，在他們的互動中，他講了50%以上的時間。他主動承擔大多數的行動項目，他擔任創造者的角色。不到幾天，一名客戶便和克莉絲汀談起這種改變。克莉絲汀總結她的學習心得：「安靜創造了空間，空間創造了成果。成果很寶貴。我已經看到回報了！」

辯論協議。蓋瑞·羅維爾（Gary Lovell）是南非開普敦惠普企業服務（HP Enterprise Services）的專案經理人。有位客戶收購了新事業單位，必須整合到他們既有的支出管理系統。蓋瑞和團隊要負責為這名客戶找到最合適的產品解決方案，確切來說，他們必須考慮其對時間與資源的影響，進而建議一項整合策略。這對客戶來說是重大決策，因此蓋瑞決定採取辯論。

蓋瑞需要讓通常意見相左的業務雙方參與，請他們擬定一項協調的解決方案。當然，他預期客戶與他的技術團隊各有各的顧慮。即使蓋瑞直覺上知道應該呈交給客戶什麼解決方案，他仍與技術團隊進行辯論。在辯論中，蓋瑞要求每個團隊成員扮演與平常不同的「職業」角色，詳列潛在決定的正反兩面，而這項流程促使每個人至少改變過一次最初的意見。

最後，所有人就解決方案達成協議。當他們提交最終解決方案，客戶的IT主管不僅向蓋瑞、也向惠普技術團隊提出許多問題。由於他們先前在辯論的「攻守交換」時已討論過那些問題，整個團隊都有萬全準備。看到惠普團隊統一陣線，客戶的顧慮轉為自信，開始推動這項創新大膽的解決方案，為該公司

爭取到更大的機會。

投資再生能源。格瑞高里・佩爾（Gregory Pal）是一名思慮周全、優秀的麻省理工畢業生，也是哈佛大學企管碩士，他在再生能源新創公司擔任經理人。格瑞高里以解決複雜問題的能力而聞名。他是本書初版的評論者，當時他坦承他有心做個乘數型領導人，卻面臨工作上的巨大壓力。他解決這個兩難情境的方法是進行30天挑戰，心裡懷抱一個明確聚焦的目標。

格瑞高里最近聘雇了麥可，他是個有才華的人，曾任巴西大使館雇員，有著豐富經驗，但格瑞高里卻沒有充分運用他的能力。麥可是唯一遠距上班的團隊成員，往往「眼不見為淨」。麥可估計自己只發揮20至25%的能力。

格瑞高里在挑戰一開始時，先進行幾項簡單投資。他給麥可全權負責擬定巴西合作策略書面報告，之後需在重要董事會議上提交。接著，他請麥可在線上加入公司會議，好讓麥可的想法能被聽見。他時常跟麥可聯繫，但不會接手他的工作。僅僅兩週時間，麥可表示他覺得自己發揮了75至80%的能力。這相當於增加了三倍的利用率！

然而，格瑞高里表示，真正的收穫來自於觀點的改變。他說，自從他開始透過乘數者的角度看待身邊的人之後，機會自然就出現了。與其感到不滿、必須介入、重做一遍工作，他轉而設法幫助他人提升思考能力。他不必接手也能掌控大局。他開始改變做事方法，因為他開始用不同角度看待自己的角色。

▶ 第四號加速器：準備接受挫折

由省思前進到影響，需要矯正我們原本的假設，並建立新的乘數者習慣。這項過程既不會自動發生，也不是一蹴可幾。但是，有了充足的知識及工具的輔助，你便能將舊假設轉變為新習慣。

由於乘數者的概念很容易理解，常見的陷阱便是以為實行概念與理解概念同樣簡單。單單是具備知識，通常不足以轉變為乘數者。更多時候，唯有堅持與毅力，才能用乘數者行為取代減數者習慣。因此，我們必須預期沿路上可能遭遇的挫折，並準備因應的工具。

畢竟，改變貶損行為可不是人工膝關節置換手術，用新的膝關節替換磨損的關節。單單是渴望改變現今的假設，不足以立即推翻舊習慣。我們必須播種與栽培新的乘數者假設的種子，才能逐步根除舊習慣。

好消息是，有個大腦部位會儲存刻意培養的新假設，亦會於無意識間建立新習慣。[4]然而，值得注意的是，直到養成新習慣前（藉由透過持續的行為建立新的神經通路），潛意識會認為你應該維持你的舊減數者行為，即便那些行為與你的新乘數者假設相牴觸。這個難熬的過渡期的危險在於，這些「應該」的判斷將使你喪失動力，甚至在你能夠培養與實行新假設之前，便放棄這趟旅程。

這裡有個訣竅可以幫助你度過這段時期，首先，在你培養新乘數者行為、改變舊習慣之際，允許自己失敗。你要明白這

很困難，你可能在建立新的心態與技能之時進兩步退一步。運用下列策略有助你對自己網開一面，直到完全培養新習慣為止：

1. 我的新乘數者假設是〔人們是聰明的，可以自己想明白〕，所以我需要養成一個新習慣〔給予空間〕。
2. 在成為乘數者的中途，新假設會混雜著舊習慣。
3. 在完全根除那些習慣之前，我可能會持續犯錯，在學著〔給予空間〕以幫助他人時，仍會因為〔跳出來插手〕而貶損了他人。

其次，與一路上鼓勵你的同僚分享你的策略。如果你要做出180度的轉變，預先跟幾名團隊成員討論，便能減輕你的改變可能帶來的恐慌因素——若沒有事先預警，就急速由減數行為轉變到乘數行為，可能引人懷疑。此外，這有助於堅定你的計畫，同時獲得你迫切需要的支持。

▶ 第五號加速器：請教同僚

假如你真的很想讓自己加速發展成為乘數型領導人，就請同僚——員工、同事或老闆——替你挑選實驗。請找那些可以看出你的意外減數者傾向、同時也了解你的良好意圖的人。給他們本書附錄E的工作單，向他們說明你正在挑選一項新習慣，以協助你成為更好的領導者。接著提出這個問題：**如果我希望激發我所領導之人的最佳能力，這九項實驗之中的哪一項**

對我最有幫助？但是，我要警告的是，這一步不適合懶散的學習者或意外的領導者。不過，對於熱切希望成為乘數者的人來說，它就像是火箭燃料，能加速你的推進。

我們團隊深受感動，因為我們見證世界各地的高階領導者與第一線經理人進行實驗，習慣了新的步調與節奏。許多人覺得，僅僅是看到員工們的反應便已是足夠的證據，可以讓他們不斷前進。其他人則認為，證據來自於當他們領悟到新做法解放了他們自己與員工。戴夫‧哈維列克（Dave Havlek）是投資者關係主管，他放手讓團隊全權負責（參見附錄E的「交回職責」實驗），而他表示：「突然間，我卸下了重擔，不必做出每個決定、每項指示。放手的感覺真好，團隊締造堅實成果時的感覺更好。我開始覺得我不必每晚工作到半夜了。」戴夫成功將思考的負擔轉移給團隊之後，他們前進得更快速，做出更明智的決策，而戴夫也重新定義了他身為領導人的角色。

雖然單一領導人的漣漪效應可以擴散到整體組織，但沒有領導人能夠單兵作戰。每個領導人都是系統的一部分，需要各層級領導人的努力，才能建立深入運用才智的環境。

🏭 建立乘數文化

麥克‧菲利克斯（Mike Felix）是強大、經驗豐富的領導人，擅長改造經營不善的事業及團隊。2012年，他身為阿拉斯康姆電信（Alascom，是AT&T子公司）總裁，在阿拉斯加州

成功轉虧為盈之後，美國電話電報公司（AT&T）將麥克調到美國中西部，以領導中西部網路娛樂戶外服務（IEFS）分公司的8,500人。這項人事布局，是這個全球電信巨擘轉型為全球頂尖綜合電信公司的一環。為了成功轉型，該公司正在打造敏捷的部隊，使其可以承受經過精密計算的風險，同時建立每個聲音都被聽見、每個想法都重要的企業文化。

麥克在新職位上要領導一支管理團隊，包含7名總監、68名地區經理人，以及近500位第一線主管。中西部分公司在五間分公司之中萬年墊底（幾乎每項業務指標都是），讓這份原已艱難的差事難上加難。這個組織似乎是長期過度管理，卻又缺乏有效領導。

▶ **覺醒**

麥克第一年大多時間都是在中西部「漫遊」，觀察行為，聆聽對話，提出問題，了解是哪些態度與行為在拖累團隊。他恍然大悟：許多經理人獲得晉升，是因為他們是優秀的技師，卻從未學習如何領導與教導。因此，他設立指導課程，讓地區經理人能夠學習新的領導技能，並與他們的團隊一同取得與維持最佳績效。

上任一年後，麥克參加了全球領袖高峰會，聽說了乘數者的概念，更重要的是，即便是優秀領導人也可能是意外減數者的概念。他是個天生領袖，很認同這種概念；他學到一些辭彙，用以形容自己正面的領導實務做法，同時學到了拖累他們

分公司的貶損假設。這個概念引發共鳴，亦觸及敏感神經。他說：「這真的改變了我，幫助我看到了我是意外減數者的層面。」麥克讀了《影響力領導》，找到方法以減輕他的意外減數者傾向。他沒有用自己的願景與能量去壓制員工，而是播種概念，退後一步，提出更多問題。他亦運用乘數者實務做法來提出更大挑戰，將所有權移交給別人，將自己的指導與教授提升到新層次。

即便領導人擁有超群技能與自我意識，也沒有辦法獨力扭轉組織。想要扭轉一個8,500人的組織，麥克知道他需要鍛鍊領導能力，但更重要的是，他需要建立普及的乘數者文化。這需要500餘名經理人變成更好的領導人，在整個組織中創立一個共同理念的體系。

▶ 行動呼籲

麥克首先實施乘數者語言。他一直在學習領導學與組織學，明白若要改變文化，就要先改變對話。為了改變對話，人們需要新的名詞，尤其是有關可以創造勝利成果的行為。麥克要求所有經理人閱讀這本書，進行「意外減數者」問答（你可以參見www.multipliersquiz.com）。沒多久，他的經理人都開始使用相同詞彙，尤其是意外減數者的用語。他們談論「隨時開機」與「領跑者」，開始拒絕他人「拯救者」之類用意良善的舉動，麥克說：「我們有了共同語言，能夠指出貶損行為。」

然而，指出無效行為只不過是開端而已──他們還必須設

定可以塑造信任與高效能文化的新領導行為。麥克花更多時間待在第一線，了解員工需要經理人做些什麼，才能讓他們有最佳表現並達成營業目標。麥克並沒有建構繁複的技能模型，而是在兩英寸平方的紙條上簡單寫下他期望的行為與學習進展。麥克在中西部進行數趟巡迴訪問，歷經數萬英里的乘車與飛行，會晤全部 68 名地區經理人及 400 餘名第一線主管，討論這些致勝行為，並教授經理人如何領導與指導其餘團隊。麥克示範新的領導方法之後，總監與地區經理人跟進。俄亥俄州的地區經理人表示：「我試著教導，而不是指示。我提出問題，找出他們已經知道的，然後將他們導引到解決方案。我試著讓他們當屋裡最聰明的人。」總監與地區經理人擔任老師，但他們不是監考人，他們不會糾舉所有違規行為，而是鼓勵與教導團隊自行評估及調整。

麥克不只期望經理人學習新行為，他本人亦持續調整自己的領導方式。舉例來說，每次全體會議結束時，針對他的語調與他可能於無意間發送的任何訊息，麥克會請部屬提供回饋。麥克說：「人們往往能看到自己是乘數者的部分，卻未必看得出他們是減數者的部分。因此，你需要回饋，我很幸運有一大群人可以提供我這項資訊。」當一群經理人被問到麥克有哪些意外減數者的傾向時，他們笑了。一個人說：「他每一種都有！但沒有造成貶損，因為他會糾正自己。他會說：『我這件事也許做錯了。』無論是一小群人或是 4,000 人的視訊會議，他都會說自己做錯了。」芝加哥的地區經理人說：「這表示我們不害怕犯錯或自己做出決策。萬一失敗了，我們也會盡快收拾。」

麥克與他的團隊針對所允許的行為達成明確共識後,便準備好提前做出人事決定。重要的領導決策必須遵循麥克設定的一項明確原則:「以前的成績無法預測未來的成績;但是,以前的行為確實能預測未來的行為,進而驅動未來的成績。」展現正確思維與行為的領導人將得到升遷,無法做出改變的人則會被開除。麥克與他的領導團隊努力深入組織,表揚優秀的領導人。例如,有個第一線主管設計了強調安全重要性的遊戲節目,因而成為地方英雄。他和其他新英雄成為典範,讓組織有機會講述新的故事,培養新的成功理念。創新行動在組織內部百花齊放。

　　麥克和他的團隊看得出來他們必須提升信任。人們必須知道自己受到信任,才能開始信任管理層也在乎他們的最佳利益。麥克可以傳布關於信任的訊息,舉行信任主題的座談會,在密閉辦公室裡治理,派出手下去刺探不遵守的跡象。但相反地,麥克和管理團隊建立信任的方法是先信任員工,以及提出更多問題。他們不是提出「逮到你了」的審訊式問題,而是真摯的問題,例如,**我想要知道你是怎麼想的,以及理由。**這些問題是要傳達「我信任你」的訊息,那不是盲目的信心:**我相信你會做對事情**;而是更為深層的信心:**我相信你會學習如何做對事情**。經理人持續問問題之後,技術人員與員工接收到了訊息:他們必須獨立思考,以及他們被允許彌補錯誤。

▶ 共同文化

新的信念剛開始時是脆弱的，需要增強與驗證才會變得根深蒂固。麥克和他的團隊設定了顯眼的計畫來慶祝與分享進步，例如，其組織一整季都沒有發生事故的地區經理人，會拿到一件安全圈（Circle of Safety）外套——以提醒整個團隊，團隊的安全與財務和營運目標同等重要。麥克設立的指導計畫成為每月例行公事。不意外地，麥克仍然對每個層級談話，並確保他們都知道書單上的第一本書是《影響力領導》。他談論自己的意外減數者傾向，並鼓勵別人也這麼做。以前，討論經理人的弱點是隱祕、閉門對話的主題；如今這種話題是公開的，可帶來活力與新鮮感。三年前，經理人是天才製造者的概念還很新穎，現在則已成為新常規與日常運作的一環。

2015年底，麥克到任僅三年，AT&T的中西部IEFS分公司的U-verse電視服務，即將連續三年獲得JD Power顧客滿意度獎，在五大分公司的財務績效中拔得頭籌，此外，每個月的營業指標不是第一名就是第二名。這是一趟從萬年墊底翻身為絕對冠軍的旅程。麥克的門生提名他角逐2015年度乘數者競賽，並慶祝他進入決賽。

麥克不只改變了自己，還改變了整體文化。雖然起初只是一個突然的省思，但他藉由建立文化來創造持久的影響——共同語言、共享理念、一套創造出集體勝利的常規，使人們越來越聰明且能幹。

若你想建立出色的組織，不要只滿足於你自己的頓悟時

刻：打造乘數者文化，每天便能為組織裡的每個人創造乘數者時刻。

▶ 培養成長

你該如何建立乘數者文化——打造一個環境，共享乘數者心態與實務做法，並設定為新常規？為了開發新文化常規，我們必須明白什麼是文化，以及如何形成強勁的文化。我們首先來談文化的古典定義，由人類學觀點來看，文化是「一個特定社會、團體、地方或時間的信念、風俗、藝術等」。由企業角度來看，文化「是一種存在於一個地方或組織的思考、行為或工作方式」。[5]強大的文化通常展現下列特色：

- **共同語言**：依據意見、原則和價值觀，對一個社群具有共同意義的單詞與片語[6]
- **習得行為**：一套針對刺激所做出的學習性反應[7]
- **共享理念**：接受某件事是真實的[8]
- **英雄與傳奇**：因為特質、行為及／或成就而受到推崇或理想化的人，他們的英雄行徑故事被傳誦
- **儀式與常規**：一個人或一個團體固定遵守的一致行為

我們來看看一種強大的文化，綜合了上述要素，塑造出新行為，並產生正向結果。匿名戒酒會（Alcoholics Anonymous）是一個互助協會，在全球170個國家有200多萬名會員，主要

目的是幫助酗酒者「保持清醒，同時協助其他酗酒者達成清醒」。雖然匿名戒酒會沒有管理機構，而且是遍布全球、鬆散連結的互助協會，卻能維持強勁的文化。無論你是在何處參加匿名戒酒會的會議，體驗都是一致的。這是怎麼辦到的？

在匿名戒酒會中，會員透過「大書」（Big Book）、「12步驟」（Twelve Steps）與「12傳統」（Twelve Traditions）展現共同語言。他們擁有共享理念，例如承認自己無力抗拒酒精，需要「更高力量」（higher power）的協助。在匿名戒酒會，人們借助一些習得行為來對抗酗酒：其中之一是透過參加聚會，定期與互助對象（sponsor）會談，以建立責任感。在這個組織裡，每個人都是英雄，因為他們與彼此分享自己的故事——藉由講述自己的故事，他們用自己的清醒幫助了自己與他人；他們創造了傳奇。匿名戒酒會的一些儀式包括定期參加聚會、一起進行特定祈禱，以及眾所皆知的自我介紹：「嗨，我的名字叫〔奧利佛〕，我是個酗酒者。」

無論我們對匿名戒酒會有何想法，每個人都一致同意其文化強大。文化有著強大力量，是因為它重新導向與塑造我們的行為；其力量勝過個人意圖，會否決不被接受或不合規範的個人行為。在匿名戒酒會，所有人都能參與並得到歸屬感，但是，協會的文化規定是，假如有人阻撓其履行主要目的，便不再歡迎那個人。柏拉圖曾說過：「絕大多數人無法抵抗周遭文化的聲音：在一般情況下，他們的價值觀、信念、甚至是他們的感知，都將反映出文化。」[9]

▶ 深入核心

大多數公司及其領導人都知道必須根除組織的不良舊習慣，實施更加符合組織未來需求的新行為。為了建立新常規，這些用意良好的公司讓管理階層接觸新概念，通常是透過主題演說，但卻未考慮將新常規整合到日常運作之中。他們以為人們會頓悟、產生動能，以反抗既有實踐方法與想法的重力。但若缺乏行動，新概念的啟發只能維持很短的時間。

儘管引入概念與創造對話是好的開始，卻遠遠不夠。這就好比病患開始進行抗生素療程，卻沒有完成整個療程，造成病菌存活、突變，產生抗藥性的風險。同樣地，試圖建立新文化卻半途而廢，不僅無法開花結果，還可能留下不滿的情緒，導致人們抵制未來的其他計畫。

有一間快速成長的軟體公司，想要運用乘數者概念作為成長、創新和挽留人才的策略。經理人被要求閱讀本書，將概念注入管理與新員工訓練計畫。很快地，在辦公室與會議室中，便能聽到人們在談論乘數者、減數者和意外減數者。已知的減數者曝光，潛在的乘數者受到啟發。然而，當公司的成長曲線遇到一些顛簸，許多主管便重回他們的預設風格──並不是因為舊風格比較好，而是比較容易。等到公司恢復穩定成長，他們才明白已失去初心。現在，他們重新組織，再度下定決心建立與維持真正的乘數者文化。這次，他們不只是展開對談，而是培養深入的內部能力以教導概念，並將概念整合到人才與績效管理的實務做法。

建立文化並不是一次注射或一次浸泡即可,而是需要連結到文化的深層——必須由表層的文化因素(例如共同語言及行為)來影響更為深入的文化因素(例如儀式與常規),如下圖所示。

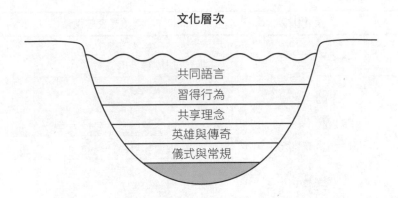

文化層次

共同語言
習得行為
共享理念
英雄與傳奇
儀式與常規

參與表層的做法,就像是將腳趾探入水池——感受到水溫,卻只觸碰到水面。當你的組織採取更為深層的實務做法,表層的想法就會變成深入的信念,新行為則成為標準的運作慣例。當新觀念成為新常規,你便培養出持久的文化。

▶ 建立深層文化

你要如何創造新常規?以下將提出實務做法來協助你建立文化的基本因素(見下頁表),從設立共同語言等表層因素,乃至更為深入的實踐方法,例如,將乘數者行為整合到經理人評量與雇用的實務做法。

每項實踐方法都有一個案例,說明一家公司該如何運用這

項策略。在大多數案例中，這些公司運用了數項方法；不過，我們只能在他們進行的龐大工程之中舉出小小的例子。

建立乘數者文化的十項實踐方法

文化因素	乘數者實務做法
共同語言	1. 舉行說書活動 2. 討論意外的減數者
習得行為	3. 採取乘數者思維 4. 教導乘數者技能 5. 將乘數者融入每日決策
共享理念	6. 編纂領導信條
英雄與傳奇	7. 聚焦乘數者時刻 8. 評量經理人
儀式與常規	9. 試行乘數者實務做法 10. 將實務做法與事業指標整合

▶ 共同語言

當一個團體擁有共同語言，他們便容易指出好的或壞的行為，否則這些行為可能會很難捉摸或不易察覺。許多領導模式都會指出好的行為，卻未能引發有關不好行為的討論。擁有共同語言讓人們有機會討論貶損行為，而這種討論往往只存在於隱晦的對話和低語聲中。為了增強文化，需要設立安全空間讓人們談論領導——不僅僅是理論上和抱負上，而是要融入實際日常經驗與互動中。使用下列兩種方法，有助人們指出並表達哪些行為對他們和同事是好或不好的。

第一項實務做法：舉行說書（book talk）活動。萊恩·桑德斯（Ryan Sanders）是快速成長的軟體即服務（SaaS）公司Bamboo HR的營運長，他向公司介紹了乘數者的概念。他十分認同這兩項原則，那是他從管理該公司的三位數成長中所學到的。第一，績效落後者很容易躲藏在高度成長的公司中。第二，不良的管理與缺乏領導力發展，更是會加劇問題。他的領導力發展計畫是要求高階領導團隊閱讀本書，以及在一連串的每週員工會議中討論，為何他們成長中的事業需要乘數型領導。

第二項實務做法：討論意外的減數者。除了討論本書的觀念，Bamboo HR的高階領導人都要填寫「意外減數者」問卷，然後比較他們的自我評量。這種討論很真實又具衝突性，團隊成員挑戰彼此的貶損行為，同時稱讚他們的乘數者時刻。流淚是常見的情況。雖然許多公司都會展開對談，但該公司的管理團隊則是持續進行，並創造出舒適空間來指正彼此的貶損行為，再用乘數者實務做法來取代那些行為。他們的集體觀點讓他們得以進行文化轉型，提升他們留住頂級人才的機會。最重要的是，公司各個層級都持續進行這種對話。

▶ 習得行為

當我們看到老闆或其他成功領導人微管理重要局面，我們便學到「適宜」行為。我們可能會在遇到類似情況時，將這種行為設定為預設模式。這種行為變得自然化或無意識。為了獲

得新的習得行為，人們必須由不自覺的減數者變成自動的乘數者，如下圖所示。[10]

由不自覺的減數者變成自動的乘數者

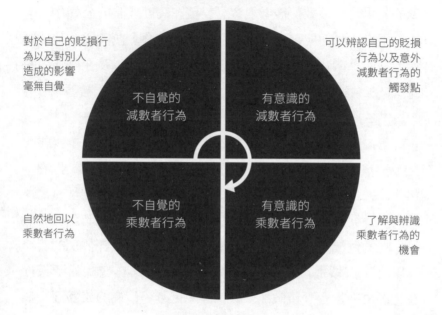

對於自己的貶損行為以及對別人造成的影響毫無自覺

不自覺的減數者行為

有意識的減數者行為

可以辨認自己的貶損行為以及意外減數者行為的觸發點

不自覺的乘數者行為

有意識的乘數者行為

自然地回以乘數者行為

了解與辨識乘數者行為的機會

　　起初，人們必須發掘不良的舊行為的壞處。一旦他們明瞭壞處以後，便需要學習找出觸發點，也就是誘使與啟動貶損回應的情況。等他們接觸到新的乘數者行為之後，就需要嘗試那些行為並獲得成功的經驗。然而，為了讓那種行為持之以恆，我們對於刺激的反應必須變得習慣性或自動化。下列方法可以幫助經理人去除貶損行為，並找到機會用乘數者實務做法來取而代之。

第三項實務做法：採取乘數者思維。前文提到的領導人麥克並非特例；他的行動是AT&T公司內部大型運動的一部分。大公司的員工都知道，在大公司裡很容易被忽略，困在繁文縟節、政治派系與公司架構之中。AT&T為了成為全球頂尖綜合電信公司，必須找到更好的方法來利用內部人才，養成信任與透明的文化，讓大家可以發聲。他們需要新鮮有效的方法，以接觸十萬多名領導人。AT&T首先由最高層開始剷平階級制度。在執行長的授意下，AT&T大學為150名公司主管舉行系列講座。座談會介紹了乘數者心態與實務做法，促發資深領導人之間的對談——談話內容並不是他們希望自己手下的領導人做些什麼（這在企業間極為普遍），而是他們自己有哪些意外減數者的舉動。這個新框架成為強大的透鏡，用以顯示領導人的正向意圖可能造成反效果，以及隱藏的心態是如何塑造行動與結果。

當高階主管實行乘數者實務做法，公司裡的其他人也會注意到，親眼見證小小的行為轉變便能造成巨大衝擊。例如，AT&T夥伴解決方案（Partner Solutions）公司的總裁布魯克絲・麥柯奇（Brooks McCorcle）對於「減少籌碼」（請見附錄E）有著極為正面的體驗，所以她團隊裡的經理人都開始嘗試這項練習。雖然AT&T的努力是由高層開始，但並沒有在此結束。AT&T大學將本書寄送給6,700名總經理，然後舉行乘數者視訊研討會，全球有12.5萬名領導人觀看（相當於員工總數的46%）。除了視訊研討會，還有一份48頁的討論手冊，鼓勵經理人將概念轉化為日常商業實務做法。

儘管這些努力無法消滅所有的貶損行為或減數者，卻能營

造集體抱負、設定工作方式，以消除猶豫心態並瓦解階級制度。員工們更有可能聽到經理人提出問題、聆聽，以及說出「這沒有標準答案」或「你是怎麼想的？」或「我們開個電話會議來辯論這件事」之類的話語。有個資深領導人特意讓較為資淺的主管能夠接觸到公司高階主管（後者通常不參加想法形成的過程），資淺主管感覺受到信任，就會更嚴謹地思考，而不會輕率行事，也不怕提出激進的建議。該名資深領導人表示：「這種消除階級、更為合作的風格，是十分快速的運作模式。」

人們亦感覺獲得准許，可以指出用意良好卻造成貶損的行為。例如，當過度熱切的同事霸占對話，便會有人跳出來輕快地說一句：「哇，放慢些，牛仔。」快速又幽默地傳達了訊息，而不必在年度績效評鑑時發火或排隊等候發言。如同我們在麥克的公司所看到的，當經理人學會找出貶損行為的觸發點，將之轉化為乘數者時刻，乘數型領導的方法便成為了常規。

第四項實務做法：教導乘數者技能。為了發展所需的人才與創新，以便從商品型業務轉型為特種化學品公司，伊士曼化學（Eastman Chemical）公司舉行了一連串的沉浸式雙日領袖研討會，由公司內部的老練主管教練馬克‧赫克特（Mark Hecht）負責指導。研討會說明了乘數者框架，教導有助於達成他們事業目標的乘數者實務做法。除了教導技能，他們亦利用360度評量來提供資料，讓領導人發現自己的盲點並監督自身進展。有些領導人進一步發展了技能，將「乘數者時刻」加入他們原先的團隊會議，讓領導人分享他們將貶損行為轉化為

機會，以增強員工最佳能力的關鍵時刻。

第五項實務做法：將乘數者融入每日決策。 乘數者框架非常適合Intuit公司的事業價值，但該公司想要確保這些觀念能走出訓練室，進入領導人日常的實時業務決策。他們不只教導技能，也採用顧問公司BTS的企業領導模擬。在這項模擬中，團隊管理一家以Intuit公司作為原型的虛構公司，必須做出一連串策略與戰術決策，選擇既可締造理想成績、又能充分運用公司人才的行動。當團隊結束這項模擬後，領導人學會用乘數者心態與行為去解決最困難的商業問題。當他們在工作上遇到類似的決策，他們學會權衡，並準備好進行乘數型領導。

▶ 共享理念

在一種強大的文化中，人們不僅會分享真實理念，亦會分享世界運作的假設。清楚設定其界限之後，成員們便明白哪些行為會被視為英雄，哪些行為則會被趕出部落。乘數者文化明確界定了何謂好的領導，而行為符合領導信條的人將晉升至高層。堅持理念的人每獲得一次獎賞，便會增強文化；同樣地，每當貶損行為遭到忽視，那種文化就被稀釋。為了建立強大的文化，必須定義領導的核心理念，以及確保人們遵守理念的時候多過違背理念的時候。

第六項實務做法：編纂領導信條。 2011年，全球運動用品

大廠Nike正想加速建立一種強勁持久的管理文化。該公司分析他們需要何種領導才能支撐其全球成長，並撰寫了經理人宣言，這是執行長馬克・帕克（Mark Parker）設定的信條，說明Nike經理人的目的與卓越標準。以乘數者概念作為基石，這份信條設定了Nike對經理人的期望：汲取與延展他人天分的經理人，便能得到人員的更多貢獻。他們是提升團隊績效的部隊，藉由領導、教練、推動與激勵團隊來促進事業成長。這份宣言聽起來像是對所有經理人的召喚：你們的工作是釋放每個團隊成員的全部潛能。

▶ 英雄與傳奇

凡是體現卓越領導價值的人，就會成為強大的角色典範，推動懷抱希望的人、甚至是不情願的經理人前進。這些領導人不僅會對組織產生感染效應，也會成為文化傳奇，在他們離開組織後留下持久的印記。乘數者文化裡的英雄，是那些示範乘數者心態與實務做法、真正具有啟發性的領導人。然而，你最強大的角色典範，也可能是那些熱切想要成為乘數者的人——一心想要了解及面對自己貶損做法的人。

朵恩・庫寧漢（Dawn Cunningham）是3M公司的傳奇領導人。在參加「3M擴大」（3M Amplify）計畫以後，負責顧客洞見（Customer Insights）事務的朵恩展開一項使命，要補救她自己的意外減數者傾向。她甚至打電話給以前的同事，為過去的行為道歉，因為她現在明白那些行為是在貶損他人。她讓

同事們留下極深刻的印象，因而受邀前往向該公司的百大高階主管演說。她勇敢地分享自我評量，並向高層主管發出挑戰，請他們思考他們的最佳意圖是否可能僵化對於創新的熱切追求。

第七項實務做法：聚焦乘數者時刻。 Nike 設計業務資深總監凱西・雷納（Casey Lehner）在 2012 年當選年度乘數者時，[11] Nike 熱烈慶祝。該公司在內部宣布，並於總部舉行頒獎典禮，雷納的下屬熱情洋溢地訴說為她做事的體驗。有一個人表示：「她相信我們是能幹的，因此我們相信我們是能幹的。」在發表祝詞之後，同僚們贈送一雙專門為她設計與製造的球鞋。不必等到公司有人得獎，你也可以表揚公司裡示範乘數型領導的人。將這些帶領人們達成最佳表現的天才製造者當成英雄。

第八項實務做法：評量經理人。 公司可定期評估經理人是否有將乘數者行為整合到日常領導實務做法，俾以強化乘數者實踐方法。畢竟，就像俗話說的，可以評量的就可以做到（what gets measured gets done）。有些公司會在管理評量之中加入乘數者 360 度評量，其他公司則是將乘數者行為加入既有的經理人評鑑之中。例如，Nike 邀請員工一年一度評量他們的經理人，其標準是依據乘數者實踐方法而設定的致勝經理人八大習慣。澳洲寬頻網路供應商 NBN 將乘數者行為納入核心領導能力，並使用 180 度評量工具去評量經理人。這項資料不僅會列入年中績效考核，還會繪製全公司的熱度圖，以顯示領導人的強項與弱項。

▶ 儀式與常規

若要使乘數型領導制度化，你必須將其原則納入組織運作的實務做法，例如績效管理、人才計畫和獎金計算。如此一來，原本是實驗性質、甚或違反常理的，就會變成組織結構中不可或缺的部分。以下兩項實踐方法可以將新奇概念變成常規。

第九項實務做法：試行乘數者實務做法。克里斯·佛萊（Chris Fry）之前是Salesforce公司產品開發資深副總裁，他為管理團隊舉辦了為期兩天的乘數者研討會。研討會結束時，克里斯建議團隊只將一個概念納入實務做法即可。他向他們提出這項挑戰：「我希望我們整個團隊有一％的進步。」為了促進公司內部人才自由流動與成長，團隊鎖定的是「人才磁鐵」類型。他們制定了指導原則：在公司內部調職，應該要比離開公司去追求機會更加容易才行。他們擬定新的調職政策，名為「機會開放市場」，允許軟體開發人員在他們敏捷的產品開發周期中，可以趁每季產品發表後的時間轉調到新團隊。每次發表過後，他們便舉辦內部工作博覽會，宣傳內部的工作機會。員工原本的主管不得否決轉調，這使得大家有機會在公司內部自由流動。試驗計畫極為成功，受到員工（與經理人）的歡迎，後來在整個公司中實施。

第十項慣例：將實務做法與事業指標整合。荷蘭顧問公司天生領袖（Leadership Natives）的瑞克·德里吉克（Rick de

Rijk）參與了荷蘭銀行（ABN AMRO）的領導開發計畫，他們不只是實施一套職能與訓練課程。他們首先將乘數者特質與荷蘭銀行設定的新領導語言進行比對，結果發現相似度達96%，便以乘數者概念作為新的訓練方法，以便達成想要的領導語言。在訓練課程中，學員們擬定出事業領導計畫，要將乘數者行為連結到事業影響目標及關鍵績效指標（KPI）。這些事業領導計畫接著被整合到公司策略中，在最重要的商業指標與創造成果的領導行為之間建立了明確的關聯。測量試驗計畫的影響之後，他們發現投資報酬率達到163%。[12]

以上實務做法絕對不是詳盡的清單或一體適用的計畫，而是舉例說明刻意採取行動，將一套心態與實踐方法植入組織，穿透文化表層，奠定一個智慧組織的堅實基礎——不只是囤積聰明人才，而是具有集體智慧的團隊。

▶ 建立動能

大家普遍認為，改變必須由高層主管做起，尤其是改變文化。雖然文化常規由高處往下流是較為謹慎的做法（比如AT&T的案例），卻不是唯一的策略。我和同僚注意到，由中層做起通常最為成功，理由如下。中階經理人在組織中實行乘數者心態與實務做法之後，創造出小成功，引起對於變化（包括負面與正面）極為敏感的高層主管與公司人員的注意。當高層注意到正面結果，很快就會強化與支持新實務做法，俾以散布到組織

的其他單位。換言之，大多數高層主管都目光精準，一看見遊行隊伍形成，就會衝到前頭！（順帶一提，這種主管技能是你在任何正式領導職能模式裡都找不到的。）

如果你沒有政治資本可以發起公司全面運動，不妨在一些崛起的中階經理人身上進行試驗。表揚他們的成功，將實踐方法傳播給他們的同僚。將他們的良好工作成果上報給高層團隊，你便能將遊行變成一場運動。

無論你選擇哪個起點，都跟你如何維持動能沒有關係。可惜的是，大多數新計畫——不管是公司改革計畫或個人改進計畫——都是雷聲大雨點小，我稱之為「發射失敗」循環，如下圖所示。[13]因此，我們要由小處著手，創造一連串勝利。你可以在下圖看到，每次勝利都會提供能量，將工作推進到下個階段。一連串的勝利，會創造出完成成功循環所需的能量與集體意志。等到循環加速，新興的理念就更能滲透，在舊有的生存策略中加入新方法，不只能在組織內生存，更能繁榮發展。

最後，你可以利用社群力量來激發與維持動能，尤其是當你遭遇挫折時。隨著想法一致的領導人聚集成為部落，他們便營造出安全空間來實驗新的實務做法，孕育可能成為文化傳奇的成功。部落亦可提供正向同儕壓力，以維持動能。在30天挑戰中最成功的參與者，要麼是集體合作，要麼是有夥伴提供回饋並要求參與者盡忠職守。

你可以由小處著手，找一兩個讀過本書並想進行挑戰的同事或朋友。你們可以建立線上學習社群，或者加入世界各地渴

發射失敗 vs 成功循環

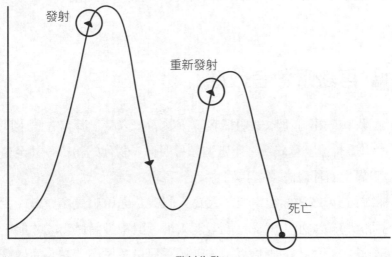

發射

重新發射

死亡

發射失敗

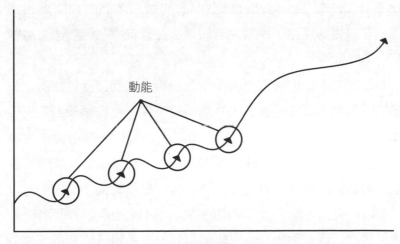

動能

成功循環

望乘數型領導的領袖社群。加入社群後，你不必知道所有答案、甚至所有問題；你可以仰賴群體的才華來導引你。

⛰ 再談乘數者效應

我和同事向團隊與組織教導乘數者概念時，時常在班上問說：「這有什麼意義？」乘數型領導對你、對你的組織、甚至整個世界，有什麼意義？我們將逐一探討。

首先，這對你很重要，因為人們會為你做出更多貢獻。我的研究持續顯示，就算是高效能人士，對乘數者付出的才能，是對減數者付出的兩倍以上。人們不只是多付出一點，而是多付出很多。他們做出額外努力、付出心力。他們絞盡自己可能都不自知的腦力。他們發揮全部的才智。他們的判斷更為清晰，理解更為透徹，學習更為快速。在過程中，他們越來越聰明、越能幹。

你的部屬為你付出更多；作為回報，他們獲得更加滿意的體驗。人們不斷告訴我們，為乘數者工作「令人精疲力竭，但極為振奮」。有位女士表示：「很累人，但我隨時準備全力以赴。那不是過勞，而是振奮的體驗。」當你越來越像個乘數者，人們會聚集到你身邊，因為你是「最佳老闆」。你成為人才磁鐵，吸引與開發人才，同時為公司與員工提供豐厚回報。

其次，這對你工作的組織很重要。許多組織均面臨新挑戰與資源不足的雙重考驗。你或許能聯想到某家新創公司數年來

享受超速成長，其策略向來是「投入人手以解決問題」，但是，隨著成長趨緩，他們必須在不增加員工之下仍贏過對手。突然間，善用資源變得與資源分配同樣具有戰略意義。一家美國《財星》500大企業的領導人最近告訴我們，他公司裡的某個部門有三分之一人員的利用率低於20％！由乘數者領導的組織，可以讓人們的才能翻倍，從而使組織的成長也翻倍。

這是一個尤其符合現況的訊息。在市場衰退與資源稀缺的時代，經理人必須設法增加既有資源的產能與生產力。企業與組織所需的經理人，必須由加法邏輯（增加資源以因應需求增加）轉變為乘法邏輯，亦即領導人要有能力更加充分地汲取既有資源。善用資源便具有實用性：它既適時，也是永恆的真實。

它是永恆的真實，因為即便在資源充沛與快速成長的時代，公司也需要領導人增加員工的才智與能力，以及提升組織腦力以支持成長需求。不論是衰退市場或成長市場，乘數型領導對你工作的組織都很重要。

第三，乘數型領導對整個世界很重要。據傳愛因斯坦說過：「我們面對的重要問題，無法用我們製造問題時的思考水平來解決。」如果我們可以取得兩倍既有的才智，投入到我們的常年問題呢？如果我們能夠汲取世上未充分利用的腦力，來提出解決方案呢？我們確實需要領導人汲取與利用所有可得的才智，以解決最複雜、最重要的挑戰。我們需要的不只是組織頂層的天才，我們需要的是天才製造者。

天才或天才製造者

當菲利普・珀蒂未經許可，在離地 1,368 英尺的紐約世貿中心雙子塔之間接上高空鋼索時，他還有改變心意的機會。當他後腳踩在大樓、前腳踏在眼前的鋼索時，那才是關鍵時刻。鋼索因為高樓之間的氣流而上下抖動；他的重心還放在後腳上。珀蒂回想他站在雙子塔邊緣，俯視深淵的關鍵時刻：「我必須決定將我的重心由踩在大樓的一隻腳，轉移到踏在鋼索的另一隻腳。某種我無法抗拒的東西召喚我走上那根鋼索。」他轉移重心，跨出第一步。

在本書尾聲，你或許感覺和珀蒂一樣，一腳踩在現狀的大樓、另一腳踏在改變的鋼索上。你可以抽回鋼索上的腳，後退，繼續用以前的方式領導。或者，你也可以將重心轉移到鋼索上，像個乘數者。惰性會讓你待在大樓上，既舒適又安全。但對我們許多人來說，會有一股力量讓我們踩上鋼索，用更為強力、更令人滿足的方式去領導別人。

做個乘數型領導人是我們每天甚或每個時刻都會面對的選擇。你會做出什麼選擇？這些選擇將對你身邊的人造成何種影響？你選擇的領導方式是否不只影響你的團隊或你的勢力範圍，甚至還會影響到未來的世代？當一名意外的減數者轉變為乘數者，將會在這個充滿巨大挑戰和許多才智未被利用的世界，產生重大深遠的影響。

減數者的假設有可能拖累整個企業，但若一名熱切的乘數者向身邊的人介紹這些觀念，那會如何？如果有個組織現

在只利用50％的員工才智，後來提高到100％，那會如何？當意外的減數者變成乘數者，他們就像是加拉哈德爵士（Sir Galahad），有著「以一擋十」的力量。這是因為乘數者是其他人才智的關鍵。乘數者是解鎖能力的關鍵，所以，單單是一個乘數者也很重要。

減數者的假設有可能是學校失敗的原因。如果校長學會乘數型領導，設法讓教師、父母和學生對於學校成功擁有更多的所有權，學校會有什麼轉變？假如這些學生一起學習與採用這些新假設，那會如何？倘若父母在家裡像個乘數者般領導，家庭會有什麼樣的轉變？

許多政府難以存活，甚至崩潰。我們的公民領導人有沒有可能設定挑戰，然後向社群尋求答案？我們最煩惱的挑戰，是否可能經由嚴謹的辯論與汲取社群的完整才智而獲得解答？減數型領導人是否能被真正的乘數者取代，以啟發集體智慧與大規模能力？

我認為我們在組織、學校、甚至家庭中看到的減數者文化並非不可避免。事實上，最近的分析顯示，減數者文化可能無法持久。由於這些文化是依據不正確的假設，違反了人們工作及繁榮發展的真相，如同許多歷史上的帝國，它們終將毀滅。唯一能在動盪不安時代存活的組織，是那些知道如何收獲豐富才智、按照乘數者假設運作的組織。

最後，你選擇的領導方式，不僅對我們建立的組織與你所領導的人很重要，對你自己也很重要。它塑造了你對自己的想法，也將定義你所留下的傳承。你希望人們記得你是什麼樣的

領導人？性格自大的人？或是會使身邊人有所成長的人？想要成為乘數者，你不需要縮小自己。要讓身旁的人成長，你需要用可以讓他們壯大自己的方式領導。你會發現，當你引導出別人最好的一面，你亦引導出自己最好的一面。

我們開始這項探尋時，提出歌手暨全球活躍人士波諾提過的兩名政治領袖。他說：「據說見過英國首相威廉・格萊斯頓之後，你會覺得他是世界上最聰明的人，但見過他的政敵班傑明・迪斯雷利以後，你會認為自己是最聰明的人。」這項觀察捕捉到了乘數者的本質與力量。

或許你一腳踩在大樓上，另一腳踩在鋼索上，正決定是否要轉移重心以跨出第一步。這項選擇很重要，你要當哪一種人：天才或天才製造者？

第九章　**總結**

成為乘數者

開始旅程：

1. 共鳴

2. 理解意外的減數者

3. 決心成為乘數者

加速器：

1. 從假設著手

2. 發揮極致（中和弱點；提升強項）

3. 進行實驗

4. 準備接受挫折

5. 請教同僚

文化要素：

- 共同語言：依據意見、原則和價值觀，對一個社群具有共同意義的單詞與片語
- 習得行為：一套針對刺激所做出的學習性反應
- 共享理念：接受某件事是真實的
- 英雄與傳奇：因為特質、行為及／或成就而受到推崇或理想化的人，他們的英雄行徑故事被傳誦

- 儀式與常規：一個人或一個團體固定遵守的一致行為

建立乘數者文化：

文化因素	乘數者實務做法
共同語言	1. 舉行說書活動 2. 討論意外的減數者
習得行為	3. 採取乘數者思維 4. 教導乘數者技能 5. 將乘數者融入每日決策
共享理念	6. 編纂領導信條
英雄與傳奇	7. 聚焦乘數者時刻 8. 評量經理人
儀式與常規	9. 試行乘數者實務做法 10. 將實務做法與事業指標整合

ACKNOWLEDGMENTS

謝辭

　　這本書顯然是集結許多人的力量構築而成的，並非出自一兩人之手。有許多人給了我幫助，我要在這裡感謝每個曾經為我提供見解的人，並在本書裡留下他們的印記。

　　第一群人也許是最不受矚目的，但同時也是最重要的——提名人，也就是接受我們採訪的人們，向我們分享他們在職涯中與乘數者或減數者合作的經歷，還有那些跟我們分享自己面對減數型老闆時的經驗及策略的人們。因為證人保護計畫，我不能公布他們的名字，但他們自己知道。多虧了他們分享的經驗和見解，才有這本書的存在。當然，還有願意讓我們進行研究並分享故事的乘數者們，附錄C的〈乘數者〉列出了他們的姓名。這些領導者們，還有這本書裡寫不下的其他故事的主人公們，能帶給人源源不絕的啟發。我希望他們的領導者生涯可以啟發出無限多像他們一樣的領導者。

　　再來，審稿團隊閱讀本書的初期版本，幫忙打磨其中的思路，讓這本書更加優秀。大家的意見給了我提點，讓我持續前進。第一版要感謝的有：Evette Allen、Shannon Colquhoun、Sally Crawford、Margie Duffy、Peter Fortenbaugh、Holly

Goodliffe、Sebastian Gunningham、Ranu Gupta、John Hall、Kirsten Hansen、Jade Koyle、Matt Macauley、Stu Maclennan、Justin McKeown、Sue Nelson、Todd Paletta、Ben Putterman、Gordon Rudow、Stefan Schaffer、Lisa Shiveley、Stan Slap、Hilary Somorjai、John Somorjai、Fronda Stringer Wiseman、Ilana Tandowsky、Guryan Tighe、Mike Thornberry、Jake White、Alan Wilkins、Beth Wilkins、John Wiseman、Britton Worthen、Bruce and Pam Worthen。第二版，我要感謝：Ellen Gorbunoff、Deborah Keep、Dustin Lewis、Rob Maynes、Eunice Nichols、Ryan Nichols、Ben Putterman、Andrew Wilhelms。

　　有一些人做的比審稿人還要更多，我必須大肆宣揚對他們的特別感謝。他們提供了嶄新的想法、有趣的故事、自願的修改，還有支持和鼓勵。如果這是犯罪現場調查，留在這本書上的不只有他們的指紋，還會沾滿他們的DNA，他們是：Jesse Anderson、Heidi Brandow、Amy Hayes Stellhorn、Mike Lambert、Matt Lobaugh、Greg Pal、Gadi Shamia、Kristine Westerlind。在第二版，這些人是乘數者的傑出實踐者，他們提供了見解、範例、回饋等，分別是：Heidi Brandow、Rick de Rijk、Rob DeLange、Jennifer Dryer、Elise Foster、Alyssa Gallagher、Jon Haverley、Hazel Jackson、Megan Lambert、Jeffrey Ong。我還必須感謝我的母親Lois Allen，一有需要，她就會化身為我的編輯。無論是第一版或第二版，她都當作是高中生報告，仔細檢閱每個字，修改無數錯誤，這樣其他人就能順

利閱讀文章內容，而不被錯字打擾。媽，妳一直都在讓我進步。

下列人士為我們無數個調查提供了關鍵的數據分析：楊百翰大學的 Jared Wilson 和 Jim Mortensen；布斯公司（Booth Company）的 Crystal Hughes、Derek Murphy、Josh Sheets；Chad Foster 是傑出的工程師，非常爽快大方地與我們分享他的天賦。圖表的製作來自 Big Monocle 的優秀團隊，以及 Anthony Gambol。

我很幸運能遇到 HarperCollins 經驗老到的出版團隊。許多作者覺得飽受折磨，我則是覺得受到了出版團隊的鍛鍊。這都是因為有我那具備深刻見解的編輯 Hollis Heimbouch 才能做到。Hollis，謝謝妳立刻就能理解我、指導我，還深入地將乘數者的概念應用在自己的工作上。感謝 Matthew Inman、Stephanie Hitchcock 以及 HarperCollins 的團隊，你們刻苦的辛勞促成了這本書。我在 Dupree Miller 的經紀人 Shannon Marven，感謝妳和我們簽約、感謝妳的堅持，讓這一切成真。

有些人幫了許多忙，不限於這本書，我一定要提出來。我很幸運能擁有這麼多人生導師，讓我借助他們的智慧，透過他們更為聰明的觀點來看這個世界。以下是塑造我的觀點並深刻影響這本書的人。已故的 C. K. Prahalad 博士是偉大的管理學思想家，他教導我深入一個組織挖掘才智的重要性，以及如何建立集體意志。Prahalad 推動這些想法，並幫助我挖掘核心推論，也在許多方面指導了這本書。身為 Prahalad 的學生這件事本身就已經是我的驕傲，現在我更驕傲的是可以延續他的事業，繼承他所留下的。J. Bonnor Ritchie 博士，這位教授暨和

平專家早年便跟我（和他的每一個學生）分享他對知識永不滿足的好奇心，並啟發我們衷心地接受模稜兩可。Ray Lane是很棒的事業領導人，教導我如何領導，也是我和很多人的乘數者。Kerry Patterson是作家，也是很棒的老師，培育我的視野，並鼓勵我撰寫這本書，不只是為了企業主管，也是為了全世界所有的領導者。Kerry，感謝你指導並督促我，即使必須要好好鞭策我。

我要真誠地感謝我的早期合作者及思想夥伴Greg McKeown。這本書因為有他對明確性的瘋狂追求、高度的期望、努力不懈地追求真理而變得更好。謝謝你在這個過程中提供這麼多幫助。如果沒有懷斯曼集團（The Wiseman Group）的優秀團隊，就不會有第二版，Karina Wilhelms是專案經理、編輯，也是我整個過程中每一步的思考夥伴。她可以深刻思考、快速行動、保持冷靜，每一天都給予我啟發。團隊因為有了這些人而完整：Alyssa Gallagher負責執行研究並更新乘數者實驗；Shawn Vanderhoven貢獻了第九章的關鍵概念、圖形設計；Judy Jung負責管理整個採訪過程，讓我可以持續教學與學習；Heidi Brandow不只提供了意見與回饋，在過去五年來還指導實踐者們如何教導主管成為乘數者領導人，這份工作她做得很棒，也充滿了熱忱。謝謝你們給我挑戰，讓工作變成一件快樂的事。

我最深的感謝要給予我的丈夫Larry，感謝他從一開始就信任這個作品，像看門狗一般地守衛我的工作空間，還有在我生命中的每一天都讓我感覺自己像個天才。

對於以上的每一個人，我要感謝大家如此大方地貢獻自己的時間和精力來增進這些內容。希望我無愧於你們所給予我的一切。

研究流程

以下將詳細說明我們辨認減數者及乘數者之間差異的研究方法。我們將研究流程分為四個階段:(1)研究的基礎工作;(2)研究本身;(3)乘數者模型的開發;(4)應對減數者的研究。

第一階段:基礎

研究團隊。葛瑞格和我是研究團隊的主要成員,普哈拉擔任重要的非正式研究顧問。許多人協助了本書的研究,而核心成員為以下三人:

莉茲·懷斯曼,楊百翰大學梅利歐管理學院組織行為學碩士

葛瑞格·麥基昂,史丹佛商學院企業管理碩士

普哈拉,密西根大學羅斯商學院保羅與露絲麥克瑞肯(Paul and Ruth McCracken)企業策略學特聘教授

研究問題。透過反覆嘗試的流程,我們將研究問題敲定為

這個問題（分為兩部分）：「才智減數者與才智乘數者的少數重要差異為何？他們對組織造成何種影響？」

這個問題存在著明顯的對比，我們明白單單是研究乘數者並不足夠。如同詹姆·柯林斯所解釋的，如果只是研究奧運金牌得主，你可能得出錯誤結論，以為他們得金牌是因為他們都有教練。唯有把贏得比賽的人與輸掉比賽的人拿來做比較，你才會明白大家都有教練，因此教練不是贏得比賽的有效成分。[1] 我們將找尋有效成分或差異因素。

主要名詞定義。 為了回答我們的研究問題，我們首先設定三個主要名詞的定義：減數者、乘數者與才智。

減數者： 領導組織或管理團隊的人，總是閉門造車，覺得很難做好事情，儘管手下有著聰明人，卻似乎無法做到達成目標所必需的事情。

乘數者： 領導組織或管理團隊的人，可以理解並迅速解決艱難問題，達成目標，運用及增加其能力。

才智： 在進行文獻探討時，我們找到一篇報告舉出70多種才智的定義。[2] 有一份在研究流程中對我們很重要的報告，是由52名研究者在1994年製作的。他們一致認為，才智是「理解、規劃、解決問題、抽象思考、了解複雜概念、快速學習以及由經驗中學習的能力。這不是……狹隘……而是擁有廣泛且深入的能力以理解我們的環境——『懂得』、『明白』事情，或者『搞清楚』要做的事。」[3] 除此之外，我們也納入了適應新環

境、學習新技能與完成困難任務的能力。

遴選產業。最初在甲骨文公司觀察到減數者／乘數者現象之後，我們選擇在科技產業的其他公司研究這個現象，這些公司包括：

科技產業	公司
生物技術	Affymetrix
線上零售	Amazon
消費電子產品	蘋果
網路與通訊	思科
網路搜尋	Google
微處理器	英特爾
電腦軟體	微軟
企業軟體應用	思愛普

第二階段：研究

提名人。我們並不是自行找出減數者與乘數者，而是請人提名這些領導人。我們使用兩項標準來挑選我們的提名人，第一項標準是他們必須是成功的專業人士，重要的是，這些人必須有可以參考的正向職涯經驗。我們認為，訪談有著「強烈個人意見」的人，可能會扭曲資料。第二項標準是這些提名人本身要具有約十年的管理經驗，我們想要聽到曾面臨領導挑戰的

人所提供的實務看法。值得一提的是，許多上述公司的提名人向我們指出，他們曾在不同公司及不同產業與乘數者和減數者共事過。

研究員代填式調查。 我們請提名人根據48項領導實務做法，在5分的級距上評估他們找到的乘數者和減數者。我們在設計清單時，希望它包羅萬象，因此援用了標準職能模型、流行的領導框架，以及我們假設造成乘數者和減數者差異的實務做法。

調查包括「技能」（例如，專注於客戶；展現才智好奇心；

研究流程

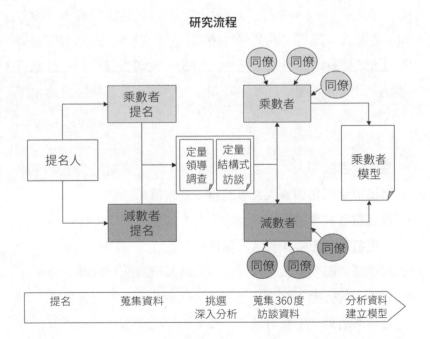

開發團隊才能;商業敏銳度),與「心態」(例如,認為自己的角色是主要思考者,以及認為才智可以持續開發)。我們蒐集這項調查的結果,用數種方法來分析資料。我們找尋乘數者和減數者之間的最大差異、乘數者的主要技能與心態,以及與減數者和乘數者主要心態最為相關的技能。

結構式訪談。與提名人進行訪談時,我們遵守結構式格式。我們用一樣的順序詢問相同問題,以盡量減少情境效應,或者至少讓它們保持一致,以便確保將不同訪談及時間框架放在一起做比較時,得到的答案是可靠的。

所有的訪談都是在2007年10月至2009年10月之間進行,第一輪是在2007年進行。訪談平均持續60至90分鐘,以面對面或電話方式進行。我們保存所有談話的副本,作為引述及舉例的永久紀錄。雖然遵守結構式格式,我們也保留一些餘地可自行決定每個問題要花多少時間。我們的一般訪談格式遵循下列敘述結構:

1. **指認兩名領導人**:一名會僵化才智,另一名則增強才智
2. **指出與這兩名領導人共事的體驗或故事**
3. **與減數者共事的情境**:經驗、背景
4. **對提名人的影響**:提名人運用的才能百分比
5. **對團體的影響**:在團體流程、整個組織觀念中所扮演的角色
6. **領導人的行動**:做了什麼或沒做什麼而對他人造成影響
7. **行動的結果**:完成的結果、可交付的成果

8. 對提名的乘數者重複上述3到7的問題

　　深度訪談。我們進行第二輪訪談，以蒐集最強大乘數者的更多資訊。這包括：(a)與乘數者本人進行訪談；(b)與提名人進行第二度訪談以蒐集更多細節與了解；(c)與乘數者管理團隊以前與現今的成員進行深度的360度訪談。

　　擴大產業。我們擴大研究到144名領導人之後，在原先的目標公司找到更多案例，也在科技與生技產業之內增加更多公司，最後完全超越這些產業，納入非營利機構與政府機構。我們的研究旅程帶領我們到四大洲，讓我們認識了各色各樣的領導人（請見附錄C〈乘數者〉）。以下是我們研究乘數者的組織清單，為了保密，我們並未公布研究減數者的公司清單。

產業別	公司舉例
生物科技	赫素、Affymetrix
綠能	博隆能源、Better Place
教育	史丹佛大學、VitalSmarts
娛樂	夢工廠影業
政府	白宮、以色列軍隊
製造	GM大宇、偉創力
非營利組織	半島男孩與女孩俱樂部、綠帶運動、班尼恩中心、Unitus
私募股權與創投資本	安宏資本、凱鵬華盈
專業服務	貝恩策略顧問、麥肯錫

零售	Gap、Lands End、健寶園
運動	高地高中英式橄欖球校隊、北卡州立大學女籃計畫
科技業	Amazon、蘋果、思科、印福思、惠普、英特爾、Intuit、微軟、思愛普、Salesforce
工會	自營婦女協會

🏔 第三階段：模型

我們收集了約400頁的訪談副本，於多次閱讀、整理之後進行交叉訪談分析。接著，利用領導力調查蒐集而來的量化數據，來校正這個主題分析。最後，我們遵守有紀律、嚴謹的辯論方法，設定本書的每一章。

葛瑞格和我均表示，在這個辯論過程中，我們被對方抨擊到體無完膚。我們希望研究因此更加堅固。

🏔 第四階段：應對減數者

本書最初的研究是在2007至2009年進行，第八章〈應對減數者〉的研究則是在2016年進行。研究的目標是要更加了解減數者造成的影響有多深及多廣，以及確立可減輕這些減數者不良影響的策略。研究是由懷斯曼集團的莉茲‧懷斯曼、卡琳

娜‧威廉斯、艾莉莎‧蓋拉格賀與賈德‧威爾森所進行。研究包括下列方法：

深度訪談。我進行了與成功專業人士的24次訪談，以了解如何在減數型老闆與同僚之下生存、甚至繁榮發展的方法。受訪者的遴選係依據兩項標準：（1）他們的整體生涯成就與度過複雜組織狀況的技能；（2）他們對乘數者與減數者概念的了解。在每次訪談中，受訪者表明他們為減數者工作的情況，然後回答一連串問題，以探討他們的因應策略並評估其策略的有效性。

廣泛調查。懷斯曼集團進行一項針對大約200名參與者的調查，目的是要找出應對減數者的最佳策略、了解為何一些人似乎更容易受到貶損，以及了解長期遭到貶損的人是否更有可能變成減數者。關於應對減數者的有效和無效策略，這份調查提供了許多實用的見解，以及導致一些人比其他人經歷更為嚴重的貶損效應的因素。有關遭受長期貶損的人是否更有可能成為減數型領導人，調查並未產生決定性資料，我們需要更多資料才能充分解決這個問題。

測試策略。在制定第八章列出的13項策略之後，我們邀請數人（參加過上述調查）在14天期間對他們的減數型老闆測試因應策略。14天挑戰的目標是要判斷策略能否在短短兩週內造成明顯改變。之後，我們蒐集他們實驗結果的資訊，舉行視訊

會議來探究結果。五人完成了實驗，他們均表示，他們與減數型同僚的關係以及他們的整體幸福與展望，出現顯著的（甚至非凡的）改變。我最喜歡的故事是一個人選擇了「調低音量」，他不再沉迷於工作，而是將他的精力投入於實驗新食譜，每晚為妻子與孩子烹煮美味餐點。他不僅在工作上更為快樂，他的妻子也很開心。

文獻探討。我們掃瞄既有的「受害者」文獻，尋找正向因應的策略。一般來說，我們找不到職場環境的共同處，因此鎖定在訪談與調查資料，以制定最佳的因應策略。

附錄B

常見問答

- **人們若非減數者，即為乘數者嗎？抑或有介於中間的人？**

我們認為減數者－乘數者模型是個區間帶，少數人位於極端，大多數人都處在中間地帶。人們理解這種概念後，幾乎都在自己身上看到一些減數者和一些乘數者。我們合作的一名領導人很具代表性，他是個聰明、有自我意識的人，不符合典型的減數者，但當他讀到本書後，他明白有時候自己會做出貶損行為。當我們研究這種領導現象作為對比，我們認為此模型應該是個區間帶，而大多數人介於中間地帶。

- **我可能對一些人來說是減數者，但對其他人來說是乘數者嗎？**

是的，若要了解這種情況，訣竅在於充分了解你對這兩種不同的人所持有的假設。事實上，你可能以類似行為對待他們，但你的假設可能導致你的行為以不同方式被詮釋。

- **我可能在大多時候是乘數者，偶爾是減數者嗎？**

某些情況可能引發我們最糟的一面。大多數領導人，即便是最好的，都具有一些減數者傾向，會在特定情況下被喚醒，

尤其是在：（a）危機時刻（請見下一題）；（b）利害關係重大；
（c）時間急迫；（d）承受壓力之時。重要的是要覺察引發我們
貶損傾向的情況，然後找出解決方法。

乘數者實踐大師羅伯·狄蘭吉（Rob Delange）是這麼說
的：「當你平常是個乘數者，便可能在例外時候成為減數者。」
意思是，如果你已跟團隊建立起堅固的信任基礎，他們可望原
諒你的貶損時刻。若你向大家反省自己的貶損時刻，解釋你的
理由，然後恢復到平常時候的乘數者風格，尤其可能得到諒
解。關鍵是盡可能串聯許多乘數者時刻。

- **是不是有些時候（尤其是危機時期）需要減數型領導？**
    是的，有些情況是真正危機，領導人需要當機立斷。但
是，這些情況仍不需要貶損他人。明智的領導人可以採取下列
方法不讓這些情況造成貶損效應：

1. 將這些情況視為真正例外。若經理人平常是個乘數者，
他們在例外時候變成減數者是可以得到諒解的。舉例來說，我
在一家醫院為耶魯醫學院舉辦領導力研討會時，數名督導住院
醫師計畫的醫師領導人表達出微妙的挫折感。他們想要給住院
醫生空間與自由去做好他們的工作，然而他們的工作攸關生
死，迫使他們微管理及下達命令。他們堅持說，有人在手術檯
上瀕臨死亡的時候，沒有學習或成為乘數型領導人的空間。我
同意，然後問說：「你花在這些情況的時間占了多少比例？」他
們回答或許占3至5%的時間。我明白他們的困境，但建議其餘

95％時間不妨採取不同的領導方式。數個月後，我在美國海軍研究所與一群戰艦指揮官進行了類似對話。他們估計頂多2至3％時間是生死關頭。沒錯，這些危急情況不是乘數者時刻。但是，其他95至97％或許是乘數者時刻。

2. 讓人們知道你在做的事。不要隨機微管理或獨裁管理，而是要讓人們知道你正處於這種3至5％時刻，所以必須接管局面。更好的是，請求他們的許可。等你處理完，便將控制權交回給團隊。或者，你可以讓團隊知道你必須親自管理哪些業務（請解釋理由），並告訴他們，你希望他們在其他業務方面好好表現。

雖然這種例外情況是被允許的，我仍要強調在大多數情況下，即便是極端情況，仍能透過減數者或乘數者的角度來檢視。在人們認為需要減數者方法的情況下，往往正是需要發揮你身邊的人全部智力的時候。當攸關重大利害關係、當面臨複雜而非線性的挑戰——那些時候正是乘數者方法最適用的時候。

• **這適用於頂級人才，但對於績效墊底的人有沒有用？**

大家都有可以貢獻的才能，而每個人的貢獻程度並不相同。乘數者並沒有將人才視為產業園區（一大片幾乎一模一樣的三層樓建築），反而更像是城市天際線，高度、色彩各異的大樓建構出不規則的鋸齒狀。對乘數者來說，人們就像是天際線。他們欣賞身邊才能與智力的豐富多樣性。他們明白並不是每個人的能力都相同，但認為每個人的能力都可以提升。他們

不會試圖使大家達到相同程度，而是拉抬每個人，一次打造一層或兩層的能力。

以下是領導那些績效低落者的建議：

1. 首先假設人們是聰明的，可以達成高績效。有些時候，人們需要別人對他們多一點期望，多一點要求。

2. 不要問說：「這個人聰明嗎？」而是要問：「這個人在哪方面很聰明？」你或許無法將他們變成你心目中的高績效人才，但你會發現他們擅長的事情，然後找出方法將之運用到你的重大挑戰中。

3. 要記得，表現不好的人以前往往是（或可能成為）超級巨星，只是他們長期受到領導人的貶損（通常是意外地，或者出於疏忽）。即使你做了所有「正確」的事以成為乘數者，績效差的人也未必會立即回應，因為他們可能不習慣被指派挑戰性工作，或者已經不信任自己的主管。你可以由小處著手來博取他們的信任。

你成為乘數型領導人以後，並不表示你不會遇到績效問題。如果你有萬年墊底的員工，不妨注意狀況，將他們調換到他們可以做出更多貢獻的環境或團隊。

• 不同的文化下，情況會不同嗎？

我們的研究是在四大洲的35家公司進行。我們發現乘數型領導（以及其正向影響）普遍存在於各種文化。然而，我們發

現，在具有高度階級制度的文化中，貶損衝擊往往更嚴重（減數型領導人平均只得到人們30至40％的才智，低於全球平均48％）。我們亦發現，在這些階級制度更加明顯的文化中，領導人需要額外努力及謹慎，才能建立可使人們充分貢獻最佳思考的才智、情緒與組織安全感。

最重要的是，請記住，乘數者的領導方法各不相同。儘管他們個別的領導實務做法不同，但他們擁有共同的心態與假設：相信他們領導的人是聰明的，可以自己想明白。同時，他們理解他們自己的才智與存在對團隊形成的影響，並積極地設法創造空間讓別人可以做出貢獻。在不同文化中，這些行動可能要入境隨俗地做出調整。

- **你提到有一些領導人是你認為的乘數者，但有時卻被他們共事的人認為是減數者。你如何解釋這種矛盾？**

是的，我們也覺得這種情況很有趣。即便是在我們的原始資料庫中，偶爾也會發現一些領導人被不同人視為減數者及乘數者。仔細確認之後，我們發現這是一個似是而非的悖論，而不是自相矛盾。舉例而言，我們發現一些領導人已經明白如何跟直屬部屬互動，卻還沒學會將他們的領導向上擴充與向外擴及整個組織。員工距離領導人越遠，更會感受到貶損，這是典型的意外貶損。想要成為每個人的乘數者，顯然需要刻意的意圖及努力。領導人需要刻意想到組織周邊的人，才能成為他們的乘數者。

- **史蒂夫・賈伯斯之類的領導人（或其他具有強烈貶抑傾向的代表性成功領導人），該怎麼辦？**

許多創辦人及有遠見的領導人兼具減數者和乘數者特質。對這些備受關注的領導人來說，新聞媒體會聚焦在他們的減數者傾向（因為讀者對這種報導往往更有興趣）。當你要探討公司創辦人與其他代表性領導人的減數者特質時，不妨考慮下列幾點：（1）強力的領導人（尤其是創辦人）時常擁有減數者特點，但是，他們往往具有一兩項更加強大的乘數者特點，彌補了他們的減數者傾向；（2）擁有減數者特點的主要領導人（如執行長）通常會招募具備強大乘數者特點的其他領導人（如總裁或營運長）作為補償；（3）擁有強烈減數者傾向的領導人，或許適合領導處於穩定環境的組織，但在複雜、變動的環境下適應不良；（4）公司創辦人往往仰賴自己優秀的頭腦來成立公司。依據創辦人才智的優勢，公司能夠成長到一定規模，但當公司為了要成長、成功、持久經營，到了某個時候，這些領導人需要發展成為乘數者，或者找來其他具有乘數者效應的領導人。

- **你說乘數者會得到他們員工的兩倍才智，那好像有點誇張。真的有那麼多嗎？**

是的，我們一開始也覺得這個比率很高，但基於數項理由，我們相信這個數據是正確的。

第一，我們請提名人比較乘數者及減數者，而不是比較乘數者及一般經理人，因此兩倍效應是最好與最壞的比較。第二，我們向不同產業、職能及管理位階的人重複這個問題，以

確保這個比率是正確的平均值。第三，這種驚人的差異可能是自主努力所導致。作為經理人，我們可以觀察某人的工作等於、高於或低於他們平常的生產力水平；較難知曉的是一個人保留多少實力。人們對這個問題的回答顯示，他們在特定經理人身邊會保留相當的實力。

我們得到的結論是，雖然這是驚人的差異，平均而言，乘數者確實得到兩倍於減數者對手的員工貢獻。

• 男性與女性領導有很大的差異嗎？

雖然男性與女性領導可能有實際上的差異，但同一性別之內的差異可能大於不同性別之間的差異。我們沒有數據顯示某種性別更有可能貶損別人，事實上，兩種性別的減數者與乘數者程度相當一致。不過，我們確實發現，男性與女性的意外減數者有些差異，或許是因為長期以來人們對於男性及女性領導風格的狹隘觀念。例如，許多老一輩的女性領導人扭曲自己以融入男性主導的世界，在不適合的領導模式之間做出選擇。有些人採取「男子氣概」模式，像巾幗英雄，毫無畏懼，企圖以魄力壓制男性。有的人則落入「熊媽媽」典型，培育、保護與拯救人們，並阻擋危險。這兩種模式可能造成巨大的貶損效應。領導人必須保持真誠才能激發他人的最佳表現，也就是做他們自己，而不是扮演角色；這種情況唯有在女性與男性可以選擇各種領導風格與優勢時，才會發生。

- **乘數者比減數者更加成功嗎？**

是的，他們在汲取人們才智的方面更為成功，這點在研究上有著驚人的一致性。即便一名高效能主管本身是代表性人物，對人們施加嚴格管教時，也無法像乘數者對手一樣從人們身上獲得同樣多的成果。我們並不是研究減數者與乘數者本人的生涯軌跡，而是研究在他們身旁工作的人們的成功。我們發現待在乘數者身邊的人與他們的事業，比在減數者身邊更為成功。

- **每個人都可以成為乘數者嗎？還是有些人是重度減數者，難以改變？**

能夠看出自己減數者行為的人都可以做出改變。只要是願意轉移重心、超越自我的人，都可以成為乘數者。或許有一些人頑固地堅持減數型領導而無法改變，但我們認為他們是極端值。

在我們的教練工作中，我們看到人們做出重大改變。舉例來說，我們合作的一名領導人具有一些強烈的減數者傾向。他努力將他的領導轉向乘數型，而人們注意到他的改變。然後，在他到另一家公司接任更高的職位後，他得以用新方法從頭開始。他現在被視為乘數者，甚至將這些概念介紹給他的組織。

我們並沒有幻想每個減數者都能改變，但我們相信絕大多數人可以做出轉變，首先要從覺察及意圖做起。

- **公司應該開除減數者嗎？**

聰明的公司不必開除所有減數者，但應該將他們從主要領導角色移除。假如有人堅持做個減數者，或許就必須被隔離或

管控在無法造成重大傷害的地方。如果他們從主要領導角色被移除，其他人的能力將獲得釋放，且減數者底下的主管也比較不可能受影響而採用減數型領導實務做法。

不過，說的比做的容易。就定義來說，減數者聰明且有震懾力，最沒有阻力的道路是讓他們繼續擔任領導人。然而，一旦你開始計算減數者在組織裡造成的高昂成本，你便會準備好採取行動。例如，假設一部機器造成瓶頸，導致其餘的生產線只能維持50％的產能，你立刻就會明白那部機器對你的營運造成多麼高昂的成本。如果替換那部機器，就可以讓整個生產線的產能加倍！這正是你讓減數者擔任重要領導人的風險，即使他們產能全開，仍會對身邊其他人形成瓶頸。因此，雖然我們給出的答案是不必開除所有減數者，但我們依然認為讓他們留任重要領導職位的代價太過高昂。

- **我應該試著將這本書拿給極端的減數者嗎？**

是的，把書放下就跑！或者，你可以假藉其他減數者同事的名義把這本書寄給他！

說正經的，如果你以減數者的角度，用批評及專制的方式分享本書，可能造成他們封閉起來，持續貶損的循環。然而，若用乘數者方式，讓人們安心學習新觀念，你或許會發現驚人的接受度與衝擊。以下為兩種乘數者策略：

1. **聚焦於你自己的體驗。** 你首先必須承認每個人有時候都可能是意外的減數者，你可以說：「這本書讓我明白我

有時會貶損人們，但不是故意的。」或者，你可以聚焦於你受到的影響，並說明：「我轉變為乘數者之後，見證到我的團隊績效有所提升，我想你或許也有興趣。」

2. **聚焦於組織的光明面。** 大多數經理人都有意倍增他們組織的能力，你在介紹這個概念時可以說：「我覺得我們組織的才智多於我們一直以來所運用的。我覺得我們領導團隊可以做些事情來提高組織的智商水準。」

此外，你可以間接介紹這些概念，在午餐時間討論，或者分享一個概念或乘數者實務做法。我們相信總是有方法跟每個人分享這些概念，若你採用乘數者方式，成功機率會更高。你無法藉由貶損方法將人們變成乘數者！

- **我必須具備全部五項乘數者類型，才能成為乘數型領導人嗎？**

不用，領導人不需要五項全能也可以成為乘數者，並將乘數效應推廣到他們團隊。事實上，我研究的領導人鮮少兼具五項優點——大多數人擁有三項或四項強項。你可以使用乘數者360度評量來判斷你的相對弱點與優勢。找到自己最強的類型，將之培養到極致，是一種不錯的發展策略。此外，要確保你沒有在任何一個類型落入減數者領域。然後，盡你所能地培養另外一個或兩個乘數者強項。

- **如果要做一件事作為走上乘數者道路的起點，我應該做什麼？**

我們會建議你提出深刻且有趣的問題，讓人們主動思考。這是很實際的方法，適用於各種乘數者類型。例如，無論你是想成為解放者、挑戰者或辯論製造者，提出深刻有趣的問題，將幫助你走上正確的道路。因此，若想要培養一項技能，就由問題著手。

如果你想要建立一項假設，我們建議你假設**人們是聰明的，可以自己想明白**。其中一個方法是問：「這個人在哪方面很聰明？」單單是這個問題，便能打斷以黑白兩色去判斷人們的傾向，迅速進入乘數者生活的彩色世界。

乘數者

　　以下是本書前文提及的乘數者「名人堂」名單。數人在不同章節重複出現，但只會在名單中列出一次，在他們最為凸顯的那一章。

乘數者	提及職位	現今職位
第一章　乘數效應		
指揮官亞伯 （Commander Abbot）	美國海軍指揮官	
喬治・施尼爾 （George Schneer）	英特爾公司部門經理人	瑟文羅森基金（Sevin Rosen Funds）入駐高階主管；維港（Horizon Ventures）投資合夥人
提姆・庫克（Tim Cook）	蘋果公司營運長	蘋果公司執行長
黛柏・蘭吉 （Deborah Lange）	甲骨文公司稅務部資深副總裁	退休
喬治・克隆尼 （George Clooney）	演員	演員；行動主義者
第二章　人才磁鐵		
密特・羅姆尼 （Mitt Romney）	貝恩策略顧問公司顧問經理人	政治領導人
安德里亞斯・史特容曼 （Andreas Strüengmann）	德國赫素藥廠共同創辦人	投資家
湯瑪士・史特容曼 （Thomas Strüengmann）	德國赫素藥廠共同創辦人	投資家
賴瑞・傑爾威克斯 （Larry Gelwix）	高地高中英式橄欖球隊總教練	哥倫布旅遊（Columbus Travel）公司執行長

乘數者	提及職位	現今職位
艾莉莎・蓋拉格賀 (Alyssa Gallagher)	洛斯艾托斯學區助理督導	懷斯曼集團全球領導力發展實例部總監
瑪格麗特・漢考克 (Marguerite Gong Hancock)	女子營隊主管	電腦歷史博物館指數中心執行總監
史里德爾（K. R. Sridhar）	博隆能源執行長	博隆能源執行長
第三章　解放者		
羅伯・英斯林 (Robert Enslin)	思愛普公司北美總裁	思愛普公司全球客戶營運總裁
厄尼斯特・巴克拉克 (Ernest Bachrach)	安宏國際公司拉丁美洲地區管理合夥人	安宏國際公司理事暨特別合夥人
史蒂芬・史匹柏 (Steven Spielberg)	電影導演	電影導演
派屈克・凱利 (Patrick Kelly)	教授八年級的歷史與社會研究老師	教授八年級的歷史與社會研究老師
凱西・勒納 (Casey Lehner)	Nike公司全球設計營運資深總監	Nike公司全球職場體驗資深總監
雷・蘭恩（Ray Lane）	甲骨文公司總裁	投資家
約翰・布蘭登 (John Brandon)	蘋果公司通路銷售副總裁	蘋果公司國際銷售副總裁
馬克・丹克伯 (Mark Dankberg)	美國衛星通訊公司ViaSat執行長	美國衛星通訊公司ViaSat執行長
第四章　挑戰者		
麥特・麥考利 (Matt McCauley)	健寶園公司執行長	退休
艾琳・費雪 (Irene Fisher)	猶他大學的班尼恩中心主任	社區活躍人士
普哈拉（C. K. Prahalad）	密西根大學教授	2010年4月16日逝世
雷富禮（Alan G. Lafley）	寶僑公司執行長	寶僑公司執行董事長；合著《創新者的致勝法則》
西恩・孟迪 (Sean Mendy)	半島男孩女孩俱樂部新世代中心主任	半島男孩女孩俱樂部發展資深總監
旺加里・馬塔伊 (Wangari Maathai)	非洲綠帶運動創辦人；2004年諾貝爾和平獎得主	2011年9月25日逝世

乘數者	提及職位	現今職位
第五章　辯論製造者		
阿爾詹・孟格林克 (Arjan Mengerink)	東荷蘭區警察局長	東荷蘭區警察局長
魯茲・錫伯（Lutz Ziob）	微軟公司學習總經理	微軟公司4Afrika學院院長
提姆・布朗 (Tim Brown)	全球創新設計公司IDEO執行長暨總裁	全球創新設計公司IDEO執行長暨總裁
蘇・賽格爾（Sue Siegel）	Affymetrix公司總裁	奇異（General Electric）公司創投授權暨健康創想執行長
第六章　投資者		
崔宰（Jae Choi）	麥肯錫公司韓國合夥人	韓國斗山機械建築設備執行董事暨策略長
艾拉・巴特 (Elaben Bhatt)	印度自營婦女協會創辦人	長者領袖組織成員
約翰・錢伯斯 (John Chambers)	思科公司執行長	思科公司執行董事長
約翰・伍基 (John Wookey)	甲骨文公司執行副總；思愛普公司執行副總	Salesforce公司產業應用執行副總
麥可・克拉克 (Michael Clarke)	偉創力部門總裁	Nortek公司總裁暨執行長
凱利・派特森 (Kerry Patterson)	Interact Performance Systems 共同創辦人	作家；VitalSmarts共同創辦人
納拉亞納・莫西 (Narayana Murthy)	印度印福思科技公司執行長	印福思公司名譽董事長；印度政治與商業思想領袖
第八章　應對減數者		
西恩・哈里特吉 (Sean Heritage)	美國空軍指揮官	美國海軍密碼戰軍官
第九章　成為乘數者		
比爾・坎貝爾 (Bill Campbell)	Intuit公司執行長	2016年4月18日逝世
麥克・菲利克斯 (Mike Felix)	AT&T中西部網路娛樂戶外服務（IEFS）分公司副總裁	AT&T中西部網路娛樂戶外服務（IEFS）分公司副總裁

乘數者討論指南

這項指南包括一組問題，可在團隊討論乘數者概念的時候使用。你在策畫討論時，不妨設計方法，在討論乘數者概念的同時創造乘數者體驗。

章節	討論問題
乘數效應	• 成功的減數者應該試著成為乘數者嗎？為什麼？ • 如果你為減數者做事，你有可能成為乘數者嗎？ • 是否有特定的人會誘發你體內的減數者？為什麼？
人才磁鐵	• 需要多久時間才能建立「值得為之工作的主管」的名聲？ • 你何時應該雇用新人手，而不是開發既有人手的才能？
解放者	• 解放的氛圍會給予人們一大堆空間與期待。你該如何判斷自己在其中哪一方面做得太超過？ • 成為解放者是否表示要像凱利老師（第三章）一樣「既被討厭又被喜愛」？
挑戰者	• 你要如何在分享自己的知識與意見的同時，亦不貶損你領導的人？ • 為了從減數型領導轉變為乘數型領導，理查·帕瑪（第四章）可以做什麼事？

辯論製造者	• 想像你只有30分鐘就要做出一項重大決定。你仍然應該採取辯論製造者的方法來做出決定嗎？若答案是否，理由是什麼？如果是的話，為什麼？ • 辯論製造者的方法是透過嚴謹過程來推動健全決策。你要如何判斷一件事已經充分辯論、是時候該做出決定？
投資者	• 注重細節與微管理有何不同？ • 你如何給予人們全部所有權，而不致讓你自己怠忽職責？
成為乘數者	• 如果你必須說明乘數者五大類型的一個共同概念，那會是什麼？ • 你可以在哪個類型花最少時間做出最多進展？ • 你可以在單一領域花一年時間發展嗎？ • 你要走的高空鋼索在哪裡？（第四章）
	• 在你隸屬的各種組織之中（公司、社區、家庭），你在何處可以透過乘數型領導造成最大的影響？為什麼？

　　如果你想要舉辦較大規模的活動，可以到www.multipliersbooks.com下載完整的乘數者主持人指南。使用這項指南將乘數型領導融入你工作場所的對話之中！

乘數者實驗

挖掘天分

發掘你的團隊每個成員的天生才華。

找出你的團隊每個人的天生才華,設法用新穎方法更加充分地利用他們的天分。你可以對個人這麼做,也可以對整個團隊進行,好讓每個人了解彼此的天生才能。

▶ 乘數者類型

人才磁鐵:挽救「點子王」、「隨時開機」與「策略家」類型的意外減數者

▶ 乘數者心態

每個人都擅長某件事。

▶ 乘數者實務做法

個人:

1. **挖掘**:找出這個人天生擅長的事。詢問:

- 他們做什麼事做得比其他事更好？
- 他們做什麼事做得比其他人更好？
- 他們做什麼事做得**很輕鬆**（毫不費力甚或不自知）？
- 他們做什麼事做得**自動自發**（不須吩咐或不需報酬）？

2. **加以標示**：給他們的天生才華取個簡短名稱（例如，「融會貫通複雜概念」或「建立橋梁」或「找出根本原因」）。跟那個人的同僚或他本人檢驗你的假設。不斷修正，直至捕捉到他們的天分。

3. **加以運用**：找出可以運用及延展這個人天分的角色或任務。不要侷限於正式職務範圍，要找出其專屬角色。與那個人對話，讓他找到發揮自己天分的最佳方法。

團隊：

1. 定義天生才華的概念。

2. 請所有人指出每個同僚的天生才華。

3. 召集整個團體。

4. 一次聚焦在一個人。

- 請每個團隊成員描述那個人的天生才華
- 請那個人發表自己的想法
- 討論最能運用這個人天分的方法

希森美康（Sysmex America）公司銷售與客戶訓練總監史蒂芬妮·波斯特（Stephanie Post）在乘數者研討會上聽到「天生才華」的概念，於是決心找出她的新團隊潛在的天分。她覺得這是個機會，「讓他們參與專案，讓他們期待上班。」他們挖掘每個團隊成員的天分，其中一人——「資源天才金咪」——尤為突出。當你想不起來餐廳名字或者你的大客戶喜愛的地點，當你記不住老闆的生日，她會幫你想起來。她會上網搜尋，數分鐘內傳訊息告訴你，不只如此，她會忍不住探索與研究事情，真的是任何事情。一提到她的角色，大家毫不遲疑地說「她很好奇，探索流程、程序」等等。在史蒂芬妮指出金咪的天生才能之後，她給金咪空間去「內包」（in-source）他們工作的一項重要元件，不僅節省了費用，最終也奠定了推出新事業線的機會基礎。

輪到你了：準備成功實施乘數者實務做法。利用這個表格來計劃及檢討你的實驗。

找尋機會 你在哪裡可以使用這項實驗？如何使用？	增加你的影響 你在哪裡可以使用這項實驗？如何使用？
擴大你的學習 發生了什麼情況，你的證據是什麼？	**開發你的技能** 你可以在哪裡再度使用這項實驗？

放大規模

給予某人大一號的工作。

明白你的團隊成員能力程度各不相同，但大家都有能力成長。用你幫學齡前兒童買鞋的方法——尺寸大一碼——以設定角色與責任，讓那個人在新責任中成長。

▶ 乘數者類型

人才磁鐵、挑戰者、投資者：挽救「領跑者」與「保護者」類型的意外減數者

▶ 乘數者心態

每個人都可以成長。

▶ 乘數者實務做法

1. 確認你的團隊的能力程度，承認能力程度可能像是高低不平的天際線，而不是跳高的橫桿。
2. 挑一個或兩個準備好接受延展型任務的人。
3. 規劃一套超出他們目前能力的責任，讓他們真正延展。讓他們知道你交付他們一份感覺可能太大的「工作」，重申你相信他們有能力學習，以及在角色中成長。
4. 維持一個缺口，由他們去填補，而不是你。

5. 對你的團隊所有人都這麼做一遍。

商業與領導策略公司BTS的執行長潔西卡・帕里希（Jessica Parisi）已投入了12個月，要向他們的客戶推出新的領導力發展方案，她知道需要一名中階領導者與一名第一線領導者來測試這項新方案。在一場例行團隊會議上，BTS菜鳥員工梅根對第一線領導力計畫表達了熱情和興趣。潔西卡明白梅根有能力，最近也管理了兩項第一線領導力計畫，因此她把握機會來放大梅根的角色。潔西卡不介意梅根年僅24歲；她看到一個機會，能將梅根的熱情與她拓展中的專業能力串聯起來。梅根剛開始有些意外，後來便成為推出第一線領導力計畫的全球核心人士。讓梅根擔任這個角色，不僅提升了全球團隊合作，亦協助資深顧問們自己加速採用這個模式，成為BTS期望所有合作夥伴達成的範例。

輪到你了：準備成功實施乘數者實務做法。利用這個表格來計劃及檢討你的實驗。

找尋機會 你在哪裡可以使用這項實驗？如何使用？	增加你的影響 你在哪裡可以使用這項實驗？如何使用？
擴大你的學習 發生了什麼情況，你的證據是什麼？	開發你的技能 你可以在哪裡再度使用這項實驗？

減少籌碼

在會議上減少籌碼。

在開會前，為自己設定牌局籌碼的預算，每一枚籌碼代表在會議上發言的時間。明智地運用你的籌碼，留下其餘時間給別人發言。

▶ 乘數者類型

解放者：挽救「隨時開機」與「策略家」類型的意外減數者

▶ 乘數者心態

將自己縮小，別人就有機會變大。

不要那麼時常放大自己，你的想法就會更具影響力。

▶ 乘數者實務做法

以下是一些做法，你可以用來放大自己並使用籌碼，也可以用來縮小自己：

放大	縮小
開始會議時，設定議題框架（議題／決策內容是什麼、為什麼重要、如何進行討論／決策）	當你有股衝動，想要說：「是的，我也是那麼認為。」
提出一個大問題	當你想要將聽到的內容重新包裝成你自己的想法
提供你自己的意見（尚未提出過的）	當你想要說：「我做了些研究，也有資料可以佐證。」

調整對話方向或導回正軌	
做出總結	

實驗結果

摩洛哥惠普企業服務公司的全球支援交付經理馬哈茂德·曼索拉
（Mahmoud Mansoura）受到啟發後，重新思考身為領導人的角色。參加
了乘數者研討會之後，馬哈茂德明白他占據了團隊太大的空間——他知道
一直都是他在發言。他每週與團隊開會，做法是在會議開始時分享一些公
告與消息，向團隊成員下達指示。這是他行之多年的實際做法，如今他開
始注意團隊受到的影響，並猜想如果他少說一點，其他人是否會多講一
點。馬哈茂德決定使用籌碼來限制自己發言，他不再主持會議，而是每次
在會議開始時請各個成員發言。馬哈茂德得以聽見團隊分享成功與挑戰，
看到他們解決問題。現在，唯有在團隊需要一些方向調整，或是他覺得適
時評論可以帶給團隊正面影響時，他才會發表意見。馬哈茂德刻意使用
「減少籌碼」的實務做法，成功地減少了他在會議上占用的時間。

**輪到你了：準備成功實施乘數者實務做法。利用這個表格來計劃及檢討
你的實驗。**

找尋機會 你在哪裡可以使用這項實驗？如何使用？	增加你的影響 你在哪裡可以使用這項實驗？如何使用？
擴大你的學習 發生了什麼情況，你的證據是什麼？	**開發你的技能** 你可以在哪裡再度使用這項實驗？

公開談論你的錯誤

藉由分享你自己的錯誤，
鼓勵別人進行實驗與學習。

讓人們知道你犯過的錯誤，以及你從中學到的教訓。公開你是如何將這種教訓融入你的決定與現階段的領導實務做法。

▶ **乘數者類型**

解放者：挽救「領跑者」、「樂觀主義者」與「完美主義者」類型的意外減數者

▶ **乘數者心態**

錯誤是自然學習與成就過程的一部分。

▶ **乘數者實務做法**

1. **個人角度。**反思自己的領導旅程，繪出你的生涯高點與低點。指出你犯過的數項大錯。越大越好！針對每項錯誤，指出：
   - 你所做的事
   - 發生的情況
   - 你出錯的地方（行動或假設）
   - 你學到的教訓

尋找機會分享這些故事。你或許可以在有人即將進行挑戰性任務或在他們犯下痛苦的錯誤時,分享自己的故事。

2. **開誠布公。** 不要在私底下或一對一談論你的錯誤及團隊的錯誤,而是要公開討論,讓出錯的人消除隔閡,讓每個人都可以學習。試著將這點變成你的管理實務做法,例如,你可以將「本週烏龍」加入例行公事。如果我的管理團隊有任何人,包括我自己,犯了什麼尷尬的失誤,就在這個時候公開,大家開心笑笑,然後繼續開會。

實驗結果

武瓊(Quynh Vu)是住院病人藥劑部主管,在閱讀本書後受到「公開談論你的錯誤」的啟發。武瓊是新上任的主管,負責督導藥劑師準確地準備好數千劑藥品,每天有效率地提供給住院病患。藥劑部採取雙重檢查制度,可大幅減少出錯率,但無法完全消除錯誤。藥品的標示、儲存、劑量甚或發放都可能出錯。武瓊不僅分享她犯下的一個小錯,還進一步與她領導的其他成員合作設定「每日安全小會」,參加者為當日值班的10至12人,每次在十分鐘之內。在會議上,成員們有機會分享錯誤,請求團隊解決麻煩。武瓊表示:「這個安全小會讓我們可以公開討論『近乎失誤』,意思是指尚未離開藥劑部便被發現的錯誤,讓大家可以學習教訓,也讓我們可以討論改進的機會。」

輪到你了：準備成功實施乘數者實務做法。利用這個表格來計劃及檢討你的實驗。	
找尋機會 你在哪裡可以使用這項實驗？如何使用？	**增加你的影響** 你在哪裡可以使用這項實驗？如何使用？
擴大你的學習 發生了什麼情況，你的證據是什麼？	**開發你的技能** 你可以在哪裡再度使用這項實驗？

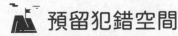 預留犯錯空間

設定一個空間讓人們可以實驗、
冒險及重新振作。

設定一個安全環境讓人們可以冒險。清楚區分哪裡是：
（1）你的團隊成員可以實驗的空間；（2）絕對不能失敗的領域。

▶ 乘數者類型

解放者：挽救「樂觀主義者」、「拯救者」、「保護者」與
「完美主義者」類型的意外減數者

▶ 乘數者心態

人們透過他們自己行動的自然後果才能得到最好的學習。

▶ 乘數者實務做法

設定一條清楚的「吃水線」，線的上方是人們可以實驗、冒
險、仍可恢復的空間，下方的空間則是任何錯誤或「加農砲」
都可能導致災難性失敗，並造成「沉船」。與你的團隊溝通，
使他們理解這條吃水線。

1. 在白板或掛報上寫出兩個標題。
2. 使用便利貼，請每個人寫出一些「可以失敗」的情境，

以及「不可失敗」的情境。

3. 讓人們在兩個項目之間更換便利貼，並辯論它們應該屬於哪一邊。具體移動便利貼，直到大家達成協議。

4. 促進思考，鼓勵大家盡量在「可以失敗」的項目列入情境。在兩個項目之間畫出吃水線。

5. 大家一起模擬情境。

6. 設定每個項目的主題。例如：

   (1) 可以失敗的時候：(a) 學到教訓的成本不高；(b) 我們有時間或資源可以復原；(c) 客戶或學生們沒有受到傷害等。

   (2) 不可失敗的時候：(a) 違反我們的倫理或價值觀；(b) 傷害我們在市場上的品牌／聲譽；(c) 將終結某個人（包括領導人）的生涯等。

7. 記錄吃水線上方與下方的主要原則。跟團隊分享。

實驗結果

服飾公司香蕉共和國（Banana Republic）的高階領導團隊同意參加乘數者研討會的時候，他們是想要找到方法讓員工明智地冒險與創新。他們決定設立犯錯空間，方法是設定可以實驗與失敗的業務部分，以及務必要成功的業務部分。高階領導團隊在便條紙寫下看法，然後貼在大型白板上，一邊寫著「可以失敗」，另一邊寫著「不可失敗」。團隊討論與磋商每個主意，將便利貼由白板的一邊移到另一邊，直到達成協議。高階領導團隊接著在每個項目設定一個主題。一兩分鐘之內，「不可失敗」的部分便十分清楚了，一個單字便足以表達：12月。公司總裁的想法是：「一年中有11個月可以實驗產品、價格、促銷等，但不能毀掉12月。」這是最重要的年終假期購物季。當他們跟整個管理團隊分享這項區別時，你可以想像大家感到多麼清晰及解放。

輪到你了：準備成功實施乘數者實務做法。利用這個表格來計劃及檢討你的實驗。	
找尋機會 你在哪裡可以使用這項實驗？如何使用？	**增加你的影響** 你在哪裡可以使用這項實驗？如何使用？
擴大你的學習 發生了什麼情況，你的證據是什麼？	**開發你的技能** 你可以在哪裡再度使用這項實驗？

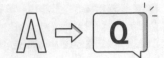

極端問題

為了啟動你的好奇心，
在對話時只提出問題。

這代表著，你所說的每句話都以問號結尾！或者，應該說：你可以確保你所說的每句話都以問號結尾嗎？

▶ 乘數者類型

挑戰者： 挽救「點子王」、「隨時開機」、「拯救者」、「快速回應者」、「策略家」與「完美主義者」類型的意外減數者

▶ 乘數者心態

他們想要向身邊的人學習及了解他們。

▶ 乘數者實務做法

汲取人們的知識。藉由你提出的問題來表達你的觀點。繼續維持只提出問題！以數小時而不是幾分鐘為單位來看待這個做法。挑戰自己提出不同種類的問題：

• 引導式問題：引導某人達成

挑戰性：
質疑普遍的假設

探索性：
還沒有人得出答案

輔助式：
幫助另一人看到你所看見的

引導式：
導向一個結果

開放式：
設想一些作為解釋的理由

封閉式：
是或否

特定結果

- 輔助式問題：幫助另一人看到你所看見的
- 探索性問題：一起建立概念或解決方案
- 挑戰性問題：揭露與質疑普遍的假設

實驗結果

湯姆·摩特勞（Tom Mottlau）是 LG 電器負責醫療銷售的資深全國客戶經理人，被指派任務要幫助新成員麥可融入銷售團隊。以往，這項任務要花上湯姆至少一整天，大多是讓 LG 員工分享專業知識與資訊。上過乘數者高階主管教練課之後，湯姆看到使用極端問題的機會。湯姆沒有假設麥可知道些什麼，而是寫下一張問題清單準備和他聊聊。透過問題，湯姆了解到麥可之前的經歷，也能評估何種融入過程對麥可與 LG 最有價值。由問題著手，讓麥可在很短的時間內了解到更多，原本要花一整天開會，最後只花了湯姆四個小時。麥可表示，更棒的是，LG 的入職介紹是他曾有過最獨特且最強效的「第一天」體驗。

輪到你了：準備成功實施乘數者實務做法。利用這個表格來計劃及檢討你的實驗。

找尋機會 你在哪裡可以使用這項實驗？如何使用？	增加你的影響 你在哪裡可以使用這項實驗？如何使用？
擴大你的學習 發生了什麼情況，你的證據是什麼？	開發你的技能 你可以在哪裡再度使用這項實驗？

製造延展型挑戰

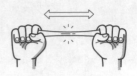

你的團隊與組織能夠做到哪些艱難的事情？

為團隊提供「不可能的任務」，一件能夠挑戰他們甚或整個組織的困難事情。幫助他們看到什麼是可能做到的，並提出誘人且生動的挑戰，營造可能成功達標的信心。

▶ 乘數者類型

挑戰者：挽救「領跑者」、「保護者」與「策略家」類型的意外減數者

▶ 乘數者心態

人們可以做到困難的事情。

▶ 乘數者實務做法

- 找出你的團隊成員與組織可能做到哪些艱難的事情。
- 提出誘人、生動且有說服力的挑戰，讓他們投入最佳想法。
- 找出可以辦到的第一步，以建立信心。
- 現在，將你的挑戰轉為一個問題，以挑起他們的想像力。
- 提出你的問題；而且不要回答問題。讓你的團隊找出解決方案。

實驗結果

傑森・葛羅德曼（Jason Grodman）是皮馬郡（Pima County）區域廢水回收部的政府員工，他接到命令要提升部門的生產力。傑森領導一個十人的檢查小組，他費力想找到最好的方法。他蒐集前幾年的資料，發現這個團隊在一年期間完成的最高檢查次數是 750 次，以這項資訊為基礎，加上想要激發他的團隊，傑森提出挑戰：「我們需要做什麼才能在 2016 年完成 1,000 次檢查？」他不清楚團隊要如何辦到，但他鼓勵他們的最佳想法，將擬定計畫的工作交給檢查員。檢查員們不但擬定了計畫，還持續用新問題與想法來修正計畫。在 2016 年的前七個月，該團隊就已經超越過往最佳年度的績效。他們不僅可望達標，還可能在全年超越 1,000 次檢查。團隊很興奮能夠打破以前的紀錄，迎頭面對挑戰，但傑森更是興奮能夠見到整體部門提升參與度，親身體驗製造延展型挑戰的力量。

輪到你了：準備成功實施乘數者實務做法。利用這個表格來計劃及檢討你的實驗。

找尋機會 你在哪裡可以使用這項實驗？如何使用？	增加你的影響 你在哪裡可以使用這項實驗？如何使用？
擴大你的學習 發生了什麼情況，你的證據是什麼？	**開發你的技能** 你可以在哪裡再度使用這項實驗？

製造辯論

使用辯論來建立集體智慧與
速度以執行策略。

找出一項重要決定。設定議題框架。激發辯論。達成決策。

▶ 乘數者類型

辯論製造者：挽救「快速回應者」與「樂觀主義者」類型
的意外減數者

▶ 乘數者心態

召集需要參與決策的人。當人們理解邏輯，便知道要做些
什麼。

▶ 乘數者實務做法

1. 設定議題框架

- 設定問題：好的辯論問題必須有可以選擇的明確選項。
- 解釋為什麼這是一個需要辯論的重要問題。
- 組成團隊：要求人們準備資訊／資料／證據作為佐證。
- 清楚溝通要如何做出決定。

2. 激發辯論火花

- 提出辯論問題。

- 要求大家提出證據以支持自己的立場。

- 要求所有人都發表意見。

- 要求大家轉換立場，換成對方的立場。

3. 推動健全決策

- 重新釐清決策流程。

- 做出決策。

- 溝通決策與其理由。

實驗結果

克雷・吉伯特（Clay Gilbert）是桑頓兄弟公司（Thornton Brothers, Inc.）的總裁，這是一家提供創新式清潔、包裝及安全解決方案的公司。在競爭對手挖角他們領導團隊的一名資深成員之後，克雷進行「製造辯論」的實驗。假如克雷維持以前的做法，他會找來領導團隊的另外兩名高階主管，舉行閉門討論。但在閱讀本書後，他覺得可以讓公司其他人有機會在做出任何決策前分享他們的最佳想法。克雷規劃了一場辯論，設定開會日期，邀請不同職務的員工，請他們準備好自己的論點。等到辯論那一天，克雷設定會議框架，核心問題是該公司的目的與核心價值。他全程保持立場中立，只有在協助改變思考方向或激發進一步辯論時才插話。他們一起提出創新且可靠的回應，克雷目前正在處理後續。雖然最後結果尚不得而知，但克雷覺得設定與激發辯論的體驗「很解放」。無論結果如何，這項過程需要眾人提出自己的最佳想法，在決策流程當中讓大家產生了更多信心。

輪到你了：準備成功實施乘數者實務做法。利用這個表格來計劃及檢討你的實驗。

找尋機會 你在哪裡可以使用這項實驗？如何使用？	增加你的影響 你在哪裡可以使用這項實驗？如何使用？
擴大你的學習 發生了什麼情況，你的證據是什麼？	**開發你的技能** 你可以在哪裡再度使用這項實驗？

給予51%表決權

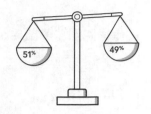

**給某個人多數表決權，
請他負起責任。**

與其單純指派職責，不如讓人們知道是他們（而不是你）在負責。告訴他們，他們持有51％的表決權，以及100％的責任。

▶ **乘數者類型**

　　解放者與投資者：挽救「隨時開機」、「拯救者」與「完美主義者」類型的意外減數者

▶ **乘數者心態**

　　當人們可以決定自己的工作，並且必須負起責任時，便會發揮最佳表現。

▶ **乘數者實務做法**

1. 找出你要移交給一名團隊成員的專案。
2. 說明這項專案並回答問題，確保對方了解。
3. 給他多數表決權，並設定具體數值。例如，他持有51％的表決權，而你有49％。或者你可以大膽一些，分成75％對25％。高於50％的數值便傳達出訊息：由你做主，你要做出最後決定。

▶ 確保他們了解51%（或高於51%）代表：

- 由你做主（所以不是我）。
- 你要做出最終決定（我也會考慮，但若我們意見不合，便由你做主）。
- 我期望由你主導推進專案（我也會參與，但會跟隨你的領導）。

▶ 你可以強調重點（附帶眨眼！）：

「你是51%，而我是49%。因此，這不再是我的待辦事項。」意思是指：「我會假設這是你的待辦事項！」

實驗結果

史黛西與吉姆主持一個高中生的清晨神學班。這兩名老師想要舉辦年終大型成果發表會，學生們可以向父母展示所學，類似返校夜的活動。這不僅是一項創意活動，史黛西與吉姆也希望由學生負責籌辦，尤其是即將畢業的高年級學生。所以，有一晚他們邀請高年級學生到史黛西家中吃甜點。史黛西與吉姆分享他們的願景，交代學生一些規範，然後告訴他們由他們做主，他們可以策畫任何符合標準的活動。學生們開始討論點子，但又不斷詢問兩名老師。史黛西清楚表示，學生們才是實際負責人，而他們持有決定性表決權。為了表態，史黛西與吉姆起身離開房間。史黛西到廚房去忙，吉姆則坐到鋼琴前彈奏。過了15分鐘左右，他們回到房間，發現學生們已提出有趣的點子，分派任務，並列出一張需要老師幫忙的事項清單。學生們繼續主持規劃，最後策畫出一項特別的活動，超出史黛西與吉姆所能想像的（或他們所能主辦的）。

輪到你了：準備成功實施乘數者實務做法。利用這個表格來計劃及檢討你的實驗。

找尋機會 你在哪裡可以使用這項實驗？如何使用？	增加你的影響 你在哪裡可以使用這項實驗？如何使用？
擴大你的學習 發生了什麼情況，你的證據是什麼？	開發你的技能 你可以在哪裡再度使用這項實驗？

 交回職責

將所有權交還
給應該持有的人。

如果有人向你提出問題，而你認為他們可以自己解決，就將問題交還給他們，要求他們「修到好」（請見第六章）。扮演教練角色，而不是問題解決者。

假如有人確實需要幫忙，便跳出來（拿起白板筆），提出你的想法，之後要明確交還所有權。

▶ 乘數者類型

投資者：挽救「點子王」與「拯救者」類型的意外減數者

▶ 乘數者心態

人們是聰明的，可以自己想明白。

▶ 乘數者實務做法

1. **要求解決方案**：假如有人丟給你問題，就要求他們完成思考流程並提供解決方案。不妨使用下列指導問題來提供協助，但要保留他們對工作的所有權：
   - 你覺得這個問題有什麼解決方案？
   - 你建議我們如何解決這件事？

- 你想要如何解決這件事？

2. **交回職責：**當團隊成員遇到困難，你在伸出援手時，也要備妥退場計畫。以下說法可以幫助你表明你要交回所有權：

- 我很樂意協助你思考這件事，但你仍然是這件事的領導人。

- 這些是需要考慮的想法，你可以由此接手。

- 我是來這兒支援你的，你在領導這件事的時候，需要我幫什麼忙嗎？

實驗結果

戴夫・哈維列克是一名能幹的高階主管，自稱「壓力超大，超級自以為是」。他是Salesforce.com的投資者關係主管，這家高速成長的雲端運算公司以其快速創新與不斷改變而聞名。儘管他總是加班到午夜12:30以後，戴夫仍然成為他團隊的瓶頸。當他在思索事情、給出指示之際，他的部屬不知道該做些什麼。有一次他面臨一項緊急需求，必須決定在為期八週的關鍵時刻如何運用人手短缺的團隊，但他已沒有時間獨自想出解決方案，曾經參加過乘數型領導訓練計畫的戴夫打破他慣常的管理模式，他不再獨自思索答案，而是決定將這項任務以問題的形式交還給團隊。他的團隊立刻動員起來，很興奮地承擔這項任務的責任。他們迅速地共同制定一項令人信服的計畫，比戴夫自己一人所能做到的時間快很多。

輪到你了：準備成功實施乘數者實務做法。利用這個表格來計劃及檢討你的實驗。	
找尋機會 你在哪裡可以使用這項實驗？如何使用？	**增加你的影響** 你在哪裡可以使用這項實驗？如何使用？
擴大你的學習 發生了什麼情況，你的證據是什麼？	**開發你的技能** 你可以在哪裡再度使用這項實驗？

另覓新老闆

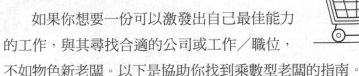

　　如果你想要一份可以激發出自己最佳能力的工作，與其尋找合適的公司或工作／職位，不如物色新老闆。以下是協助你找到乘數型老闆的指南。

---

1. **尋找乘數者及減數者行為的跡象**。乘數型領導人的三大特徵是：才智好奇心、提出好問題、以客戶為焦點。同樣地，與減數型領導人相關係數最低的特徵是：喜歡辯論及對立的意見、授予員工權力、尋求了解、有幽默感。所以，記得注意這些特點。以下是協助辨別乘數者及減數者的一些明顯跡象與問題。

   乘數者跡象：
   □ 說話時間少，聆聽時間多
   □ 出於好奇心而詢問後續問題
   □ 詢問「為什麼」以充分了解
   □ 分享對於議題的多重觀點
   □ 展現真誠的自嘲及笑聲

   減數者跡象：
   □ 說話時間多，聆聽時間少
   □ 接受空泛的答案

□ 詢問「什麼」及「如何」

□ 堅持想法

□ 將自己看得很重

2. 詢問足以揭露他們的問題。 揭露心態與核心假設的問題。

- **他們屬於成長心態或定型心態？**

□ 詢問：你如何成為更好的領導人？注意：他們是否展現
出他們明白自己的弱點，以及他們是否積極尋求有關自
己盲點的資訊？同僚的回饋是否促進其自我改善？他們
是否看到自己良好意圖的負面影響？

- **他們以自我為中心，抑或以團隊為中心？**

□ 詢問：請跟我說一下你的團隊。注意：重點不是他們說
了什麼，而是說了多久。假如他們是自我中心的人，話
題很快就會回到他們身上。

- **他們如何看待自己的角色？**

□ 詢問：領導人在這裡所扮演的基本角色是什麼？別人如
何描述你在團隊裡的角色？注意：他們認為自己是思想
領導者或是催化劑？

- **他們如何看待才智？**

□ 詢問：這裡認為什麼樣的人很有才智？注意：他們對才

智只有單一看法，抑或認為人們各有所長。

- **他們給別人多少職責與所有權？**
  □ 詢問：我的層級的人現在負責什麼專案？注意：他們說
    的是一組任務，或是一項大型專案？

3. **檢視評論**。查探跟這個老闆一起工作的話會是什麼樣的情
   況。尋找正在為他工作的員工聊聊，或者使用Glassdoor.
   com等企業評論網站。

4. **購買前試用**。假設你有任何疑慮，可以先當獨立承包商或顧
   問。如果這不可行，不妨要求加入團隊會議或視訊會議，以
   便進一步了解團隊運作。

 請注意：如果潛在的老闆不喜歡你詢問或做出上述任何事
情，你就已經得到一切必要的資訊了。

第一步：當你找出自己的意外減數者傾向之後，選擇一項實驗來矯正那項缺點，幫助你邁向乘數者之路。需要再次評估自己的意外減數者傾向嗎？請參考www.multipliersbook.com的問卷。

實驗	點子王	隨時開機	拯救者	領跑者	快速回應者	樂觀主義者	保護者	策略家	完美主義者
發掘天才：找出團隊成員得心應手的事，充分運用他們的天賦。	✓	✓						✓	
放大規模：給人們一項大一號的工作或任務，幫助他們更上層樓，在職位上成長。				✓			✓		
減少籌碼：在開會前，為自己設定牌局籌碼的預算，每一枚籌碼代表在會議上發言的時間。		✓						✓	
公開談論你的錯誤：藉由分享你自己的錯誤，鼓勵別人進行實驗與學習。				✓		✓			✓
預留犯錯空間：設定一個空間（專案、某種工作或業務層面）讓人們可以實驗、冒險以及由錯誤中復原。			✓			✓	✓		✓
提出問題：在主持會議或談話時只提出問題。	✓	✓	✓		✓			✓	✓
製造延展型挑戰：與其給人們一個目標，不如設定具體挑戰——設定一個需要解答的有趣謎題或是需要回答的問題。				✓			✓	✓	

實驗	點子王	隨時開機	拯救者	領跑者	快速回應者	樂觀主義者	保護者	策略家	完美主義者
製造辯論：與其對重大決策給出快速回應，不如列出選項，要求人們用資料和自己的意見進行討論。					✓	✓			
給予51%表決權：給予某個人在一項議題或專案中的多數表決權，請他負起責任。		✓	✓						✓
交回職責：假如有人需要幫忙，可以跳出來提供你的想法，然後明確交還所有權給他。	✓		✓						

第二步：如果你想加速成為乘數型領導人，挑選一名同僚——員工、同事或老闆——替你選擇實驗。

第三步：詢問你的同僚：

- 哪一項意外減數者傾向是我的弱點？（換句話說，你認為我在什麼方面扼殺了別人的好主意與行動，即便我作為領導人的意圖是良好的？）
- 哪一項實驗可以幫助我得到人們的最佳表現？
- 你可以提供什麼看法來幫助我成為更好的領導人？

乘數者評估

你是意外的減數者嗎？

我們在研究中意外地發現，鮮少有減數者了解他們對別人造成的貶損影響。大多數晉升為管理職的人是因為他們個人的——往往是智慧方面的——優點，並以為他們身為主管的角色就是要有最好的想法。其他人以前有著乘數者心態，但長期在減數者之間工作，也因此向下沉淪。

無論是否屬於意外，你的團隊遭受的衝擊都是一樣的——你或許只得到團隊的一半腦力。

意外的減數者問卷是一項快速評估，讓你可以：

- 檢討十項常見的管理情境有多麼貼近你的管理方式。
- 看出自己在何種程度上無意地貶損了別人。你會得到一項意外減數者的分數——分數越低越好！
- 你會得到一份立即的報告，分析你的回應，並建議你該如何調整自己的領導方式，以便變得更像個乘數者，也能得到你的團隊更多的貢獻。

意外的減數者問卷的連結，請瀏覽www.multipliersbooks.com。

點擊意外的減數者問卷（Accidental Diminisher Quiz）的連結，以完成線上評估。

若想進行完整的360度評量，或者評估你及你的團隊汲取了身邊人的多少才智，請聯絡：

The Wiseman Group at www.TheWisemanGroup.com
或者寄送電子郵件到 info@TheWisemanGroup.com

NOTES
注釋

推薦序

1. Peter F. Drucker, *Management Challenges of the 21st Century* (New York: Harper Business, 1999), 135.

前言

1. David R. Schilling, "Knowledge Doubling Every 12 Months, Soon to Be Every 12 Hours," *Industry Tap*, April 19, 2013; "Quick Facts and Figures about Biological Data," *ELIXIR*, 2011; Brian Goldman, "Doctors Make Mistakes. Can We Talk About That?," TED Talks, November 2011; Brett King, "Too Much Content: A World of Exponential Information Growth," *Huffington Post*, January 18, 2011.
2. 化名。
3. http://www.gallup.com/poll/165269/worldwide-employees-engaged-work.aspx.
4. 本項數據來自「乘數者360度評估及運用指數」，2010年至2016年11月之間針對1,626名主管所進行。在這項評估中，由該名主管的同僚、員工與上司評估該主管運用其才智與能力的程度。

第一章　乘數效應

1. Bono, "The 2009 Time 100: The World's Most Influential People," *Time*, May 11, 2009.
2. 化名。
3. 化名。
4. 化名。

5. 研究方法與引用資料請見附錄A。

6. Carol Dweck, *Mindset: The New Psychology of Success* (New York: Random House, 2006).

7. Nicholas D. Kristof, "How to Raise Our I.Q.," *New York Times*, April 16, 2009.

8. 同上。Richard E. Nisbett, *Intelligence and How to Get It: Why Schools and Cultures Count* (New York: W. W. Norton & Company, Inc., 2009).

9. Gary Hamel and C. K. Prahalad, *Competing for the Future* (Boston: Harvard Business School Press, 1994), 159.

10. 化名。

11. Dweck, *Mindset*, 6.

12. 同上，7。

13. Adrian Gostick and Scott Christopher, *The Levity Effect: Why It Pays to Lighten Up* (Hoboken, NJ: Wiley, 2008), 12. Pat Riley, speech to SAP (Miami, July 12, 2011).

14. Joel Stein, "George Clooney: The Last Movie Star," *Time*, February 20, 2008.

第二章　人才磁鐵

1. 化名。

2. Carol Dweck, *Mindset: The New Psychology of Success* (New York: Random House, 2006).

3. Jack and Suzy Welch, "How to Be a Talent Magnet," *BusinessWeek*, September 11, 2006.

第三章　解放者

1. 化名。

2. 拿到「精通」或「高級」程度的學生比率由82％升高至98％。拿到「低於基本」或「遠低於基本」程度的學生比率由9％降低至2％。

3. 「年度乘數者獎」是懷斯曼集團贊助的年度競賽，根據員工的提名，頒發給以身作則、展現乘數者理想與影響的領導人。更多資訊請見：http://multipliersbook.com/nominate-leader-2016-multiplier-year-award/。

4. Peter B. Stark and Jane S. Flaherty, *The Only Negotiating Guide You'll*

Ever Need (New York: Random House, 2003).

第四章　挑戰者

1. Larry Huston and Nabil Sakkab, "Connect and Develop: Inside Procter & Gamble's New Model for Innovation," *Harvard Business Review*, March 2006.

2. Interview with Riz Khan, *One on One*, Al Jazeera broadcast January 19, 2008.

3. Noel Tichy, *The Leadership Engine* (New York: Harper Business, 1997), 244.

第五章　辯論製造者

1. 2006年4月18日星期二，布希總統站在白宮玫瑰園之中，面臨開除國防部長唐納・倫斯斐（Donald Rumsfeld）的壓力，因而解釋他的決策方式。他表示：「倫斯斐表現很好……我聽到〔輿論〕的聲音，我看了報紙頭版，我知道大家的臆測。但我才是決策者，我會決定什麼是最好的。最好的是倫斯斐留任國防部長。」

2. Joe Klein, "The Blink Presidency," *Time*, February 20, 2005.

3. Michael R. Gordon, "Troop 'Surge' Took Place Amid Doubt and Debate," *New York Times*, August 30, 2008.

4. Quoted in Adam Bryant, "He Prizes Questions More Than Answers," *New York Times*, October 24, 2009.

5. 同上。

6. 「共享探究」（shared inquiry）是青少年名著研讀基金會（Junior Great Books Foundation）開發及教導的學習方法。

第六章　投資者

1. Nic Paget-Clarke, interview in Ahmedabad, August 31, 2003, *In Motion* magazine.

2. 「大圖畫」（Big Picture）方法是由催化顧問公司（Catalyst Consulting）所開發。

3. 根據我們的「乘數者與減數者」領導實務做法研究調查。請見附錄 B。

第七章　意外的減數者

1. Carol Dweck, *Mindset: The New Psychology of Success* (New York: Random House, 2006).

第八章　應對減數者

1. 有關「應對減數者」的研究細節，請見附錄A後半段。
2. Elinor Ostrom and James Walker, *Trust & Reciprocity: Interdisciplinary Lessons from Experimental Research* (New York: Russell Sage Foundation, 2003), 3–7.
3. 化名。
4. www.speedoftrust.com/How-The-Speed-of-Trust-works/book.
5. 例如：glassdoor.com、greatplacetowork.com，以及 vault.com。
6. 本項數據來自「乘數者360度評估及運用指數」，2010年至2016年11月之間針對1,626名主管所進行。在這項評估中，由該名主管的同僚、員工與上司評估該主管運用其才智與能力的程度。

第九章　成為乘數者

1. John H. Zenger and Joseph Folkman, *The Extraordinary Leader* (New York: McGraw-Hill, 2002), 143–47.
2. Phillippa Lally, Cornelia H. M. van Jaarsveld, Henry W. W. Potts, and Jane Wardle, "How Are Habits Formed: Modelling Habit Formation in the Real World," .
3. 化名。
4. David D. Burns, *Feeling Good: The New Mood Therapy* (New York: William Morrow and Company, 1980).
5. "culture," *Merriam-Webster.com*, 2016, https://www.merriam-webster.com (October 24, 2016).
6. Saritha Pujari, "Culture: The Meaning, Characteristics, And Functions." *Yourarticlelibrary.com: The Next Generation Library*. http://www.yourarticlelibrary.com/culture/culture-the-meaning-characteristics-and-functions/9577/.

7. 同上。

8. Kim Ann Zimmermann, "What Is Culture? | Definition of Culture," http://www.livescience.com/21478-what-is-culture-definition-of-culture.html (February 19, 2015).

9. "Elements of Organizational Culture," http://www.kautilyasociety.com/tvph/communication_skill/organizational_culture.htm.

10. Daniel Pekarsky, PhD, "The Role of Culture in Moral Development," *Parenthood in America*. Published by the University of Wisconsin-Madison General Library System. http://parenthood.library.wisc.edu/Pekarsky/Pekarsky.html, 1998.

11. 「年度乘數者獎」是懷斯曼集團贊助的年度競賽,根據員工的提名,頒發給以身作則、展現乘數者理想與影響的領導人。更多資訊請見:http://multipliersbook.com/nominate-leader-2016-multiplier-year-award/。

12. 163%的投資報酬率(ROI)是由歐洲ROI 研究所所測量,獲得創辦人傑克・菲利浦斯與帕蒂・菲利浦斯的(Jack & Patti Phillips)認可。

13. 這項「發射失敗」循環源自乘數者研討會,是「技術成熟度曲線」(Gartner Hype Cycle)的衍生品,其開端是技術觸發點,達到期望膨脹的高峰,接著陷入希望幻滅的低谷,然後又穩定回升(市場啟蒙與生產力)。與這種市場循環不同的是,個人與組織的改變曲線往往在這個啟蒙陡坡便被扼殺,因而不再前進。

附錄A 研究過程

1. James C. Collins, *Good to Great*: *Why Some Companies Make the Leap-and Others Don't* (New York: Harper Business, 2001), 7.

2. Shane Legg and Marcus Hutter, *Technical Report*: *A Collection of Definitions of Intelligence* (Lugano, Switzerland: IDSIA, June 15, 2007).

3. Linda S. Gottfredson, "Mainstream Science on Intelligence: An Editorial with 52 Signatories, History, and Bibliography," *Intelligence* 24, no. 1, (1997): 13–23.

作者簡介

• 莉茲‧懷斯曼 Liz Wiseman

2019年入選為世界五十大管理思想家（Thinkers50）之一，是世界頂尖的領導力思想家。著有《影響力習慣》（*Impact Players*）、《乘數效應》（*The Multiplier Effect*）、《菜鳥聰明人》（*Rookie Smarts*）等多本暢銷書。

她是懷斯曼集團（Wiseman Group）執行長，該集團總部設於加州矽谷，是一家研究領導力與發展的公司，其客戶包括蘋果、Facebook、Google、微軟、特斯拉、推特、AT&T、Nike和Salesforce。

她在領導力和集體智慧領域進行了重要研究，並為《哈佛商業評論》、《財星》雜誌和多家商業與領導類期刊撰文。她是楊百翰大學（BYU）和史丹佛大學的常駐客座講師，也曾是甲骨文公司（Oracle Corporation）的高階主管，曾擔任甲骨文大學副總裁和人力資源發展部全球領導人。

譯者簡介

• 蕭美惠

畢業於國立政治大學英語系，從事新聞及翻譯二十餘年，曾獲吳舜文新聞深度報導獎和經濟部中小企業處金書獎。譯作包括《我不餓，但我就是想吃》、《最佳狀態》、《用數據讓客人買不停》、《鬆綁你的焦慮習慣》、《成為賈伯斯》等數十本。

BIG 439

影響力領導：5大原則培養乘數思維，讓部屬甘心跟隨，締造乘數績效

作　　者－莉茲・懷斯曼（Liz Wiseman）
譯　　者－蕭美惠
副總編輯－陳家仁
編　　輯－黃凱怡
編輯協力－聞若婷
企　　劃－洪晟庭
封面設計－江孟達
內頁設計－李宜芝

總 編 輯－胡金倫
董 事 長－趙政岷
出 版 者－時報文化出版企業股份有限公司
　　　　　108019 台北市和平西路三段 240 號 4 樓
　　　　　發行專線－(02)2306-6842
　　　　　讀者服務專線－0800-231-705・(02)2304-7103
　　　　　讀者服務傳真－(02)2304-6858
　　　　　郵撥－19344724 時報文化出版公司
　　　　　信箱－10899 臺北華江橋郵局第 99 信箱
時報悅讀網－http://www.readingtimes.com.tw
法律顧問－理律法律事務所 陳長文律師、李念祖律師
印　　刷－勁達印刷有限公司
初版一刷－2024 年 5 月 10 日
初版二刷－2024 年 8 月 16 日
定　　價－新台幣 500 元
（缺頁或破損的書，請寄回更換）

時報文化出版公司成立於一九七五年，
並於一九九九年股票上櫃公開發行，於二〇〇八年脫離中時集團非屬旺中，
以「尊重智慧與創意的文化事業」為信念。

影響力領導：5 大原則培養乘數思維，讓部屬甘心跟隨，締造乘數績效 / 莉茲. 懷斯
曼 (Liz Wiseman) 作；蕭美惠譯 . -- 初版 . -- 臺北市：時報文化出版企業股份有限
公司 , 2024.05
400 面；14.8 x 21 公分 . -- (Big；439)

譯自：Multipliers, revised and updated : how the best leaders make everyone smarter.

ISBN 978-626-396-134-0(平裝)

1. 企業領導 2. 領導理論 3. 領導者

494.2　　　　　　　　　　　　　　　　　　　　　113004557

ISBN 978-626-396-134-0
Printed in Taiwan